Kosmische Doppelgänger

ALEX VILENKIN

Kosmische Doppelgänger

WIE ES ZUM URKNALL KAM
WIE UNZÄHLIGE UNIVERSEN ENTSTEHEN

Aus dem Englischen von Nicola Fischer
unter fachlicher Beratung
von Rüdiger Vaas

Springer

Originaltitel: Many Worlds in One. The Search for Other Universes

Bibliografische Information der Deutschen Bibliothek
Die Deutsche Bibliothek verzeichnet diese Publikation in der Deutschen Nationalbibliografie; detaillierte bibliografische Daten sind im Internet über http://dnb.ddb.de aufrufbar

ISBN 978-3-540-73917-3 Springer Berlin Heidelberg New York

Springer ist ein Unternehmen von Springer Science+Business Media

FÜR ALINA

Prolog 1

Die Genese

1 Der Urknall – was knallte, wie es knallte und weshalb 7
2 Aufstieg und Fall der abstoßenden Gravitation 13
3 Die Schöpfung und ihre Mängel 23
4 Die moderne Geschichte der Genese 33
5 Inflation des Universums 53
6 Zu gut, um falsch zu sein 65

Ewige Inflation

7 Der Antischwerkraftstein 87
8 Galoppierende Inflation 91
9 Der Himmel hat gesprochen 103
10 Unendliche Inseln 111
11 Der King lebt! 123

Das Prinzip der Mittelmässigkeit

12 Das Problem der Kosmologischen Konstante 145
13 Anthropische Fehden 153
14 Mittelmäßigkeit als Prinzip 167
15 Eine Theorie von Allem 183

Vor dem Anfang

16 Hatte das Universum einen Anfang? 203

17 Entstehung von Universen aus dem Nichts 215

18 Das Ende der Welt 235

19 Feuer in den Gleichungen 241

Epilog 249

Anmerkungen 251

Danksagung 267

Sachverzeichnis 269

Prolog

Der durchschlagende Erfolg dieses Buchs kam für alle überraschend. Sein Autor, ein ruhiger, ja zurückhaltender Physikprofessor namens Alex Vilenkin, wurde über Nacht zur Berühmtheit. Auf ein halbes Jahr im Voraus ist er als Gast bei Talkshows ausgebucht. Er hat vier Leibwächter engagiert und ist an einen unbekannten Ort verzogen, um den Paparazzi zu entgehen. In seinem sensationellen Bestseller „Kosmische Doppelgänger" stellt Vilenkin eine neue kosmologische Theorie auf, derzufolge jede mögliche Ereignisabfolge, wie seltsam oder unwahrscheinlich sie auch sein mag, irgendwo im Universum tatsächlich stattgefunden hat – und das nicht nur einmal, sondern unendlich oft!

Die Auswirkungen der neuen Theorie sprengen jede Vorstellungskraft. Sollte Ihre Lieblingsmannschaft die Fußballmeisterschaft nicht gewonnen haben, müssen Sie nicht verzweifeln: Auf unendlich vielen anderen Erden hat sie gewonnen. Mehr noch, es gibt eine unendliche Anzahl von Erden, wo Ihre Mannschaft Jahr für Jahr Meister wird! Und wenn Ihre Unzufriedenheit über den Fußball hinausgeht und Sie der gegebenen Umstände gänzlich überdrüssig sind, hat Vilenkins Buch auch hierauf eine Antwort. Denn nach der neuen Theorie unterscheiden sich die meisten Orte im Universum grundlegend von unserer Erde und sind sogar anderen physikalischen Gesetzen unterworfen.

Der strittigste Aspekt des Buches ist die These, dass jeder Einzelne von uns auf zahllosen Erden im gesamten Universum eine unendliche Anzahl identischer Klone besitzt. Dieser Gedanke hat den Menschen manch schlaflose Nacht bereitet: Sie fühlen sich ihrer Einzigartigkeit beraubt. In der Folge verzeichnen Psychoanalytiker doppelten Zulauf und die Verkaufszahlen des Buches sind explosionsartig gestiegen. Mit Hilfe seiner Theorie hat Vilenkin seinem Buch auf einigen Erden auch einen phänomenalen Erfolg prophezeit. Der Gerechtigkeit halber hat er jedoch einräumen müssen, dass es zahllose andere gibt, auf denen es ein absoluter Misserfolg ist …

Wir leben in der Zeit nach einer gewaltigen Explosion. Dieses beeindruckende Ereignis, das wir ein wenig leichtfertig „Urknall" nennen, fand vor etwa 14 Milliarden Jahren statt. Damals explodierte das gesamte Weltall in einem heißen, sich rasant ausdehnenden Feuerball aus Materie und Strahlung. Im Verlauf seiner Expansion kühlte der Feuerball ab, sein Glühen wurde stetig schwächer und das Universum versank langsam in Dunkelheit. Eine Milliarde Jahre verging nahezu ereignislos. Allmählich jedoch bildeten sich infolge der Gravitation Galaxien heraus und im Universum erstrahlten Myriaden von Sternen. Auf Planeten, die um einige dieser Sterne kreisten, entstanden mit Bewusstsein begabte Lebewesen. Manche dieser Lebewesen wurden Kosmologen und fanden heraus, dass das Universum mit dem Urknall seinen Anfang nahm.

Im Unterschied zu Historikern und Detektiven genießen Kosmologen den großen Vorteil, dass sie tatsächlich in die Vergangenheit blicken können. Das Licht ferner Galaxien ist Milliarden von Jahren unterwegs, bis es unsere Teleskope auf der Erde erreicht, sodass wir heute die Galaxien in ihren Jugendjahren beobachten, als sie ihr Licht entsandten. Mikrowellendetektoren registrieren das schwache Nachglühen des Feuerballs und zeichnen ein Bild des Universums aus einem noch weiter zurückliegenden Zeitalter, bevor die Galaxien entstanden. Auf diese Weise breitet sich die Geschichte des Universums vor unseren Augen aus.

Diese großartige Vision hat jedoch ihre Grenzen. Wir sind in der Lage, die Geschichte des Kosmos bis auf weniger als eine Sekunde nach dem Urknall zurückzuverfolgen; der „Big Bang" selbst aber bleibt ein Mysterium. Wodurch wurde dieses rätselhafte Ereignis ausgelöst? War der Urknall der wahre Anfang des Universums? Und wenn nicht – was geschah davor? Hinzu kommt, dass unsere Fähigkeit, ins All zu blicken, an eine entscheidende Grenze stößt: Unser Blickfeld wird durch die maximale Strecke definiert, die das Licht seit dem Urknall hätte zurücklegen können. Lichtquellen, die jenseits dieses Horizonts liegen, entziehen sich unserer Wahrnehmung aus dem einfachen Grund, dass ihr Licht uns noch nicht erreicht hat. Wir können somit nur vermuten, wie der Rest des Universums aussehen mag: Geht es schlicht so weiter oder sind ferne Bereiche des Universums womöglich völlig anders als unsere kosmische Nachbarschaft? Erstreckt sich das Universum ins Unendliche oder läuft es ähnlich wie die Erdoberfläche in sich zurück?

Dies sind die grundlegendsten Fragen zum Universum. Doch werden wir sie je beantworten können? Wenn ich nun behaupte, dass das Universum jenseits unseres Horizonts abrupt endet oder dass es mit Wasser gefüllt ist, in dem mit Bewusstsein begabte Goldfische schwimmen – wie soll je ein Mensch meine These widerlegen? Aus diesem Grund konzentrieren sich die Kosmologen in erster Linie auf den beobachtbaren Teil des Universums und überlassen die Frage nach dem Jenseits den Philosophen und den Theologen.

Doch wäre es nicht zutiefst enttäuschend, wenn unsere Suche tatsächlich am Horizont ihr Ende finden müsste? Womöglich gibt es jenseits zahllose neue Galaxien zu entdecken und wir könnten das gesamte beobachtbare Universum kartieren, wie wir es mit der Erdoberfläche bereits getan haben. Allein wozu? Eine Karte unserer eigenen Galaxie mag uns dereinst von Nutzen sein, denn diese werden wir eines fernen Tages vielleicht besiedeln wollen. Milliarden von Lichtjahren entfernte Galaxien jedoch bergen wenig Aussicht auf Kolonialisierung, zumindest nicht in den nächsten Jahrmilliarden. Nun liegt der Reiz der Kosmologie natürlich nicht in ihrem praktischen Nutzen. Die Faszination des Weltalls entspringt aus dem gleichen Quell wie die Schöpfungsmythen der Urzeit: Sie gründet in dem Wunsch, Ursprung und Schicksal des Universums zu begreifen, seine Gesamtstruktur zu ergründen und zu erfahren, wo wir Menschen in ihm stehen.

Kosmologen, die sich den letzten kosmischen Fragen stellen, büßen jeden Vorteil gegenüber den Detektiven ein. Sie können ihre Argumentation ausschließlich auf indirekte Indizienbeweise stützen, müssen anhand von Messungen im zugänglichen Teil des Universums auf Zeiten und Orte schließen, die sich der Beobachtung entziehen. Diese Beschränkung erschwert die Sammlung „hinreichenden" Beweismaterials ganz erheblich. Dank bemerkenswerter Entwicklungen in der modernen Kosmologie jedoch haben wir auf die letzten kosmischen Fragen heute Antworten, die durchaus glaubhaft erscheinen.

Das Weltbild, das sich aus diesen neuerlichen Entwicklungen ergeben hat, ist schlichtweg erstaunlich. In Anlehnung an einen Satz von Niels Bohr ist es womöglich sogar verrückt genug, um wahr zu sein. Dieses Weltbild vereint auf verblüffende Weise einige scheinbar widersprüchliche Merkmale: Das Universum ist gleichzeitig unendlich und endlich; es verändert sich und bleibt doch immer gleich; es ist ewig und hat doch einen Anfang. Darüber hinaus prophezeit die Theorie die Existenz einiger ferner Regionen, in denen es Planeten gibt, die unserer Erde bis aufs i-Tüpfelchen gleichen, mit Kontinenten von identischer Kontur und

Oberflächenstruktur, auf denen die exakt gleichen Wesen leben – bis hin zu Klonen unserer selbst, von denen einige eine Ausgabe dieses Buchs in Händen halten. Dieses Buch handelt von dem neuen Weltbild, von dessen Entstehung und von dessen faszinierenden, bizarren und mitunter beunruhigenden Auswirkungen.

Die Genese

1

Der Urknall – was knallte, wie es knallte und weshalb

Im Rahmen der inflationären Kosmologie lässt sich durchaus behaupten: Das Universum ist das ultimative Freispiel.

Alan Guth*

An einem Mittwochnachmittag im Winter 1980 saß ich in einem bis auf den letzten Platz besetzten Hörsaal der Harvard University und lauschte dem faszinierendsten Vortrag, den ich seit Jahren gehört hatte. Am Rednerpult stand Alan Guth, ein junger Physiker aus Stanford, und sprach über eine neue Theorie von der Entstehung des Universums. Ich war Guth noch nie begegnet, hatte jedoch von seinem kometenhaften Aufstieg vom Unbekannten zum Star gehört. Nur einen Monat zuvor hatte er noch dem Nomadenvolk der Postdocs angehört, jener jungen Forscher, die von einem Zeitvertrag zum nächsten wandern und dabei hoffen, sich an irgendeiner Universität hervorzutun und eine feste Anstellung zu finden. Guths Chancen standen damals schlecht: Mit seinen 32 Jahren wurde er allmählich zu alt für den jugendlichen Nomadenstamm, und Jobangebote begannen rar zu werden. Dann jedoch hatte er eine glückliche Eingebung, mit der alles anders werden sollte.

Guth erwies sich als kleiner, energiegeladener Kerl voll jungenhafter Begeisterung, der die langen Wanderjahre als Postdoc offensichtlich unbeschadet überstanden hatte. Gleich zu Beginn seines Vortrags stellte

* Übs. v. Hainer Kober in Michio Kaku: Im Paralleluniversum; rororo science, Reinbek bei Hamburg 2006[2], S. 109

er klar, dass er nicht vorhabe, die Urknalltheorie zu widerlegen. Nicht, dass es dessen bedurft hätte: Die Beweislage für den Big Bang war sehr überzeugend und die Theorie stand gut da.

Der überzeugendste Beleg ist die Expansion des Universums, entdeckt von Edwin Hubble im Jahre 1929. Damals hatte Hubble festgestellt, dass sich ferne Galaxien mit sehr hohen Geschwindigkeiten von uns wegbewegen. Im zeitlichen Rückblick führt die Bewegung der Sternsysteme irgendwann in der Vergangenheit zu deren Verschmelzung – ein Hinweis auf einen explosiven Beginn des Universums.

Ein weiteres maßgebliches Indiz für die Urknalltheorie ist die *Kosmische Hintergrundstrahlung*. Der Weltraum ist voller Mikrowellenstrahlen von etwa derselben Frequenz, wie wir sie im Mikrowellenherd verwenden. Mit der Expansion des Universums verliert diese Strahlung an Intensität; was wir heute erleben, ist somit das schwache Nachglühen des heißen urzeitlichen Feuerballs.

Mit Hilfe der Urknalltheorie haben Kosmologen untersucht, wie sich der Feuerball ausdehnte und wie er abkühlte, wie Atomkerne entstanden und wie sich aus formlosen Gaswolken die großartigen Spiralen der Galaxien gebildet haben. Die Ergebnisse dieser Forschungsarbeiten fanden in astronomischen Beobachtungen ihre wunderbare Bestätigung und so stand kaum zu bezweifeln, dass die Theorie den richtigen Weg wies. Dennoch beschrieb sie lediglich die Folgen des Urknalls, nicht jedoch den Knall an sich oder, wie Guth es formulierte, „was ‚knallte‘, wie es ‚knallte‘ und weshalb es ‚knallte‘.“[1]

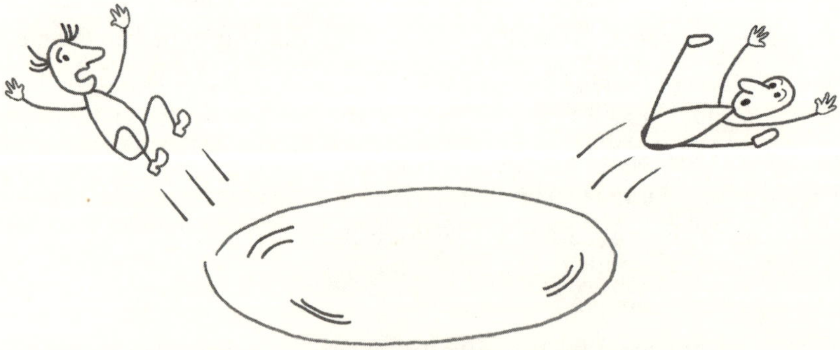

Abbildung 1: Ein Stückchen Antischwerkraft-Materie

Noch geheimnisvoller wird das Rätsel durch die Tatsache, dass der Urknall sich bei näherer Betrachtung als eine ganz eigene Form der Explosion erwies. Man denke sich eine Stecknadel, die auf ihrer Spitze balanciert: Ein sanfter Stups in eine beliebige Richtung wird die Nadel zu Fall bringen. Mit dem Urknall verhält es sich ebenso: Ein großes, von Galaxien übersätes Universum kann nur entstehen, wenn die Kraft der ersten Explosion mit unvorstellbarer Exaktheit ausbalanciert ist. Bereits die geringste Abweichung von der erforderlichen Kraft führt eine kosmologische Katastrophe herbei – der Feuerball wird unter seinem Eigengewicht kollabieren oder das Universum ist nahezu leer.

Die Urknall-Kosmologie nun stellte schlicht die Behauptung auf, der Feuerball habe über die erforderlichen Eigenschaften verfügt. Die vorherrschende Meinung unter Physikern lautete damals: Die Physik kann beschreiben, wie sich das Universum aus einem gegebenen Ausgangszustand heraus entwickelt hat; warum das Universum jedoch gerade in dieser und in keiner anderen Konfiguration seinen Anfang nahm, sprengt ihre Grenzen. Fragen nach dem Ausgangszustand galten als „Philosophie", ein Begriff, der für einen Physiker gleichbedeutend ist mit Zeitverschwendung. Weniger rätselhaft wurde der Urknall dadurch jedoch nicht.

Guth nun eröffnete uns, dass sich der Schleier des Geheimnisvollen um den Urknall lüften ließe. Seine neue Theorie werde das Wesen des Knalls aufzeigen und erklären, warum der erste Feuerball so konzipiert war. Im Hörsaal wurde es mit einem Schlag mucksmäuschenstill. Die allgemeine erwartungsvolle Spannung war greifbar.

Die Erklärung, welche die neue Theorie für den Urknall gab, war verblüffend einfach: Das Universum explodierte durch abstoßende Gravitation! Der Protagonist dieser Theorie ist ein hypothetischer, überdichter Stoff mit höchst ungewöhnlichen Eigenschaften, allen voran der Produktion einer starken abstoßenden Schwerkraft. Guth nahm an, dass im frühen Universum etwas von diesem Stoff vorhanden war. Viel davon brauchte er nicht: Ein winziges Stückchen würde genügen.

Infolge der diesem Stoff innewohnenden antigravitativen Kraft würde das Stückchen mit enormer Geschwindigkeit expandieren. Während normale Materie mit zunehmender Ausdehnung an Dichte verliert, verhält sich diese seltsame Antischwerkraft-Materie völlig anders: Ihr zweites Hauptcharakteristikum ist eine konstant gleich bleibende Dichte; ihre Gesamtmasse verhält sich also proportional zum Volumen, welches sie ausfüllt. Mit zunehmender Größe wächst auch die Masse unseres Stückchens, womit seine abstoßende Gravitation stärker wird und es noch schneller expandiert. Innerhalb der kurzen Zeitspanne einer derartigen beschleunigten Ausdehnung, die Guth als *Inflation* bezeichnete, kann ein anfänglich winziges Stückchen auf gigantische Dimensionen anwachsen, die weit über die Größe des derzeit beobachtbaren Universums hinausgehen.

Der enorme Massezuwachs während der Inflation mag auf den ersten Blick im Widerspruch zu einem der fundamentalen physikalischen Gesetze stehen – dem Gesetz von der Erhaltung der Energie. Nach Einsteins berühmter Gleichung $E = mc^2$ verhält sich Energie proportional zu Masse. (Hierbei gilt: E = Energie, m = Masse, c = Lichtgeschwindigkeit.) Demnach muss auch die Energie des sich rasant aufblähenden Materiestücks um einen riesigen Faktor angestiegen sein; gleichzeitig aber fordert der Energieerhaltungssatz, dass sie konstant bleibt. Der Widerspruch klärt sich auf, wenn man den Beitrag zur Energie durch die Schwerkraft berücksichtigt. Seit Langem ist bekannt, dass Gravitationsenergie gleichbleibend negativ ist. Diese Tatsache hatte man nie für sonderlich wichtig gehalten; nun jedoch erlangte sie kosmische Bedeutung. Die ansteigende positive Energie der Materie wird durch die zunehmende negative Energie der Gravitation ausgeglichen. Im Ergebnis bleibt die Gesamtenergie konstant, wie es der Energieerhaltungssatz fordert.

Um der Inflation ein Ende zu ermöglichen, musste Guth dem Antigravitationsstoff Instabilität verleihen. Bei seinem Zerfall wird die Energie des Stoffes freigesetzt und es entsteht ein heißer Feuerball aus Elementarteilchen. Dem Gesetz der Trägheit der Masse folgend dehnt sich der Feuerball weiter aus. Doch nun besteht er aus normaler Materie, deren Gravitation anziehend wirkt, sodass die Expansion sich allmählich verlangsamt. Der Zerfall des Antigravitationsstoffs kennzeichnet das Ende der Inflation und bildet in dieser Theorie den Urknall.

Das Schöne an dieser Idee war, dass die Inflationstheorie gleichzeitig erklärte, warum das Universum so groß ist, warum es sich ausdehnt und warum es anfänglich so heiß war. Ein riesiges expandierendes Universum entstand, wo zuvor fast nichts gewesen war. Dafür war nur eine mikroskopisch kleine Menge der abstoßenden Schwerkraft-Materie nötig. Wo dieses erste Stück herkam, wisse er nicht, räumte Guth ein, doch dieses Detail könne man später klären. „Es heißt oft, nichts ist umsonst", sagte er, „möglicherweise aber ist das Universum das ultimative Freispiel."

All dies setzt natürlich voraus, dass das abstoßende Schwerkraftzeug tatsächlich existierte. In Science-Fiction-Romanen gab es genug davon und kam in den unterschiedlichsten Fluggeräten zum Einsatz, von Kampffahrzeugen bis hin zu Antischwerkraft-Schuhen. Doch durften professionelle Physiker ernsthaft in Erwägung ziehen, dass die Schwerkraft abstoßend wirken könnte?

Sie durften und sie taten es. Und den Anfang machte kein Geringerer als Albert Einstein.

2

Aufstieg und Fall der abstossenden Gravitation

„Wir haben die Schwerkraft besiegt!“, rief der Professor und stürzte zu Boden.

J. Williams und R. Abrashkin: *Danny Dunn and the Anti-Gravity Paint*

Der Stoff, aus dem Raum und Zeit sind

Einstein schuf zwei Theorien von überwältigender Schönheit, die unsere Vorstellung von Raum, Zeit und Schwerkraft unwiderruflich veränderten. Seine erste Theorie, die Spezielle Relativitätstheorie, wurde 1905 veröffentlicht, als Einstein 26 Jahre alt war und an den meisten Kriterien gemessen als Versager gelten konnte. Seine kompromisslose Eigenständigkeit und sporadische Anwesenheit bei Seminaren hatten ihm bei den Professoren am Zürcher Polytechnikum, wo er sein Diplom machte, wenig Sympathien eingebracht. Als es an die Arbeitssuche ging, wurden seine Mitabsolventen ausnahmslos als Assistenten am Polytechnikum übernommen; Einstein hingegen bewarb sich erfolglos um eine akademische Anstellung. Er schätzte sich glücklich, durch die Vermittlung eines ehemaligen Kommilitonen am Berner Patentamt unterzukommen. Die Tätigkeit beim Patentamt war nicht gänzlich uninteressant und ließ Einstein mehr als genügend Zeit für Forschung und andere geistige Beschäftigungen. Abends saß er mit Freunden zusammen, rauchte Pfeife, las Spinoza und Plato und diskutierte seine Ideen zur Physik. Mit einem Rechtsanwalt, einem Buchbinder, einem Lehrer und einem Gefängnisaufseher spielte er darüber hinaus Streichquintette. Niemand in dieser bunten Runde ahnte, dass ihre zweite Geige Profundes über das Wesen von Raum und Zeit mitzuteilen hatte.

Seine Spezielle Relativitätstheorie verfasste Einstein in weniger als sechs Wochen besessener Arbeit. Die Theorie zeigt auf, dass Raum- und Zeitintervalle für sich gesehen keine absoluten Größen sind, sondern vielmehr vom kinetischen Zustand des Betrachters abhängen, der sie misst. Zwei Menschen, die sich relativ zueinander bewegen, werden feststellen, dass die Uhr des jeweils anderen langsamer tickt als die eigene. Auch Gleichzeitigkeit ist relativ. Was sich für den einen simultan abspielt, wird für den anderen im Allgemeinen zu unterschiedlichen Zeiten stattfinden. Im alltäglichen Leben nehmen wir diese Effekte nicht wahr, da sie bei gewöhnlichen Geschwindigkeiten völlig unerheblich sind. Nähert sich jedoch die Geschwindigkeit der beiden sich relativ zueinander bewegenden Betrachter der Lichtgeschwindigkeit, werden ihre Messungen unter Umständen stark voneinander abweichen. In einem jedoch werden sich alle einig sein: Die Geschwindigkeit des Lichts liegt gleichbleibend bei annähernd 300 000 Kilometern pro Sekunde.

Die Lichtgeschwindigkeit ist die absolute Höchstgeschwindigkeit im Universum. Jede Krafteinwirkung auf ein physikalisches Objekt führt zu dessen Beschleunigung. Seine Geschwindigkeit steigt und nähert sich bei fortgesetzter Krafteinwirkung letztlich der Lichtgeschwindigkeit. Einstein zeigte auf, dass eine schrittweise Annäherung an die Lichtgeschwindigkeit einen zunehmenden Kraftaufwand erfordern würde und diese Grenze somit unerreichbar bleibt.

Die wohl bekannteste Schlussfolgerung aus der Speziellen Relativitätstheorie ist die Äquivalenz von Masse und Energie, die in Einsteins Formel $E = mc^2$ ihren Ausdruck findet. Erhitzt man ein Objekt, steigt seine thermische (Wärme-) Energie, wodurch sich auch sein Gewicht vergrößern müsste. Wer nun erwägt, vor dem Besteigen der Waage kalt zu duschen, könnte sein Gewicht mit diesem Trick allenfalls um einige wenige Milliardstel Kilogramm reduzieren. In gängigen Einheiten wie Meter oder Sekunden ist der Umrechnungsfaktor c^2 von Energie und Masse sehr groß und eine merkliche Veränderung der Masse eines makroskopischen Körpers ist nur über einen enormen Energieaufwand möglich. Physiker bedienen sich häufig eines anderen Einheitensystems, in dem durch $c = 1$ Energie und Masse gleichgesetzt werden und in Kilogramm gemessen werden können.* Dieser Tradition folgend werde ich überwiegend nicht zwischen Energie und Masse unterscheiden.

Der Begriff „speziell“ in der „Speziellen Relativitätstheorie“ nimmt auf die Tatsache Bezug, dass diese Theorie nur unter der besonderen Voraussetzung gilt, dass die Auswirkungen der Schwerkraft unbedeutend sind. In Einsteins zweiter Theorie, der Allgemeinen Relativitätstheorie, die im Grunde eine Theorie der Gravitation ist, gilt diese Einschränkung nicht mehr.

Die Allgemeine Relativitätstheorie entstand aus der einfachen Feststellung, dass die Bewegung von Objekten unter dem Einfluss der Schwerkraft unabhängig von Masse, Form oder beliebigen anderen Eigenschaften dieser Objekte ist, sofern jegliche nicht-gravitativen Kräfte unerheblich sind. Als Erster hatte dies Galilei erkannt und diesen Standpunkt in seinen berühmten *Dialogen* vehement verfochen. Die landläufige Meinung der damaligen Zeit besagte Aristoteles zufolge, dass schwerere Objekte schneller fallen. Tatsächlich fällt eine Wassermelone schneller als eine Feder; Galilei jedoch erkannte, dass dieser Unterschied allein auf den Luftwiderstand zurückzuführen ist. Es geht die Legende, er habe unterschiedlich schwere Steine vom Schiefen Turm von Pisa fallen lassen, um sich davon zu überzeugen, dass sie gleichzeitig landeten. Belegt sind demgegenüber Experimente Galileis mit Kugeln, die er eine schiefe Ebene hinabrollen ließ. Dabei stellte er fest, dass die Bewegung unabhängig von der Masse war. Galilei führte auch einen theoretischen Beweis zur Widerlegung Aristoteles'. Angenommen, so Galilei, ein schwerer Stein fiele schneller als ein leichter – wie würde sich der Fall des schweren Steins verändern, wenn man beide mit einer sehr leichten Schnur verbände? Einerseits müsste der langsamere, leichte Stein den Fall des schweren bremsen. Gleichzeitig jedoch würden andererseits beide zusammen nun ein einziges Objekt bilden, dessen Masse größer wäre als die des schweren Steins allein, sodass beide zusammen schneller fallen müssten. Dieser Widerspruch zeigt, dass Aristoteles' Theorie nicht schlüssig ist.

* So lässt sich beispielsweise Zeit in Jahren und Entfernung in Lichtjahren messen. (Ein Lichtjahr ist die Entfernung, die Licht in einem Jahr zurücklegt.) Die Lichtgeschwindigkeit beträgt dann $c = 1$.

Einstein grübelte über diese eigenartige, von den Eigenschaften des sich bewegenden Körpers völlig unabhängige Bewegung nach. Sie erinnerte ihn an die Trägheitsbewegung: Ein kräftefreies Objekt auf einer geraden Linie bewegt sich mit konstanter Geschwindigkeit, ganz gleich, woraus es besteht. Die Bewegung des Objekts in Raum und Zeit ist demnach die Eigenschaft von Raum und Zeit.

An dieser Stelle machte sich Einstein die Ideen seines ehemaligen Mathematikprofessors Hermann Minkowski zunutze. Als Student hatte er von den Vorlesungen Minkowskis wenig gehalten, der sich seinerseits an Einstein als „faulen Hund" erinnerte und keine besonderen Großtaten von ihm erwartete. Es spricht für Minkowski, dass er seine Meinung rasch änderte, nachdem er Einsteins Abhandlung von 1905 gelesen hatte.

Minkowski hatte erkannt, dass die Mathematik der Speziellen Relativitätstheorie an Einfachheit und Eleganz gewinnt, wenn man Raum und Zeit nicht voneinander getrennt betrachtet, sondern als eine Einheit, als *Raumzeit.* Jeder Punkt in der Raumzeit ist ein Ereignis, das sich mit vier Zahlen beschreiben lässt: drei für seine räumlichen Aufenthaltsort und eine für seine Zeit. Die Raumzeit verfügt somit über vier Dimensionen. Ließe sich die gesamte Raumzeit überblicken, würden wir die vollständige Vergangenheit, Gegenwart und Zukunft des Universums kennen. Die Geschichte jedes einzelnen Teilchens stellt sich mittels einer Linie in der Raumzeit dar, die seine Position zu jedem Zeitpunkt angibt. Diese Linie wird die *Weltlinie* des Teilchens genannt. (George Gamow, einer der Begründer der Urknall-Kosmologie, gab seiner Autobiografie den Titel „My World Line" – Meine Weltlinie.)

Abbildung 2: Ein massereicher Körper verursacht eine Krümmung des Raumes.

Die gleichförmige Bewegung von schwerkraftfreien Teilchen wird durch gerade Linien in der Raumzeit dargestellt. Infolge der Schwerkraft jedoch weichen die Teilchen von dieser einfachen Bewegung ab, sodass ihre Weltlinien nicht länger gerade verlaufen. Diese Beobachtung führte Einstein zu einer wahrhaft erstaunlichen Hypothese: Selbst abweichende Teilchen mit gekrümmter Weltlinie folgen womöglich immer noch dem geradestmöglichen Weg durch die Raumzeit; hingegen muss sich die Raumzeit selbst um massereiche Körper krümmen. Die Gravitation ist demnach nichts anderes als die Krümmung der Raumzeit!

Die Verzerrung der Raumzeit-Geometrie durch einen massereichen Körper lässt sich am Beispiel eines schweren Objekts veranschaulichen, das auf einem horizontal gespannten Gummituch ruht (siehe Abbildung 2). Ebenso wie die elastische Oberfläche in der Nähe des Objekts gekrümmt ist, verhält sich die Raumzeit in der Nähe einer Schwerkraftquelle. Ein Versuch, auf diesem Gummituch Billard zu spielen, führt zu der Feststellung, dass die Billardkugeln auf der gekrümmten Oberfläche insbesondere dann abgelenkt werden, wenn sie an der schweren Masse vorbeirollen. Perfekt ist diese Analogie nicht – sie illustriert lediglich die Krümmung des Raums, nicht aber die der Raumzeit –, doch sie veranschaulicht den Kern der Argumentation.

Nach mehr als dreijähriger Herkulesarbeit hatte Einstein diese Gedanken in mathematische Begriffe gefasst. Die Gleichungen seiner neuen Theorie, der er die Bezeichnung „Allgemeine Relativitätstheorie" gab, setzen die Raumzeit-Geometrie zum Materiegehalt des Universums

Abbildung 3: Einsteins Gleichungen

in Bezug. Im Bereich langsamer Bewegung und nicht zu starker Gravitationsfelder griff die Theorie das Newton'sche Gesetz auf, demzufolge die Gravitationskraft umgekehrt proportional zum Quadrat des Abstands ist. Darüber hinaus enthielt sie eine kleine Korrektur dieses Gesetzes, die für die Planetenbewegung völlig unerheblich war, abgesehen von Merkur, dem sonnennächsten Planeten. Diese Korrektur verursachte eine langsame Präzession oder Verschiebung der Umlaufbahn des Merkur. Tatsächlich zeigten astronomische Beobachtungen eine winzige Präzession, die sich mit Newtons Theorie nicht erklären ließ, mit Einsteins Berechnung jedoch perfekt übereinstimmte. Nun war Einstein von der Richtigkeit seiner Theorie überzeugt. „Ich war einige Tage fassungslos vor freudiger Erregung", schrieb er an seinen Freund Paul Ehrenfest.[1]

Das Erstaunlichste an der Allgemeinen Relativitätstheorie ist vielleicht, wie wenig sie erfordert. Das zentrale Faktum, das Einstein seiner Theorie zugrunde legte – dass die Bewegung von Objekten unter dem Einfluss der Schwerkraft von ihrer Masse unabhängig ist –, hatte schon Galilei gekannt. Mit diesen minimalen Ausgangsdaten entwickelte Einstein eine Theorie, die Newtons Gesetz im geeigneten Rahmen aufgriff und zugleich die Erklärung für eine Abweichung von diesem Gesetz lieferte. Genau genommen erweist sich das Newton'sche Gesetz in gewisser Hinsicht als willkürlich. So behauptet es, die zwischen zwei Körpern wirkende Anziehungskraft sei umgekehrt proportional zur zweiten Potenz ihres Abstands, erklärt jedoch nicht, warum. Ebenso gut könnte es die vierte oder die 2,03. Potenz sein. Einsteins Theorie hingegen lässt keinerlei Freiraum. Das Bild von der Gravitation als Krümmung der Raumzeit führt unausweichlich zu Einsteins Gleichungen, und aus den Gleichungen ergibt sich Newtons Gravitationsgesetz, wonach die Schwerkraft mit dem Quadrat der Entfernung abnimmt. Die Allgemeine Relativitätstheorie beschreibt so die Schwerkraft nicht nur, sie *erklärt* die Schwerkraft. Die Theorie war so bestechend in ihrer Logik und in ihrer mathematische Struktur so schön, dass Einstein spürte, sie musste einfach stimmen. In einem Brief an einen höher gestellten Kollegen, Arnold Sommerfeld, schrieb er: „Von der Allgemeinen Rel. Th[eor]ie werden Sie überzeugt sein, wenn Sie dieselbe studiert haben werden. Deshalb verteidige ich Sie Ihnen mit keinem Wort."[2]

DIE GRAVITATION DES LEEREN RAUMS

Nachdem seine Allgemeine Relativitätstheorie nun abgeschlossen war, machte sich Einstein unverzüglich daran, sie auf das gesamte Universum anzuwenden. Unwichtige Details wie die Position dieses Sterns oder jenes Planeten interessierten ihn dabei nicht. Vielmehr wollte er zu seinen Gleichungen eine Lösung finden, die in groben Zügen die Struktur des gesamten Universums erklärte.

Die Verteilung von Materie im Universum war zum damaligen Zeitpunkt noch weitgehend unerforscht, sodass Einstein mitunter raten musste. Er stellte die einfachste Vermutung an, dass Materie im Durchschnitt gesehen gleichförmig über den Kosmos verteilt sei. Sicher weist diese Gleichförmigkeit örtlich Abweichungen auf: Die Dichte der Sterne liegt hier ein wenig höher, dort ein wenig niedriger. Verteilt man aber, so nahm Einstein an, die Materie über ausreichend große Entfernungen, lässt sich das Universum als nahezu vollkommen homogen bezeichnen. Diese Annahme bedeutet, dass unser Aufenthaltsort im All in keinerlei Hinsicht besonders ist: Alle Orte im Universum sind einander mehr oder weniger gleich. Einstein ging weiterhin davon aus, dass das Universum im Durchschnitt *isotrop* sei, also von jedem beliebigen Punkt aus in alle Richtungen mehr oder weniger gleich aussehe.

Zuletzt nahm Einstein an, dass sich die durchschnittlichen Eigenschaften des Universums über die Zeit gesehen nicht verändern. Mit anderen Worten: Das Universum ist statisch. Viel empirisches Beweismaterial zur Untermauerung dieser Vermutung hatte Einstein zwar nicht, die Vorstellung eines ewigen, unwandelbaren Universums aber erschien äußerst überzeugend.

Damit hatte Einstein das Universum, nach dem er suchte, näher charakterisiert und konnte sich nun auf die Suche nach einer Lösung zu seinen Gleichungen machen, die ein Universum mit den gewünschten Eigenschaften beschreiben würde. Schon bald jedoch stellte er fest, dass seine Theorie derartige Lösungen nicht zuließ. Der Grund dafür war denkbar einfach: Über das Universum verteilte Massen weigerten sich gleichsam im Ruhezustand zu verharren und „wollten“ aufgrund ihrer Anziehungskräfte aufeinander stürzen. Dieses Szenario verblüffte und verwirrte Einstein zutiefst. Ein Jahr lang rang er um eine Lösung und kam endlich zu dem Schluss, dass er die Gleichungen der Allgemeinen Relativitätstheorie würde modifizieren müssen, um Raum für die Existenz einer statischen Welt zu schaffen.

Einstein erkannte, dass er seine Gleichungen um einen zusätzlichen Term erweitern konnte, ohne die physikalischen Grundsätze der Theorie zu verletzen. Durch den neuen Term wurde der leere Raum, das Vakuum, mit Energie und Spannung eines Werts ungleich null ausgestattet. Jeder Kubikzentimeter leeren Raumes besitzt eine feststehende Menge an Energie (und somit an Masse). Diese gleich bleibende Energiedichte des Vakuums nannte Einstein die *Kosmologische Konstante*.* Die Mathematik von Einsteins Gleichungen schreibt eine exakte Übereinstimmung der Vakuumspannung mit seiner Energiedichte vor, sodass beide von der gleichen Konstante bestimmt werden. Die Spannung des Vakuums ist vergleichbar mit der eines Gummibands: Lässt man es los, führt die nachlassende Spannung zur seiner Verkürzung. Spannung ist das Gegenteil von Druck, der eine Ausdehnung herbeiführt – wie ein Ballon, der sich unter dem Druck komprimierter Luft ausdehnt. Spannung wirkt somit als negativer Druck.

Wenn nun dem Vakuum aber Energie und Spannung innewohnen, warum haben diese anscheinend keinerlei Auswirkungen auf uns? Warum beobachten wir keine Schrumpfung des leeren Raumes infolge seiner Spannung? Die Erklärung hierfür ist, dass *konstante* Energie und Spannung sich uns nicht so leicht bemerkbar machen. Eine Erhöhung des Drucks in einem Ballon führt zu seiner Ausdehnung. Wird jedoch gleichzeitig und in gleichem Maße der Luftdruck außerhalb des Ballons erhöht, ist keinerlei Veränderung zu beobachten. Entsprechend gilt: Wenn im gesamten Universum ein Vakuum mit negativem Druck herrscht, ist der Gesamteffekt gleich null. Die Energie des Vakuums ist schwer fassbar, da sie sich nicht extrahieren lässt. Man kann das Vakuum nicht verfeuern; mit ihm lassen sich weder Autos antreiben

* Tatsächlich erklärte Einstein die neue Konstante mit keinem Wort. Die moderne Interpretation mit Hilfe der Vakuumenergie und des Vakuumdrucks wurde später von dem belgischen Physiker Georges Lemaître geliefert.

noch Haare trocknen. Seine Energie ist durch die Kosmologische Konstante festgelegt und kann nicht reduziert werden. Energie und Spannung des Vakuums sind somit nicht feststellbar – mit Ausnahme ihrer gravitativen Auswirkung.

Die Kraft des Vakuums hielt eine große Überraschung bereit. Der Allgemeinen Relativitätstheorie zufolge tragen Druck und Spannung zur Gravitationskraft von Körpern mit Masse bei. Wird ein Objekt komprimiert, steigt seine Schwerkraft, wird es gedehnt, nimmt die Gravitation ab. Im Normalfall ist dieser Effekt sehr gering; könnte das Objekt jedoch unbeschadet immer weiter gedehnt werden, ließe sich die Gravitation im Prinzip bis auf null reduzieren oder sogar abstoßend machen. Eben dies geschieht mit dem Vakuum. Da die repulsive Kraft der Vakuumspannung bei Weitem ausreicht, um die Anziehungskraft seiner Masse zu überwinden, ergibt sich im Endeffekt eine Abstoßung.

Mit dieser Eigenschaft hatte Einstein die Lösung seines Problems gefunden. Nun konnte er den Wert der Kosmologischen Konstante so anpassen, dass die Anziehungskraft der Materie durch die Abstoßungskraft des Vakuums ausgeglichen wird. Daraus resultiert ein statisches Universum. Anhand seiner Gleichungen errechnete Einstein, dass sich ein Gleichgewicht durch eine Kosmologische Konstante erzielen lässt, die halb so groß ist wie die Energiedichte der Materie.

Als eine verblüffende Schlussfolgerung aus den modifizierten Gleichungen ergab sich, dass der Raum eines statischen Universums gekrümmt und wie die Oberfläche einer Kugel in sich geschlossen sein muss. Ein Raumschiff, das in einem solchen Universum immer geradeaus fliegt, würde irgendwann an seinem Ausgangspunkt landen. Dieser geschlossene Raum wird dreidimensionale Sphäre genannt. Sein Volumen ist endlich, obwohl es grenzenlos ist.

Einstein beschrieb sein Modell des geschlossenen Universums in einer Abhandlung, die 1917 veröffentlicht wurde. Darin räumte er ein, für eine Kosmologische Konstante ungleich null keinerlei empirische Indizien zu haben. Er hatte sie allein dazu eingeführt, um das statische Weltbild beibehalten zu können. Als man über zehn Jahre später die Ausdehnung des Universums entdeckte, bedauerte Einstein die Annahme der Kosmologischen Konstante und bezeichnete sie als die größte

Eselei seines Lebens.[3] Nach diesem missglückten Debüt verschwand die abstoßende Gravitation für mehr als ein halbes Jahrhundert von der Bildfläche der etablierten Physik – jedoch nur, um später mit aller Macht zurückzukehren.

3

Die Schöpfung und ihre Mängel

Als Wissenschaftler glaube ich einfach nicht, dass das Universum mit einem Knall begann.
Sir Arthur Eddington

FRIEDMANNS UNIVERSEN

Niemand hätte erwartet, dass der nächste Durchbruch in der Kosmologie sich im kalten und ausgehungerten Sankt Petersburg (Petrograd) der frühen 1920er-Jahre ereignen würde. Nach sechs Jahren Krieg und der Russischen Revolution wurde an der Petrograder Universität soeben erst der Vorlesungsbetrieb wieder aufgenommen. Vor Studenten in Mänteln und Pelzmützen sprach in einem sibirisch kalten Saal ein junger Professor mit Brille. Sein Name war Alexander Friedmann. Er war akribisch in der Vorbereitung seiner Vorlesungen und streng auf mathematische Disziplin bedacht. Sein Unterricht umfasste ein Spektrum, das von seinen Hauptfächern Mathematik und Meteorologie bis hin zu seiner jüngsten Leidenschaft, der Allgemeinen Relativitätstheorie, reichte.

Friedmann war fasziniert von Einsteins Theorie und tauchte mit der ihm eigenen Intensität in ihr Studium ein. „Ich bin ein Stümper," pflegte er zu sagen. „Ich weiß gar nichts. Ich darf noch weniger schlafen und mir keinerlei Ablenkung erlauben, denn dieses so genannte ‚Leben' ist absolute Zeitvergeudung."[1] Es schien, als hätte er gewusst, dass er nur noch wenige Jahre zu leben hatte – und so viel zu leisten.

Nachdem er die Berechnungen der Allgemeinen Relativitätstheorie gemeistert hatte, konzentrierte sich Friedmann auf das in seinen Augen zentrale Problem: die Struktur des gesamten Universums. In Einsteins Abhandlung las er, dass die Theorie ohne Kosmologische Konstante keine statischen Lösungen erlaubte. Er aber wollte herausfinden, welche Lösungen sie bot. Und hier unternahm Friedmann einen radikalen Schritt, der seinen Namen unsterblich machen sollte. Er folgte Einstein in der Annahme, dass das Universum homogen, isotrop und geschlossen sei und die geometrische Form einer dreidimensionalen Sphäre habe, löste sich jedoch vom Paradigma des Statischen und verlieh dem Universum Dynamik. Nun konnten sich der Radius der Sphäre und die Dichte der Materie mit der Zeit verändern. Vom Gebot des statischen Universums befreit, zeigten Einsteins Gleichungen Friedmann, dass es tatsächlich eine Lösung gibt: Sie beschreibt ein sphärisches Universum, das sich, in einem Punkt beginnend, auf eine bestimmte Maximalgröße ausdehnt, um sodann wieder zu einem Punkt zu kollabieren. Im allerersten Augenblick, den wir heute den Urknall nennen, konzentrierte sich die gesamte Materie im Universum in einem einzigen Punkt und besaß somit eine unendliche Dichte. Mit der Expansion des Universums nimmt die Dichte ab und steigt mit seiner Kontraktion erneut an, um im Moment des „Endknalls" („Big Crunch", wörtlich: „das Große Zermalmen"), wenn das Universum wieder auf einen Punkt zusammenschrumpft, aufs Neue unendlich zu sein.

Mit Urknall und Endknall beginnt und endet das Universum. Angesichts der verschwindend kleinen Größe und unendlich hohen Dichte der Materie reichen die mathematischen Größen in Einsteins Gleichungen nicht mehr aus; eine Existenz der Raumzeit jenseits dieser Momente wird unmöglich. Punkte wie diese bezeichnet man als *Raumzeit-Singularitäten.*

Ein zweidimensionales sphärisches Universum ist mit einem expandierenden und wieder kontrahierenden Ballon vergleichbar (siehe Abbildung 4). Die Schnörkel auf der Ballonoberfläche stellen Galaxien dar, deren Abstände sich mit der Ausdehnung des Ballons vergrößern. Von jeder beliebigen Galaxie aus würde man beobachten, dass andere Galaxien sich rasch entfernen. Ihre Anziehungskraft drosselt das Tempo der Ausdehnung, die letztlich zum Stillstand kommen und in eine Kontraktion übergehen wird. In der Kontraktionsphase werden sich die

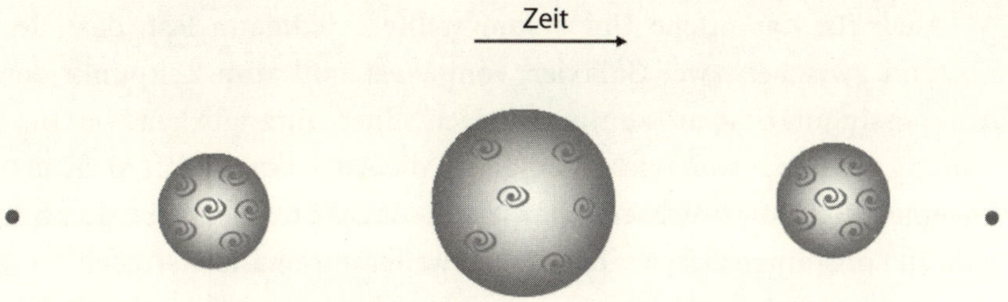

Abbildung 4: Expandierendes und kontrahierendes sphärisches Universum

Abstände zwischen den Galaxien verringern und in jeder Galaxis wird zu beobachten sein, wie sich andere Galaxien der eigenen nähern.

Die Frage, wohin das Universum expandiert, ist wenig sinnvoll. In unserem Bild dehnt sich das Ballon-Universum in den angrenzenden Raum aus, für seine Bewohner aber ändert sich dadurch gar nichts. Sie sind auf die Oberfläche des Ballons beschränkt, ohne sich der dritten, radialen Dimension bewusst zu sein. Gleichermaßen ist für Beobachter in einem geschlossenen Universum der Raum nichts weiter als eine dreidimensionale Sphäre, außerhalb derer es nichts anderes gibt.

Kurz nachdem er diese Ergebnisse veröffentlicht hatte, entdeckte Friedmann eine weitere Klasse von Lösungen mit einer anderen Geometrie. Anstelle einer Krümmung in sich selbst krümmt sich hier der Raum gewissermaßen aus sich heraus zu einem unendlichen (offenen) Universum. Auf zweidimensionaler Ebene ist ein solcher Raum mit der Oberfläche eines Sattels vergleichbar (Abbildung 5).

Abbildung 5: Zweidimensionales Vergleichsmodell eines offenen Universums

Auch für das offene Universum stellte Friedmann fest, dass der Abstand zwischen zwei Galaxien vom Wert null zum Zeitpunkt der Anfangssingularität an zunimmt. Nach einer anfänglichen Verlangsamung der Expansion reicht hier jedoch die Anziehungskraft nicht aus, um einen Richtungswechsel zu bewirken, sodass die Galaxien später mit nahezu konstanten Geschwindigkeiten weiter auseinander streben.

An der Grenze zwischen den offenen und den geschlossenen Modellen steht das Universum mit einer flachen Euklidischen Geometrie.[2] Es expandiert gerade noch immer weiter, wobei sich seine Geschwindigkeit mehr und mehr verlangsamt.

Ein bemerkenswerter Aspekt von Friedmanns Modellen ist, dass sie die Geometrie des Universums mit dessen Schicksal verbinden. Ist das Universum geschlossen, wird es zwangsläufig kollabieren, ist es hingegen offen oder flach, wird es sich ewig ausdehnen.* Friedmann gab in seinen Abhandlungen keiner der Varianten den Vorzug.

Bedauerlicherweise erlebte Friedmann nicht mehr, wie sein Werk zur Grundlage der modernen Kosmologie wurde. Im Alter von 37 Jahren starb er 1925 an Typhus. Obwohl Friedmanns Aufsätze in einer führenden deutschen Physik-Fachzeitschrift veröffentlicht wurden, fanden sie kaum Beachtung.[3] In den 1930er-Jahren jedoch, als Hubble die Expansion des Universums entdeckt hatte, erinnerte man sich an sie.**

DER MOMENT DER SCHÖPFUNG

Von allen Aussagen, die Friedmanns Modelle über die Zukunft des Universums machten, der überraschendste und interessanteste Aspekt ist das Ereignis der ersten Singularität – des Urknalls, bei dem die Berechnungen der Allgemeinen Relativitätstheorie versagen. Im Moment der Singularität ist die Materie auf unendliche Dichte komprimiert und Ein-

* Diese einfache Verknüpfung der Geometrie des Universums mit seinem Schicksal ist nur haltbar, wenn man eine Vakuumenergie-Dichte (oder Kosmologische Konstante) von null zugrunde legt. (Siehe dazu auch Kapitel 18)

** Das Modell des expandierenden Universums wurde 1927 von Georges Lemaître wiederentdeckt. Ebenso wie Friedmanns Werk blieb Lemaîtres Abhandlung bis zu Hubbles Entdeckung völlig unbekannt.

steins Konzepte lassen sich auf weiter zurückliegende Zeiten nicht anwenden. Im Wortsinn wäre der Urknall daher als Beginn des Universums auszulegen. War dies die Erschaffung der Welt? Nahm das gesamte Universum womöglich mit einem einzelnen Ereignis vor einer endlichen Zeit seinen Anfang?

Der Mehrheit der Physiker ging das zu weit. Ein Beginn des Universums mit einem einzelnen, unvermittelten Schritt erschien wie eine göttliche Intervention, und nach ihrem Empfinden durfte es in der physikalischen Theorie eine solche nicht geben. Doch obwohl der „Anfang der Welt" den meisten Wissenschaftlern Unbehagen bereitete – und weitgehend noch heute bereitet –, sprach gleichzeitig doch einiges dafür. Mit dieser Vorstellung ließen sich einige verwirrende Widersprüche lösen, die dem Bild eines statischen, ewig unwandelbaren Universums anhafteten.

Zunächst scheint ein ewiges Universum einem der grundlegendsten Naturgesetze zu widersprechen: dem Zweiten Hauptsatz der Thermodynamik. Dieser besagt, dass physikalische Systeme aus einem Zustand der Ordnung in ungeordnetere Zustände wechseln. Ein plötzlicher Windstoß durchs Fenster wird unsere akkurat in Stapel geordneten Unterlagen vom Schreibtisch herunterwehen und willkürlich über den ganzen Fußboden verteilen. Umgekehrt ist nie zu beobachten, wie der Wind Papiere vom Boden aufliest und fein säuberlich auf unserem Schreibtisch stapelt. Prinzipiell ist eine derartige spontane Abnahme von Unordnung nicht ausgeschlossen; gleichzeitig aber ist dieser Fall so unwahrscheinlich, dass wir ihn nie erleben.

Rechnerisch wird die Unordnung mit einer Größe beschrieben, die wir *Entropie* nennen, wobei der Zweite Hauptsatz besagt, dass die Entropie in einem geschlossenen System nur zunehmen kann. Diese unweigerliche Zunahme der Unordnung läuft letztlich auf einen Zustand größtmöglicher Entropie hinaus: das *thermische Gleichgewicht.* In diesem Zustand ist die Energie der geordneten Bewegung vollständig in Wärmeenergie überführt worden und im gesamten System herrscht eine einheitliche Temperatur.

Die kosmischen Auswirkungen des Zweiten Hauptsatzes wurden erstmals Mitte des 19. Jahrhunderts vom deutschen Physiker Hermann von Helmholtz formuliert. Helmholtz behauptete, dass das gesamte Universum als isoliertes System anzusehen sei (da es außerhalb des Universums nichts gebe). In der Konsequenz sei der Zweite Hauptsatz auf das Universum insgesamt anzuwenden, das sich dementsprechend auf einen unausweichlichen „Wärmetod" im Zustand thermischen Gleichgewichts zubewegen müsse. In diesem Zustand seien sämtliche Sterne tot und hätten die gleiche Temperatur wie ihre Umgebung, und außer dem ungeordneten thermischen Gewimmel der Moleküle werde jede Bewegung zum Stillstand kommen.

Eine weitere Folge des Zweiten Hauptsatzes ist, dass ein seit ewigen Zeiten existierendes Universum den Zustand des thermischen Gleichgewichts bereits erreicht haben müsste. Da wir uns aber nicht im Zustand maximaler Entropie befinden, kann das Universum folglich nicht ewig existiert haben.[4]

Helmholtz betonte weniger diese zweite Schlussfolgerung als das Moment des „Todes" (das im Übrigen um die Wende zum 20. Jahrhundert eine Welle endzeitliterarischer Werke nach sich zog). Andere Physiker jedoch, darunter Giganten wie Ludwig Boltzmann*, waren sich dieses Problems sehr wohl bewusst. Boltzmann sah den Ausweg in der statistischen Natur des Zweiten Hauptsatzes. Selbst wenn sich das Universum tatsächlich in einem Zustand größter Unordnung befinde, komme es gelegentlich zu einer spontanen Verringerung der Unordnung. Im mikroskopischen Bereich von einigen Hundert Molekülen sind derartige Zufälle oder *thermische Fluktuationen* eine normale Erscheinung, mit zunehmender Größenordnung hingegen werden sie immer unwahrscheinlicher. Boltzmann vermutete in dem Szenario, das wir um uns herum wahrnehmen, eine riesige thermische Fluktuation in einem ansonsten ungeordneten Universum. Die Wahrscheinlichkeit einer solchen Fluktuation ist unvorstellbar gering. Dennoch geschehen unwahrscheinliche Dinge, wenn man nur lange genug darauf wartet, und wer über unendlich viel Zeit verfügt, wird sie definitiv erleben. Leben und Beobachter können nur in den geordneten Teilen

* Boltzmann stellte die Verbindung zwischen Entropie und Unordnung her und erklärte die Bedeutung des Zweiten Hauptsatzes.

des Universums existieren, womit sich erklären lässt, warum gerade wir Zeugen dieses unvorstellbar seltenen Ereignisses sind.[5]

Problematisch an Boltzmanns Konzept ist, dass der geordnete Teil des Universums übermäßig groß erscheint. Beobachter kann es ebenso geben, wenn sich die Verwandlung von Chaos in Ordnung auf der Ebene unseres Sonnensystems abgespielt hätte. Ein solches Szenario wäre weitaus wahrscheinlicher als eine Fluktuation in der Größenordnung von Milliarden von Lichtjahren, die erforderlich wäre, um das beobachtbare Universum zu erklären.

Ein weiteres und noch viel älteres Problem wird offenbar, wenn wir von einer Unendlichkeit des Universums ausgehen und annehmen, dass Sterne (oder Galaxien) in diesem unendlichen Raum mehr oder weniger gleichförmig verteilt sind. Träfe dies zu, würde unser Blick zum Himmel, ganz gleich, in welche Richtung wir ihn lenkten, irgendwann auf einen Stern fallen. Somit würde der Himmel unwandelbar in annähernd gleich bleibendem Licht erstrahlen – was uns mit der einfachen Frage konfrontiert: Warum ist es nachts dunkel? Dieses Paradoxon wurde erstmals 1610 von Johannes Kepler erkannt, der zu der Schlussfolgerung kam, dass das Universum nicht unendlich sein konnte.

Beide Probleme, die Entropie und das Paradoxon des dunklen Nachthimmels, lösen sich auf, wenn das Alter des Universums endlich ist. Wenn der Beginn des Universums lediglich eine begrenzte Zeit zurückliegt und sein Zustand anfangs höchst geordnet war (niedrige Entropie), dann beobachten wir derzeit den Niedergang dieses Zustands ins Chaos und dürfen uns nicht wundern, dass der Zustand höchster Unordnung noch nicht erreicht ist. Das Paradoxon des dunklen Nachthimmels wiederum erledigt sich durch die Tatsache, dass uns in einem Universum von endlicher Dauer das Licht sehr ferner Sterne noch nicht erreicht hat. Wir können nur die Sterne beobachten, die im Sichtkreis unseres *Horizonts* liegen, der der Entfernung entspricht, die das Licht seit dem Beginn des Universums zurückgelegt hat. Die Anzahl der Sterne innerhalb dieses Radius ist eindeutig endlich, auch wenn das gesamte Universum unendlich ist.

Wie nun hat man angesichts dieser Argumente je glauben können, das Universum, das wir kennen, sei unendlich alt? Der Grund liegt natürlich darin, dass die Vorstellung eines kosmischen Beginns vor einer endlichen Zeit ganz eigene, verstörende Fragen aufwirft. Wenn das Universum vor endlicher Zeit begann, was legte dann die Anfangsbedingungen des Urknalls fest? Warum begann das Universum in einem homogenen und isotropen Zustand? Im Prinzip hätte es in jedem beliebigen Zustand beginnen können. Sollen wir die Wahl des Anfangszustands dem Schöpfer zuschreiben? Es überrascht nicht, dass sich die Physiker mit der Urknall-Kosmologie nur schwer anfreunden konnten und zahlreiche Versuche unternahmen, der Frage nach „dem Anfang" auszuweichen.

DAS UNVERMEIDLICHE HINNEHMEN

Manche vermuteten, dass die Urknall-Singularität ein Artefakt von Friedmanns Annahmen war, der zur Lösung von Einsteins Gleichungen exakte Homogenität und Isotropie vorausgesetzt hatte. In einem kollabierenden Universum, in dem sich alle Galaxien radial auf uns zubewegen, wäre die Vorstellung, dass sie in einem Endknall aufeinanderprallen würden, nicht verwunderlich. Schon eine geringfügige Abweichung von der Radialbewegung der Galaxien aber würde doch erwarten lassen, dass diese einander verfehlen und auseinanderfliegen würden. Die Singularität wäre damit umgangen, und auf die Kontraktion würde eine Expansion folgen. Auf diese Weise ließe sich daher ein oszillierendes Modell des Universums konstruieren, das ohne Anfang wäre und in dem sich Phasen der Expansion und der Kontraktion abwechselten.

Wie sich zeigt, steht diesem Szenario jedoch die anziehende Natur der Gravitation entgegen. In einer Reihe von Theoremen führten der britische Physiker Roger Penrose und Stephen Hawking, damals noch Student, unter sehr allgemeinen Annahmen den Beweis für die Unabdingbarkeit der kosmischen Singularität. Hauptgrundlagen der Beweisführung waren zum einen die Richtigkeit der Allgemeinen Relativitätstheorie Einsteins und zum anderen die Annahme, dass Materie überall im Universum eine positive Energiedichte und einen positiven Druck besitzt (genauer: Der Druck darf nicht so negativ werden, dass die Anziehungskraft abstoßend wird). Solange wir uns also im Rahmen der

Allgemeinen Relativitätstheorie bewegen und die Existenz exotischer antigravitativer Materie ausschließen, bleibt die Singularität erhalten und die Frage der Ausgangsbedingungen ungelöst.

Von allen Versuchen, die Frage nach dem Anfang zu umgehen, erlangte die traurigste Berühmtheit zweifellos die Steady-State-Theorie (Theorie des gleichbleibenden Zustands), die der britische Astrophysiker Fred Hoyle und die österreichischen Flüchtlinge Hermann Bondi und Thomas Gold 1948 an der Cambridge University entwickelten. Sie stellten die verwegene Behauptung auf, das Universum sei in seinen allgemeinen Eigenschaften stets unverändert geblieben und sehe demnach überall und zu jeder Zeit mehr oder weniger gleich aus. Dieser Standpunkt scheint in eklatantem Widerspruch zur Expansion des Universums zu stehen: Wie kann das Universum unverändert bleiben, wenn die Abstände zwischen den Galaxien zunehmen? Um das Moment der Expansion in ihre Theorie einzubauen, postulierten Hoyle und seine Freunde, aus dem Vakuum heraus entstehe kontinuierlich Materie. Diese Materie fülle die leeren Räume, welche die sich entfernenden Galaxien hinterließen, sodass an ihrer Stelle neue Galaxien gebildet werden könnten.

Die Physiker in Cambridge räumten ein, dass ihnen der Beweis für diese spontane Entstehung von Materie fehlte, jedoch sei das erforderliche Maß an Materiebildung – mit einigen wenigen Atomen pro Kubikkilometer und Jahrhundert – so gering, dass sich auch ein Gegenbeweis nicht führen lasse. Zur Verteidigung ihrer Theorie wiesen sie weiter darauf hin, dass nach ihrem Dafürhalten gegen eine kontinuierliche Entstehung von Materie ebenso wenig vorzubringen sei wie gegen die gleichzeitige Entstehung aller Materie im Urknall. Der Begriff „Big Bang“ geht sogar auf Hoyle zurück, der sich in einer bekannten Gesprächssendung eines BBC-Radiosenders über die Konkurrenztheorie mokierte.

Die Steady-State-Theorie sollte jedoch schon bald in ernsthafte Schwierigkeiten geraten. Die fernsten Galaxien zeigen sich uns heute so, wie sie vor Jahrmilliarden aussahen, denn diese Zeit braucht ihr Licht, um uns zu erreichen. Stimmte nun die Steady-State-Theorie, derzufolge das damalige Universum mit dem heutigen identisch ist, so müssten diese fernen Galaxien denen in unserer Nachbarschaft mehr oder weniger gleichen. Je mehr Daten jedoch zur Verfügung standen, desto klarer wurde, dass ferne Galaxien tatsächlich anders aussehen und deutliche Anzeichen ihrer Jugend aufweisen. Sie sind kleiner, unregelmäßig geformt und von sehr hellen, kurzlebigen Sternen bevölkert. Viele senden intensive Radiowellen aus, eine Eigenschaft, die in den älteren, nahen Galaxien weit weniger häufig anzutreffen ist.[6] Diese Beobachtungen im Rahmen der Steady-State-Theorie zu erklären schien unmöglich.

Sherlock Holmes pflegte zu sagen: „Man muss das Unwahrscheinliche annehmen, wenn alles, was wahrscheinlich ist, ausscheidet."[7] Der Stern der Steady-State-Theorie leuchtete immer schwächer, und in Ermangelung einer brauchbaren Alternative begann man umzudenken. Allmählich freundeten sich die Physiker mit der Vorstellung eines wandelbaren Universums an, das mit einem Knall seinen Anfang nahm.

4

Die moderne Geschichte der Genese

Die Elemente waren schneller gar als Ente mit Bratkartoffeln.

George Gamow

Ein Tunnel durch den Eisernen Vorhang

Die Idee des urzeitlichen Feuerballs entstammt dem Hirn von George Gamow, eines ungewöhnlichen russischstämmigen Physikers, dem wir im Verlauf unserer Geschichte noch häufiger begegnen werden. Einer seiner Kollegen, Leon Rosenfeld, beschrieb ihn als „slawischen Riesen mit hellem Haar, der ein sehr pittoreskes Deutsch sprach; eigentlich war er in allem pittoresk, selbst in der Physik.“[1] Als Student im damaligen Petrograd (heute Sankt Petersburg) besuchte Gamow 1923 und 1924 Friedmanns Seminar zur Allgemeinen Relativitätstheorie; von den Modellen des expandierenden Universums erfuhr er somit aus erster Hand. Gamow wollte unter Friedmann kosmologische Forschung betreiben, dessen früher Tod jedoch machte diesen Plan zunichte. Seine Abschlussarbeit schrieb Gamow schließlich über die Dynamik des Pendels, ein Thema, das er als „äußerst langweilig“ bezeichnete.[2]

1928 erhielt Gamow auf Betreiben seines ehemaligen Professors Orest Chvolson einen Platz an der Sommerschule der Universität Göttingen. Zu jener Zeit wurde die Quantenmechanik entwickelt und Göttingen galt als eines der führenden Zentren auf diesem Forschungsgebiet. Physiker versuchten zum Kern der neuen Theorie vorzudringen und an ihrem rasanten Fortschritt teilzuhaben. Diskussionen, die tagsüber in den Seminarräumen begannen, wurden abends auf den Straßen und in den Cafés fortgesetzt, und dem Enthusiasmus und Entdeckergeist konnte man sich nur schwer entziehen. Gamow wandte sich den Auswirkungen der Quantenmechanik auf die Struktur der Atomkerne zu und hatte sich schon sehr bald einen Namen gemacht. Mit Hilfe des *Tunneleffekts* – der Überwindung einer Barriere durch ein Quantenteilchen – erklärte er den radioaktiven Kernzerfall. Seine Theorie deckte sich hervorragend mit den Versuchsdaten.

Als es gegen Ende des Sommers Zeit wurde, nach Petrograd (mittlerweile umbenannt in Leningrad) zurückzukehren, beschloss Gamow einen Zwischenhalt in Dänemark einzulegen und dem legendären Niels Bohr, einem der Begründer der Quantentheorie, einen Besuch abzustatten. Er berichtete Bohr von seiner (damals noch unveröffentlichten) Arbeit zur Radioaktivität, und Bohr war ausreichend beeindruckt, um Gamow ein Stipendium an seinem Institut in Kopenhagen anzubieten. Natürlich nahm Gamow das Angebot mit Freuden an. Er arbeitete weiter im Bereich der Kernphysik und war bald eine anerkannte Autorität auf diesem Gebiet.

1930 wurde Gamow als einer der Hauptredner zum Internationalen Kongress für Kernphysik nach Rom eingeladen. Inmitten seiner Reisevorbereitungen – er plante auf seinem kleinen Motorrad quer durch Europa zu fahren – erhielt er von der sowjetischen Botschaft die Mitteilung, sein Pass könne nicht verlängert werden und er müsse vor weiteren Reisen in die Sowjetunion zurückkehren.

Nach seiner Ankunft in Leningrad spürte Gamow sofort, dass sich die Lage dramatisch zugespitzt hatte. Das stalinistische Regime hielt das Land immer fester im Griff. Wissenschaft und Kunst hatten der offiziellen marxistischen Ideologie zu entsprechen, und Vertreter „bourgeoiser" idealistischer Ansichten wurden unerbittlich verfolgt. Quantenmechanik und Einsteins Relativitätstheorie galten als unwissenschaftlich und der marxistisch-leninistischen Idee zuwiderlaufend. Als Gamow in einer öffentlichen Vorlesung auf die Quantenphysik zu sprechen kam, brach ein Regierungsvertreter die Veranstaltung ab und schickte die Zuhörer aus dem Saal. Gamow wurde verwarnt, einen solchen Fehler nicht noch einmal zu begehen. Noch vor diesem Zwischenfall hatte man ihn wissen lassen, er könne den Gedanken an Auslandsreisen vergessen und möge sich nicht die Mühe machen, einen Reisepass zu beantragen. Der Eiserne Vorhang hatte sich dicht geschlossen. Für Gamow stand der Entschluss fest: Er musste aus der Sowjetunion fliehen.

Gemeinsam mit seiner Frau Lyuba, die er kurz nach seiner Rückkehr nach Leningrad geheiratet hatte, bereitete Gamow die Flucht vor. Von der Halbinsel Krim aus wollte das Paar über das Schwarze Meer in die Türkei entkommen – so naiv es klingen mag, in einem Kajak. Sie hatten Proviant für eine Woche und einen einfachen Navigationsplan: geradeaus gen Süden zu paddeln. Aber das Schwarze Meer trägt seinen Namen nicht umsonst. Nachdem die Abenteurer am Morgen bei völlig ruhiger See gestartet waren, wurde diese gegen Abend immer rauer. Nachts konnten sie nur unter Aufbietung aller Kräfte ein Kentern des Bootes verhindern. Die beiden gaben sich geschlagen und kämpften sich nun zurück ans Ufer, das sie glücklich am folgenden Tag erreichten.

Völlig unerwartet erhielt Gamow im Sommer 1933 die Mitteilung, dass er zum Vertreter der Sowjetunion beim renommierten Solvay-Kongress für Kernphysik in Brüssel bestellt worden war. Gamow war überglücklich, konnte sich auf die Sache jedoch keinen Reim machen. Bei seiner Ankunft auf dem Kongress erhielt er die Erklärung: Als Gamow in Rom nicht erschienen war, hatte Niels Bohr sich gesorgt und wollte seinen alten Freund sehen. Er bat den französischen Physiker Paul Langevin, Mitglied der Kommunistischen Partei Frankreichs, über seine Beziehungen Gamows Berufung zum Solvay-Kongress zu erwirken. Entsetzt jedoch erfuhr Gamow, dass Bohr sich bei Langevin für seine, Gamows, Rückkehr in die Sowjetunion verbürgt hatte! Am selben Abend saß er beim Essen neben Marie Curie, der berühmten Entdeckerin der Elemente Radium und Plutonium, und schilderte ihr seine missliche Lage. Madame Curie war sehr gut (Gerüchten zufolge zu gut) mit Langevin bekannt und versprach mit ihm zu reden. Nach einer schlaflosen Nacht und einem Tag voll banger Erwartung erfuhr Gamow endlich von Curie, dass die Sache geklärt war und er nicht zurückkehren musste. Ein Jahr darauf folgte er dem Ruf auf eine Professur an der George Washington University und reiste in die USA aus.

DER URZEITLICHE FEUERBALL

Gamow erkannte, dass das frühe Universum nicht nur ultradicht, sondern auch ultraheiß war. Die Ursache hierfür ist, dass Gase sich bei ihrer Komprimierung erwärmen und bei ihrer Expansion abkühlen. (Fahrradfahrer kennen dieses Phänomen aus erster Hand: Ein Fahrradreifen wird beim Aufpumpen warm. Durch die Erwärmung der komprimierten Luft wird die Oberfläche des Reifens wärmer.)

Die Ursache für die Abkühlung expandierenden Gases wird deutlich, wenn wir uns einen großen, mit Gas gefüllten Behälter vorstellen. Kleinen Bällen gleich prallen die Gasmoleküle von den Wänden des Behälters ab. Stellen wir uns nun vor, dass die Wände zurückweichen, sodass der Behälter sich ausdehnt. Wie wirkt sich der Rückzug der Wände auf die Moleküle aus? Ein Tennisball, der beim Training gegen eine Wand geschlagen wird, kehrt mit derselben Geschwindigkeit zum Spieler zurück. Stellen wir uns jedoch vor, die Wand wiche vor unserem Tennisspieler zurück – die Geschwindigkeit des Balls relativ zur Wand wäre niedriger und er würde langsamer zum Spieler zurückkehren, als er geschlagen wurde. Gleichermaßen verlangsamt sich auch die Geschwindigkeit der Moleküle in einem expandierenden Behälter mit jedem Mal, das sie von seinen Wänden abprallen. Die Temperatur verhält sich proportional zur durchschnittlichen Energie der Moleküle und wird demnach im Verlauf der Expansion zurückgehen. Nun gibt es im expandierenden Universum natürlich keine beweglichen Wände; dafür aber werden Teilchen voneinander reflektiert, was sich auf dieselbe Weise auf die Temperatur auswirkt. Im Verlauf seiner Expansion wurde das Universum immer kälter. Im zeitlichen Rückblick wird das Universum also immer heißer und schließlich, bis zur Singularität extrapoliert, unendlich heiß.

Bei Temperaturen von über mehreren Hundert Grad Kelvin* reicht die Kraft der Verbindungen zwischen den Atomen eines Moleküls nicht

* Die in der Physik häufig verwendete Kelvin-Skala misst die Temperatur in Celsiusgraden vom absoluten Nullpunkt an (–273,15°C). Bei den sehr hohen Temperaturen, von denen hier die Rede ist, fällt der Unterschied zwischen Celsius- und Kelvin-Skala jedoch kaum ins Gewicht.

aus, um der Hitze zu widerstehen, sodass die Moleküle in einzelne Atome zerfallen. Ein weiterer Temperaturanstieg bewirkt eine schrittweise Aufspaltung des Atoms. Bei etwa 3000 Grad lösen sich zunächst die Elektronen von den Atomkernen,[3] bei rund einer Milliarde Grad zerfallen die Kerne zu Protonen und Neutronen (oder, mit dem Oberbegriff, zu *Nukleonen*), und bei etwa einer Billion Grad werden die Nukleonen in ihre Elementarbestandteile, die *Quarks*, gespalten.

Neben den Materieteilchen, aus denen die Atome bestehen, enthielt der Feuerball gigantische Mengen an Strahlungsquanten oder *Photonen*. Photonen sind Bündel aus elektrischer und magnetischer Energie; sie sind die Bestandteile gewöhnlichen sichtbaren Lichts. Bewegliche geladene Teilchen emittieren und absorbieren Photonen, sodass rasch ein Zustand des Gleichgewichts entsteht, wenn Photonen im gleichen Umfang absorbiert wie emittiert werden. Je höher die Temperatur ist, desto höher liegen im Gleichgewichtszustand die durchschnittliche Photonenenergie und -dichte. Das Rezept für die heiße Ursuppe ist somit sehr einfach: Sämtliche Zutaten in kleinste Stückchen zerteilen, anschließend durchmischen und eine angemessene Menge an Photonen hinzugeben. Doch das ist noch nicht alles.

Je weiter wir in der Zeit zurückgehen, desto energiereicher werden die Teilchen. Darüber hinaus liegen sie dichter beieinander und stoßen ständig zusammen. Um die Zusammensetzung des Feuerballs nachzuvollziehen, müssen wir die Abläufe dieser hochenergetischen Kollisionen kennen. Das Zerschmettern von Elementarteilchen ist die Lieblingsbeschäftigung der Teilchenphysiker. Sie bauen monströse, Teilchenbeschleuniger genannte Maschinen, in denen sie Teilchen auf gigantische Energiewerte bringen, aufeinanderschießen und beobachten, was passiert. Das ist um ein Vielfaches spannender, als Billardkugeln aufeinanderprallen zu lassen, da Teilchen bei der Kollision häufig die Identität wechseln – als ob sich rote und blaue Kugeln beim Zusammenprall in gelbe und grüne verwandelten. Auch die Anzahl der Teilchen kann sich ändern: Zwei Teilchen können ein Feuerwerk aus Dutzenden neuer Teilchen erzeugen, die vom Ort der Kollision auseinanderstieben. Vorgänge wie diese waren unmittelbar nach dem Urknall der Normalfall.

Die Folgen einer solchen Kollision lassen sich nicht vorherbestimmen. Es gibt eine Vielzahl möglicher Resultate, deren Wahrscheinlichkeiten die Physiker mit Hilfe der Quantentheorie berechnen. Mehr jedoch ist nicht zu leisten: In der Welt der Quanten gibt es keine Gewissheit. Die Bandbreite der Möglichkeiten wird von einigen wenigen *Erhaltungssätzen* eingegrenzt, die strikt befolgt werden. Beispiele hierfür sind der Energie- und der Ladungserhaltungssatz: Gesamtenergie und gesamte elektrische Ladung müssen vor und nach der Kollision gleich sein. Jeder Ablauf, dem die Erhaltungssätze nicht entgegenstehen, ist somit zulässig und wird mit einer Wahrscheinlichkeit von ungleich null eintreffen. Im frühen Universum krachen unaufhörlich Teilchen ineinander und der Feuerball ist von den unterschiedlichsten Teilchen bevölkert, die bei diesen Zusammenstößen entstehen können.

Jedes Teilchen besitzt ein Antiteilchen von exakt gleicher Masse und entgegengesetzter Ladung. Teilchen und Antiteilchen werden häufig paarweise erzeugt. So können zwei Photonen mit Energiewerten, die über den aus der Masseenergie (aus $E = mc^2$) gebildeten liegen, bei ihrer Kollision zu einem Elektron und dessen Antiteilchen, dem so genannten *Positron*, werden. Den Umkehrprozess bildet die *Paarvernichtung* oder *Annihilation*: Ein Elektron und ein Positron prallen aufeinander und werden zu zwei Photonen.

Bei Temperaturen von über 10 Milliarden Grad reichen die Teilchenenergien aus, um Elektron-Positron-Paare zu erzeugen. In der Konsequenz ist der Feuerball von einem Elektronen-Positronen-Gasgemisch bevölkert, das ungefähr die gleiche Dichte besitzt wie das Photonengas. Bei noch höheren Temperaturen entstehen Paare aus zunehmend schweren Teilchen. Physiker haben mittlerweile einen weitläufigen Teilchenzoo aus Teilchen von unterschiedlichster Masse katalogisiert. Im oberen Bereich des Massespektrums stehen die W- und Z-Bosonen, deren Masse die der Elektronen um das rund 300 000-Fache übersteigt, und das *Top-Quark*, das etwa doppelt so schwer ist wie ein W- oder ein Z-Boson. Dies sind die schwersten Teilchen, die man in einem Teilchenbeschleuniger derzeit zu erzeugen imstande ist. Im Feuerball existierten sie bei Temperaturen von über 3 000 Billionen Grad. Je mehr wir uns diesen Temperaturen annähern, desto lückenhafter wird unser teilchenphysikalisches Wissen und desto wackliger unsere Kenntnis des urzeitlichen Feuerballs.

Mit Hilfe von Friedmanns Gleichungen lassen sich Temperatur und Dichte des Feuerballs zu jedem beliebigen Zeitpunkt bestimmen. Eine Sekunde nach dem Urknall etwa lag die Temperatur bei 10 Milliarden Grad und die Dichte bei ungefähr 1 Tonne pro Kubikzentimeter. (Um Wiederholungen zu vermeiden, werde ich „nach dem Urknall" im Folgenden mit „n. U." abkürzen.)

Der ereignisreichste Teil in der Geschichte des Feuerballs spielte sich in der ersten Sekunde seines Bestehens ab, als exotische Teilchenpopulationen einander in rascher Abfolge ablösten. W-, Z- und noch schwerere Teilchen waren nur bis 0,000 000 000 01 Sekunden n. U. in reichlicher Menge vorhanden. Myonen – Elektronen ähnliche Teilchen von deren 200-fachem Gewicht – und ihre Antiteilchen annihilierten einander nach 0,000 1 Sekunden. Ungefähr zur gleichen Zeit fusionierten Tripletts aus Quarks zu Nukleonen. Als letzte wurden die Elektron-Positron-Paare vernichtet. Sie verschwanden zum Zeitpunkt 1,0 Sekunden n. U. Dabei müssen geringfügig mehr Quarks als Antiquarks und etwas mehr Elektronen als Positronen vorhanden gewesen sein, damit uns heute ein paar Elektronen und Nukleonen verbleiben.[4] Nach Ablauf der ersten Sekunde bestand die Ursuppe nurmehr aus Nukleonen, Elektronen und Photonen.*

GAMOWS ALCHEMIE

Teilchen wie Quarks, W- oder Z-Bosonen waren zu Zeiten Gamows noch unbekannt, und nicht einmal Elektron-Positron-Paare beschäftigten den Wissenschaftler. Sein Hauptinteresse galt der kosmischen Geschichte nach dem Zeitpunkt 1,0 Sekunden n. U. Die Frage nach dem Ursprung der Atome trieb Gamow seit dem Beginn seiner Laufbahn um. In der Natur kommen 92 verschiedene Atome oder chemische

* Ein weiterer Bestandteil des Feuerballs waren sehr leichte, schwach interagierende Teilchen namens *Neutrinos*.

Elemente vor. Einige von ihnen, wie Wasserstoff, Helium und Kohlenstoff, sind sehr häufig, andere wiederum, etwa Gold oder Uran, äußerst selten. Gamow wollte herausfinden, warum: Was bestimmte die Elementverteilungen?

Im Mittelalter versuchten Alchemisten, häufiger vorkommende Elemente in Gold zu verwandeln. Heute wissen wir, dass ihr Scheitern einen guten Grund hatte. Die Verwandlung eines chemischen Elements in ein anderes setzt die Kenntnis voraus, wie sich die Zusammensetzung von Atomkernen verändern lässt. Die für solche Kerntransformationen erforderlichen Teilchenenergien aber übersteigen die Energiewerte normaler chemischer Reaktionen um ein Millionenfaches und liegen weit jenseits der Möglichkeiten der Alchimisten. Derartige Energiewerte werden in einer Wasserstoffbombe erreicht, jedoch in keinem natürlichen Prozess auf der Erde. Die derzeitigen Elementverteilungen sind somit die gleichen wie vor 4,6 Milliarden Jahren, als das Sonnensystem entstand.*

Für die Suche nach dem Ursprung der Elemente eignet sich das Innere von Sternen. Sterne sind riesige heiße und gasförmige Kugeln, die von der Schwerkraft zusammengehalten werden. Unsere Sonne besteht zu einem Großteil aus Wasserstoff – dem einfachsten Element, mit einem Kern aus einem einzigen Proton. In den Zentralregionen der Sonne herrschen Temperaturen von über 10 Millionen Grad, heiß genug für Kernreaktionen. In einer Kettenreaktion wird Wasserstoff in Helium umgewandelt; die dabei freigesetzte Energie befeuert die Sonne. Die Theorie der Kernreaktionen in der Sonne wurde Ende der 1930er-Jahre von Hans Bethe entwickelt, einem deutschstämmigen Physiker, der für diese Arbeit später mit dem Nobelpreis ausgezeichnet wurde. Doch diese Theorie gab nur wenige Antworten auf die Frage der Elementverteilungen. Die riesigen Heliummengen im Universum lassen sich nur zu einem kleinen Teil aus der Heliumproduk-

* Eine wichtige Ausnahme bilden radioaktive Elemente wie Uran, die spontan zu leichteren Elementen zerfallen. Ein Uranatom zerfällt nach einer Halbwertszeit von 4,5 Milliarden Jahren zu Blei, sodass die Menge an Uran allmählich zurückgeht. Tatsächlich leitet sich unsere beste Schätzung des Erdalters von Messungen der relativen Verteilungen von Uran und Blei her.

tion in Sternen herleiten. Ein weiteres Rätsel gibt das Vorhandensein von Deuterium (schwerem Wasserstoff) auf, das einen sehr instabilen Kern besitzt. Im heißen Sterneninnern wird Deuterium rasch zerstört, sodass kaum vorstellbar ist, wie es je entstehen konnte.

Nach Gamows Sicht der Dinge waren die Sterne schlicht nicht heiß genug, um die Elemente zu backen; er glaubte, einen besser geeigneten Backofen gefunden zu haben: das gesamte Universum unmittelbar nach dem Urknall. Für die Erforschung der atomaren Prozesse im heißen frühen Universum suchte er die Unterstützung zweier junger Physiker, Ralph Alpher und Robert Herman. Die Forscher erwogen eine heiße Mischung aus Nukleonen, Elektronen und Strahlung, die das Universum gleichmäßig ausfüllten. Kühlt das Universum auf unter 1 Millliarde Grad Kelvin ab, kann sich ein Neutron mit einem Proton zu einem Deuteriumkern verbinden (siehe Abbildung 6). Neue Proton-Neutron-Verbindungen führen eine rasche Umwandlung von Deuterium zu Helium herbei (dessen Kern zwei Protonen und zwei Neutronen enthält). An dieser Stelle jedoch gerät der Kernaufbau ins Stocken. Aufgrund einer Eigenheit der atomaren Kräfte nämlich gibt es keine stabilen Kerne, die aus fünf Nukleonen bestehen, gleichzeitig aber ist die Wahrscheinlichkeit einer simultanen Anbindung von mehr als einem Nukleon äußerst gering. Dieses Phänomen nennt man Fünf-Nukleonen-Lücke. Berechnungen haben ergeben, dass etwa 23 Prozent aller Nukleonen zu Helium

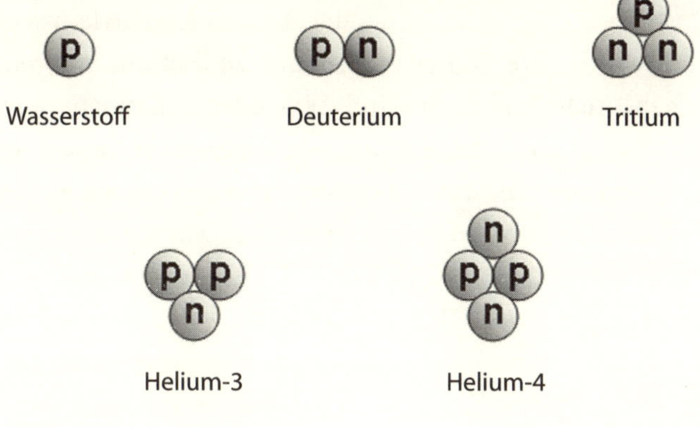

Abbildung 6: Einfachste Atomkerne: p = Protonen, n = Neutronen

werden und nahezu der gesamte Rest Wasserstoff bildet. Daneben entstehen geringe Mengen an Deuterium und Lithium.[5]

Moderne Analysen liefern anhand neuester Daten zu Kernreaktionen und mit Hilfe leistungsstarker Computer exakte Angaben über die Verteilung der Elemente, als sie aus dem kosmischen Backofen kamen. Diese Berechnungen stimmen in beeindruckender Weise mit astronomischen Beobachtungen überein. Über eine Spektraluntersuchung des Lichts, das ferne Objekte ausstrahlen, sind Astronomen in der Lage, deren chemische Zusammensetzung zu bestimmen. Einer unumstößlichen Voraussetzung der Hot-Big-Bang-Theorie zufolge dürfte keine Galaxie im Universum weniger als 23 Prozent Helium enthalten: Durch in Sternen erzeugtes Helium kann sich diese uranfängliche oder primordiale Elementverteilung allenfalls steigern. Tatsächlich hat man bis heute noch keine derartige Galaxie entdeckt. Die vorhergesagte Verteilung von Deuterium liegt geringfügig unter 1 : 10 000, die von Lithium bei weniger als 1 : 1 Milliarde. Bemerkenswerterweise sind diese so unterschiedlichen Werte durch Beobachtungen belegt. Man mag die Zahl von 23 Prozent Helium als Glückstreffer bezeichnen; die Wahrscheinlichkeit einer Übereinstimmung über das gesamte Zahlenspektrum jedoch ist extrem gering.

Wie aber sieht es nun mit den schweren Elementen aus? Allen Bemühungen zum Trotz gelang es Gamow und seiner Truppe nicht, die Fünf-Nukleonen-Lücke zu überwinden. Jenseits des Atlantiks entwickelte derweil der Haupturheber des Steady-State-Modells, Fred Hoyle, eine Alternativtheorie zum Ursprung der Elemente. Hoyle wusste, dass Sterne, die wie unsere Sonne Wasserstoff zu Helium verbrennen, für diese Aufgabe nicht heiß genug sind. Was jedoch geschieht, wenn einem Stern der Wasserstoff ausgeht? Er kann sich nicht länger gegen die Schwerkraft behaupten, daher beginnt der Sternenkern zu kontrahieren, wobei seine Dichte und Temperatur ansteigen. Sobald die Temperatur im Innern des Sterns 100 Millionen Grad erreicht, eröffnet sich ein neuer Kernreaktionsweg: Drei Heliumkerne verbinden sich zu einem Kohlenstoffkern. Ist das Helium im Zentrum aufgebraucht, kontrahiert der Stern weiter, bis die Temperatur so weit gestiegen ist, dass Kohlenstoff verbrennende Kernreaktionen gezündet werden. Im weiteren Verlauf bildet sich eine Schichtstruktur heraus mit schwereren Elementen in der Nähe des Zentrums (da diese zum Backen höhere Temperaturen benötigen). In Sternen wie der Sonne setzt sich dieser Prozess nicht sehr weit fort, in Sternen mit größerer Masse jedoch dauert er an, bis am Ende Eisen, der stabilste aller Kerne, gebildet wird. In dieser Phase ist der nukleare Treibstoff vollständig aufgebraucht. Ohne nachfolgende Kernreaktionen kollabiert der innerste Sternenkern und erreicht dabei extreme Dichtewerte und Temperaturen von bis zu 10 Milliarden Grad. Dies löst eine gigantische Explosion oder *Supernova* aus, bei der sämtliche äußeren Elementschichten in den interstellaren Raum katapultiert werden. Bei dem Kernkollaps und der anschließenden Explosion entstehen Elemente, die schwerer sind als Eisen, und das derart angereicherte interstellare Gas wiederum liefert die Rohstoffe für neue Sterne und Planetensysteme. Die Verteilungen schwerer Elemente, die Hoyle und seine Mitarbeiter hieraus errechneten, stimmen mit Beobachtungen gut überein.

Als Hoyle und Gamow ihre Modelle in den 1940er- und 1950er-Jahren entwickelten, betrachtete man ihre Theorien als Konkurrenzmodelle des Ursprungs der Elemente. Letztlich sollten jedoch beide recht behalten: Leichte Elemente entstanden überwiegend im frühen Universum, schwere Elemente in Sternen. Dabei liegt nahezu die gesamte bekannte Materie im Universum in Form von Wasserstoff und Helium vor; die schweren Elemente machen weniger als 2 Prozent aus. Dennoch sind diese für uns lebenswichtig: Erde, Luft und unser Körper bestehen größtenteils aus schweren Elementen. Martin Rees, Astrophysiker in Cambridge, schrieb dazu: „Wir sind Sternenstaub – die Asche von Sternen, die seit langem tot sind.“[6]

KOSMISCHE MIKROWELLEN

Der Prozess der Heliumbildung nahm etwa 3 Minuten n. U. seinen Anfang und war weniger als eine Minute später abgeschlossen. Das Universum expandierte in rasantem Tempo weiter; parallel nahmen sehr schnell Dichte und Temperatur ab. Nach den ersten ereignisreichen Minuten jedoch verlangsamte sich der Verlauf der dramatischen Ereignisse allmählich. Bei den Materieteilchen tat sich nur wenig; die nennenswerteste Veränderung vollzog sich bei der Strahlungskomponente des Feuerballs.

Auf der mikroskopischen Quantenebene besteht Strahlung aus Photonen, makroskopisch aber lässt sie sich als elektromagnetische Wellen vorstellen – oszillierende Muster elektrischer und magnetischer Energie. Mit zunehmender Frequenz steigt der Energiewert der Photonen. Wellen unterschiedlicher Frequenz erzeugen unterschiedliche physikalische Effekte, die wir unterschiedlich benennen. Das sichtbare Licht beschränkt sich auf einen schmalen Frequenzbereich im gesamten elektromagnetischen Spektrum. Wellen höherer Frequenz werden Röntgenstrahlen genannt, noch höher auf der Frequenzskala liegen die Gammastrahlen. Im niedrigeren Frequenzbereich finden wir Mikrowellenstrahlen, weiter darunter Radiowellen. Sie alle breiten sich mit Lichtgeschwindigkeit aus.

Mit dem Rückgang der Temperatur des Feuerballs ließ auch die Intensität der Strahlung nach und ihre Frequenz sank von Gamma- über Röntgenstrahlung bis hin zu sichtbarem Licht. Ein bedeutendes Ereignis fand 380 000 Jahre n. U. statt, als die Temperatur so weit gesunken war, dass sich Elektronen und Kerne zu Atomen verbinden konnten. Zuvor waren die elektromagnetischen Wellen oftmals von geladenen Elektronen und Kernen abgelenkt worden. Demgegenüber ist die Wechselwirkung zwischen Strahlung und elektrisch neutralen Atomen sehr gering, sodass sich die Strahlen nach der Entstehung der Atome frei und von Streuung nahezu ungehindert durchs Universum ausbreiten konnten. Mit anderen Worten: Das Universum war plötzlich lichtdurchlässig geworden.

Was geschah danach mit der Strahlung? Nicht viel, lediglich begannen mit der Expansion des Universums die Frequenzen der elektromagnetischen Wellen, und mit ihnen die Temperatur, abzunehmen. Zum Zeitpunkt der Bildung neutraler Atome lag die Strahlungstemperatur bei 4000 Grad und damit etwas unter der Temperatur der Sonnenoberfläche. Wären wir Zeugen jener Zeit gewesen und hätten unter derart gesundheitsschädlichen Bedingungen existieren können, hätten wir ein in einem leuchtend orangefarbenen Licht erstrahlendes Universum beobachtet. Im kosmischen Alter von 600 000 Jahren hätte sich das Licht in Rot gewandelt. Eine Million Jahre n. U. schließlich hätte es die Sichtbarkeitsgrenze unterschritten und wäre in den infraroten Teil seines Spektrums eingetreten. In unserer Wahrnehmung wäre das Universum damit in völliger Dunkelheit versunken. Bis heute nehmen die Strahlenfrequenzen allmählich ab: Gegenwärtig, im kosmischen Alter von rund 14 Milliarden Jahren also, haben sie den Mikrowellenbereich erreicht.

Die Geschichte des kosmischen Feuerballs wurde von Alpher und Herman, Gamows jungen Mitarbeitern, untersucht. Sie folgten ihr bis in die Gegenwart und kamen zu einem bemerkenswerten Schluss: Heute müssten wir uns in einem Ozean aus etwa 5 Grad Kelvin warmen Mikrowellen bewegen.

Die Arbeit von Alpher und Herman wurde 1948 veröffentlicht. Man möchte annehmen, dass sich eine Vielzahl von Beobachtern sogleich auf die Suche nach den Kosmischen Mikrowellen gemacht hätte. Tatsächlich ist die urzeitliche Strahlung ein schlagender Beweis für den Urknall, und seine Entdeckung hätte enorme Bedeutung haben müssen. Man möchte weiter annehmen, dass die Prophezeiung der Strahlung nach deren Entdeckung mit einem Nobelpreis bedacht worden wäre. Leider nahmen die Dinge einen anderen Verlauf.

DER SCHLAGENDE BEWEIS

So seltsam es scheinen mag: Die Vorhersage der Kosmischen Hintergrundstrahlung blieb fast zwei Jahrzehnte lang völlig unbeachtet, bis das Phänomen 1965 per Zufall entdeckt wurde. Zwei Radioastronomen, Arno Penzias und Robert Wilson, die beim amerikanischen Fernmeldeunternehmen Bell Laboratories in New Jersey arbeiteten, nahmen über ihre empfindlichen Detektoren ein fortwährendes Rauschen wahr. Der Geräuschpegel ließ sich auf eine Temperatur von annähernd 3 Kelvin bestimmen und änderte sich weder mit der Tageszeit noch mit der Ausrichtung der Antenne. Entschlossen dem Problem auf den Grund zu gehen eliminierten Penzias und Wilson gewissenhaft jede nur denkbare Option. Dazu gehörten selbst die Umsiedlung eines Taubenpärchens, das in der Antenne nistete, sowie die Beseitigung der von Penzias als „weiße dielektrische Substanz“ beschriebenen Hinterlassenschaft der beiden Vögel. Doch nichts half: Der Ursprung des Rauschens blieb ein Rätsel.

Etwa 30 Meilen weiter war unterdessen eine Gruppe Physiker an der Princeton University in den Bau eines eigenen Radiodetektors vertieft. Leiter der Gruppe war Robert Dicke, ein Ausnahmephysiker, der sich in Theorie und Experiment gleichermaßen zu Hause fühlte. Dicke hatte erkannt, dass auf eine heiße Frühphase in der Geschichte des Universums ein Nachglühen gefolgt sein musste, und entwarf eine Antenne für die Suche nach diesem Phänomen. Als das Team in Princeton alles für die Messungen vorbereitet hatte, hörten die Wissenschaftler vom Dilemma Penzias' und Wilsons. Sie erkannten sofort, dass es sich bei dem störenden Rauschen, das die beiden Radioastronomen mit allen Mitteln auszuschalten suchten, um genau das Signal der Kosmischen Mikrowellen handelte, das sie zu entdecken hofften!

Warum die Kosmische Hintergrundstrahlung per Zufall gefunden werden musste, ist eine überaus interessante Frage. Weshalb hatte niemand auf Alpher und Herman gehört? Und selbst wenn ihre Arbeiten irgendwie übersehen worden sein sollten – warum vergingen mehr als 15 Jahre, bevor jemand anderes auf die gleiche Voraussage kam? Immerhin ergab sich die Kosmische Hintergrundstrahlung unmittelbar aus Gamows Modell vom heißen Urknall.

Ein Grund war anscheinend, dass die Physiker einfach nicht an die Existenz des frühen Universums glaubten. „So geht das häufig in der Physik,“ schrieb der Physiker und Nobelpreisträger Steven Weinberg. „Unser Fehler ist nicht, dass wir unsere Theorien zu ernst nehmen; vielmehr nehmen wir sie nicht ernst genug.“[7] Wenig hilfreich war außerdem, dass George Gamow eine zu schillernde Persönlichkeit gewesen sein mochte, um von der Physikergemeinschaft ernst genommen zu werden. Stets zu Streichen aufgelegt, Urheber „nicht druckreifer“ Limericks, der häufig einen über den Durst trank, entsprach er keineswegs dem typischen Bild eines Physikers. Zudem waren schließlich Mitte der 1950er-Jahre weder Gamow noch Alpher und Herman aktiv mit der Urknall-Theorie befasst: Gamow zog es immer mehr zur Biologie hin, wo er bedeutende Erkenntnisse über den genetischen Code anregte, Alpher und Herman hingegen hatten die akademische Welt verlassen und machten in der Privatwirtschaft Karriere. Man ist versucht zu glauben, dass die mangelnde Anerkennung ihrer Arbeit zu diesen Entscheidungen beigetragen haben muss. Als Penzias und Wilson Mitte der 1960er-Jahre ihre Detektordaten aufzeichneten, war die Arbeit von Gamows Team fast vergessen.

Penzias und Wilson maßen die Strahlungsintensität auf einer einzigen Frequenz (auf die ihr Detektor eingestellt war), während die Theorie eine Strahlung vorhersagte, die sich über ein ganzes Frequenzspektrum erstreckte, wobei die Intensität einer einfachen, von Max Planck um die Wende zum 20. Jahrhundert abgeleiteten Formel folgte. Diese Voraussage wurde 1990 auf spektakuläre Weise durch den COBE-Satelliten (Cosmic Background Explorer) bestätigt, der Abweichungen von der Planck'schen Formel von 1 : 100 000 konstatierte.

Die Entdeckung der Kosmischen Hintergrundstrahlung war zweifellos ein bahnbrechendes Ereignis in der Kosmologie. Dieses handfeste Relikt des urzeitlichen Feuerballs lässt uns daran glauben, dass wir uns nicht alles ausgedacht haben, dass es vor etwa 14 Milliarden Jahren tatsächlich ein heißes frühes Universum gab. Penzias und Wilson erhielten 1978 den Nobelpreis „für ihre Entdeckung der Kosmischen Mikrowellenhintergrundstrahlung". Eine Auszeichnung für deren theoretische Voraussage hat es nie gegeben.

MAKEL DER SCHÖPFUNG

Wäre das Universum zu Beginn vollkommen homogen gewesen, hätte sich daran bis heute nichts geändert. Das dünne, gleichförmige Gas würde das Universum allmählich immer dünner ausfüllen und das Universum wäre gleichbleibend dunkel, während die Kosmische Hintergrundstrahlung langsam auf Radiowellen einer immer niedrigeren Frequenz hinabsänke. Ein Blick hinauf in den Nachthimmel dürfte uns jedoch davon überzeugen, dass unser Universum nicht annähernd so eintönig ist. Es ist erleuchtet von strahlenden Sternen, die über den Weltraum verstreut eine Hierarchie von immer größeren Strukturen formen. Die Basiseinheit dieser Hierarchie bildet die Galaxie, die typischerweise etwa 100 Milliarden Sterne umfasst. Galaxien sind in Haufen zusammengefasst, die ihrerseits Superhaufen in einer Größenordnung von einigen Hundert Milliarden Lichtjahren* bilden – lediglich einhundert Mal kleiner als das derzeit beobachtbare Universum.

Kosmologen führen die Entstehung all dieser großartigen Strukturen auf winzige Inhomogenitäten im urzeitlichen Feuerball zurück. Geringfügige Inhomogenitäten können infolge der *gravitativen Instabilität* zu Galaxien anwachsen. Angenommen eine Region des Universums ist etwas dichter als ihre Umgebung. Diese Region wird eine höhere Schwerkraft besitzen und aus den benachbarten Regionen Materie anziehen. Dadurch wird sich der Dichteunterschied vergrößern, und aus einer anfänglich nahezu homogenen Materieverteilung entsteht eine hoch inhomogene. In der Kosmologie glaubt man hierin die Entstehungsgeschichte von Galaxien, Haufen und Superhaufen zu erkennen. Nach diesem Modell entstanden die ersten Galaxien etwa 1 Milliarde Jahre nach dem Urknall. Sterne erstrahlten im Universum, womit das Dunkle Zeitalter des Kosmos sein Ende fand. Der Prozess der Galaxienbildung war vor nicht allzu fernen Zeiten abgeschlossen – im kosmischen Alter von rund 10 Milliarden Jahren (vor „nur“ 4 Milliarden Jahren).

Man mag nun glauben, diese Geschichte sei dazu bestimmt, genau dies zu bleiben – eine Geschichte –, da niemand sie bezeugen kann. Doch wie bereits erläutert sehen wir ferne Objekte in ihrem zeitlich weit zurückliegenden Zustand, als sie das Licht, das wir heute aufzeichnen, aussandten. Indem wir weiter entfernt liegende Galaxien untersuchen, bewegen wir uns daher in der Zeit zurück. Das Licht der fernsten Galaxien, die wir beobachten können, war ungefähr 13 Milliarden Jahre bis zu uns unterwegs, sodass wir sie heute im kosmischen Alter von 1 Milliarde Jahren sehen. Im Vergleich zu den großen Spiralen in unserer Nachbarschaft sind diese Galaxien klein und unregelmäßig geformt – ein Anzeichen ihrer Jugend.

Noch weiter zurückliegende Zeitalter der Geschichte des Universums können wir anhand der Kosmischen Mikrowellen beobachten. Diese Wellen bewegen sich seit nahezu 14 Milliarden Jahren, seit also

* Definition des Begriffs „Lichtjahr" siehe Kapitel 2

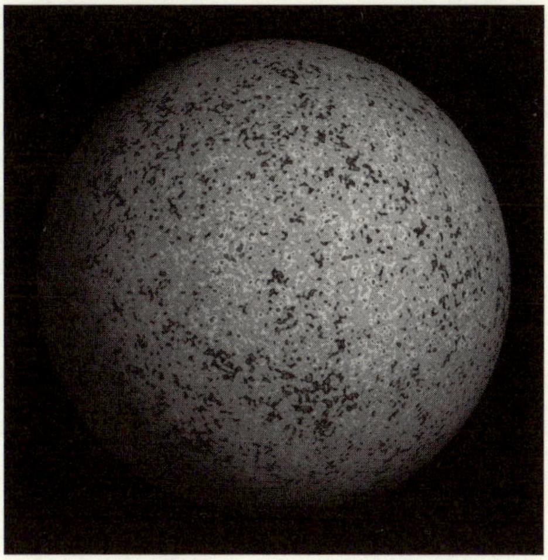

Abbildung 7: Vom WMAP-Satelliten kartierter Mikrowellenhimmel. (Mit freundlicher Genehmigung von Max Tegmark)

das Universum strahlendurchlässig wurde, ungestreut auf uns zu. Die Regionen, in denen die Wellen zuletzt gestreut wurden, liegen heute 40 Milliarden Lichtjahre von uns entfernt* (und nicht, wie man annehmen könnte, 14 Milliarden Lichtjahre, denn das Universum hat sich zwischenzeitlich ausgedehnt). Die Mikrowellen sind demnach von der Oberfläche einer gigantischen Sphäre aus zu uns unterwegs, die einen Radius von 40 Milliarden Lichtjahren hat; diese Sphäre wird als *Letzte Streuung* bezeichnet. Die Strahlung aus Regionen mit einer etwas höheren Dichte musste eine stärkere Gravitationskraft überwinden und erreicht uns mit leicht verminderter Intensität. Am Mikrowellenhimmel leuchten dichte Regionen daher schwächer. Wenn wir die Strahlungsintensität aus verschiedenen Himmelsrichtungen kartieren, erhalten wir ein Abbild des Universums im Zeitalter der Freisetzung der Kosmischen Hintergrundstrahlung, als es gerade einmal 380 000 Jahre alt war.

* Von einer Streuung elektromagnetischer Wellen sprechen wir, wenn diese von geladenen Teilchen absorbiert und re-emittiert werden. Die Letzte Streuung ließe sich daher auch als die Oberfläche definieren, von der aus die Kosmische Hintergrundstrahlung freigesetzt wurde.

Die erste erfolgreiche Kartierung des Mikrowellenhimmels wurde 1992 vom COBE-Team durchgeführt. Eine detailliertere Karte, die 10 Jahre darauf vom WMAP-Satelliten erstellt wurde,* zeigt Abbildung 7. Dunklere Grautöne entsprechen einer höheren Strahlungsintensität, wobei die Intensität der hellsten Stellen um nicht mehr als einige wenige Teile pro 100 000 von der Strahlungskraft der dunkelsten Stellen abweicht. Das bedeutet, dass das Universum zur Zeit der letzten Streuung, d. h. als die Kosmische Hintergrundstrahlung freigesetzt wurde, nahezu vollkommen homogen war. All die herrlichen Strukturen, die wir heute am Himmel beobachten, waren damals in winzigen amorphen Wellen auf dem glatten kosmischen Hintergrund codiert.

DIE MODERNE GESCHICHTE DER GENESE

Die Darstellung in Abbildung 8 illustriert die Geschichte der Genese, wie wir sie bis hierhin erörtert haben. Diese Geschichte findet in einer Fülle von Beobachtungsdaten ihre Bestätigung und es gibt wenig Zweifel an ihrer grundsätzlichen Richtigkeit. An den Details wird noch gearbeitet und einige wichtige Fragen sind weiterhin ungeklärt. Zu den großen Unbekannten gehört das Wesen der Dunklen Materie, deren Schwerkraft auf Galaxien und Haufen wirkt. Es spricht einiges dafür, dass ein Großteil dieser Dunklen Materie nicht aus Nukleonen und Elektronen, sondern aus einigen bislang unbekannten Teilchen besteht. Im Detail wird die Entstehung der Galaxien von den Massen und den Wechselwirkungen dieser Teilchen bestimmt, nicht aber im groben Ablauf, der in Abbildung 8 dargestellt ist.

Wirklich bemerkenswert ist, dass wir in der Lage sind, das Universum von vor 14 Milliarden Jahren zu beobachten und exakt zu beschreiben, was sich einen Bruchteil einer Sekunde nach dem Urknall ereignete. Dies bringt uns dem Moment der Schöpfung verführerisch nahe. Was in

* „Wilkinson Microwave Anisotropy Probe", benannt nach David Wilkinson von der Princeton University. Wilkinson hatte die Idee der Sonde und gab maßgebliche Anregungen zu ihrem Entwurf. Leider verstarb er kurz vor dem Start des Satelliten.

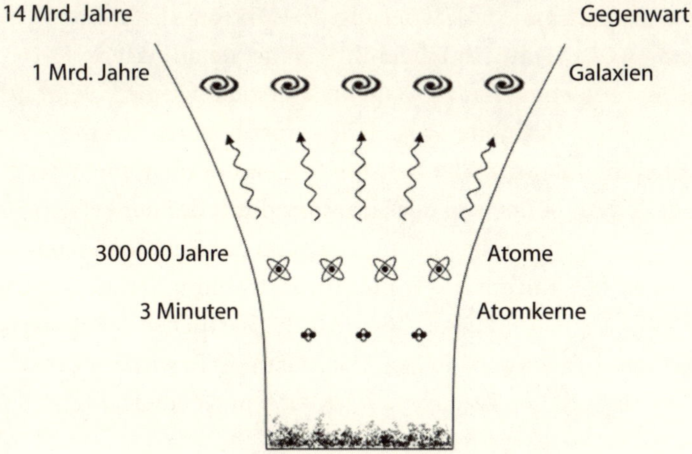

Abbildung 8: Verkürzte Geschichte des Universums

jenem Augenblick jedoch wirklich geschah, wird dadurch nicht weniger rätselhaft. Im Gegenteil: Bei näherer Betrachtung erscheint der Urknall nur noch kurioser als zuvor.

5

Inflation des Universums

Der Invasion einer Armee kann man widerstehen, nicht aber der einer Idee, deren Zeit gekommen ist.

Victor Hugo

Kosmische Rätsel

Angenommen wir empfangen eines Tages aus einer fernen Galaxie eine Botschaft übers Radio, dass „Elvis lebt". Wir richten unsere Antenne auf eine andere Galaxie aus und erhalten zu unserer großen Überraschung dieselbe Botschaft! Verblüfft drehen wir die Antenne von einer Galaxie zur nächsten, doch aus allen Himmelsrichtungen erreicht uns nur die eine Botschaft. Erklären könnten wir uns dies damit, dass das Universum voller Elvis-Fans steckt oder aber, dass sie miteinander in Kontakt stehen. Wie sonst könnten sie identische Botschaften aussenden?

So albern es klingt, gleicht dieses Beispiel sehr der Situation, die wir in unserem Universum beobachten. Die Intensität der Mikrowellenstrahlung, die wir aus allen Richtungen empfangen, ist zu einem hohen Grad exakt die gleiche – ein Hinweis darauf, dass Dichte und Temperatur des Universums zum Zeitpunkt der Emission der Strahlung in hohem Maße gleichförmig waren. Diese Beobachtung lässt vermuten, dass die Strahlen aussendenden Regionen in einer Art Kontakt zueinander standen, der zu einer Ausbalancierung von Dichte- und Temperaturwerten führte. Problematisch ist daran jedoch, dass seit dem Urknall zu wenig Zeit vergangen war, als das ein solcher Austausch hätte stattfinden können.

Der Kern des Problems liegt darin, dass physikalische Wechselwirkungen sich nicht schneller fortpflanzen können als Licht. Die Entfernung, die das Licht seit dem Urknall vor etwa 40 Milliarden Jahren zurückgelegt hat, ist die *Horizontentfernung*. Sie begrenzt unser Blickfeld ins Universum und legt die maximale Distanz fest, innerhalb derer ein Austausch möglich ist. Die Kosmische Hintergrundstrahlung, die wir heute beobachten, wurde kurz nach dem Urknall entsandt und erreicht uns aus einer Distanz, die annähernd dem Horizont entspricht. Wenn wir uns nun vorstellen, die Strahlung käme aus zwei entgegengesetzten Himmelsrichtungen (Abbildung 9), so liegen die beiden Regionen, aus denen diese Strahlung stammt, eine doppelte Horizontentfernung auseinander und könnten demnach unmöglich interagieren. Insbesondere wären sie nicht zu einem Wärmetausch imstande, um ihre Temperaturwerte auszugleichen.

Nun lagen in früheren Zeiten die beiden Regionen dichter beieinander, sodass man annehmen müsste, sie hätten einander leichter ausbalancieren können. Tatsächlich aber ist es früher noch schwieriger. Im zeitlichen Rückblick nämlich verringert sich die Horizontdistanz noch rascher als die Entfernung zwischen den Regionen. Zur Zeit der Freisetzung der Kosmischen Hintergrundstrahlung war der beobachtbare Teil des Universums in Tausende kleine Regionen zersplittert, die nicht miteinander „sprechen“ konnten. Dies zwingt uns zu der Schlussfolgerung, dass kein physikalischer Prozess den Feuerball hätte gleichförmig machen können, wenn dieser nicht von Anfang an gleichförmig war.

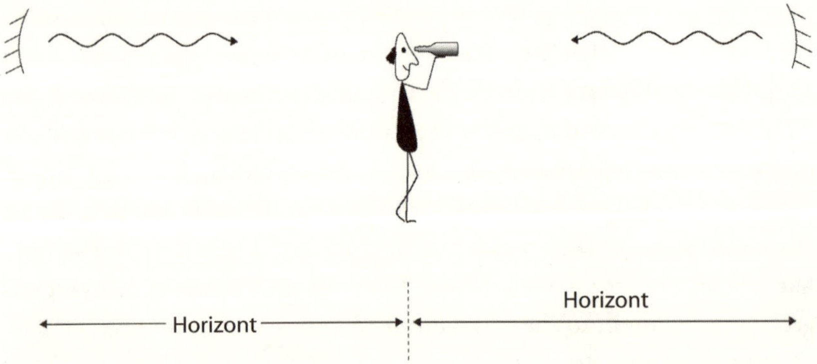

Abbildung 9: Zwischen der Kosmischen Hintergrundstrahlung aus entgegengesetzten Himmelsrichtungen liegt heute eine doppelte Horizontentfernung.

Diese rätselhafte Eigenschaft des Urknalls wird häufig als *Horizontproblem* bezeichnet. Die einzig mögliche Erklärung für die bemerkenswerte Gleichförmigkeit von Dichte und Temperatur im frühen Universum ist, dass das junge Universum auf diese Weise aus dem Urknall hervorging. In logischer Hinsicht ist an dieser „Erklärung“ nichts auszusetzen. Die physikalischen Bedingungen zum Zeitpunkt der Singularität sind nicht definiert, also können wir unmittelbar nach dem Urknall jeden beliebigen Zustand annehmen. Dennoch drängt sich das Gefühl auf, dass dies rein gar nichts erklärt.

Ein zweites Merkmal des Urknalls, das Rätsel aufgibt, ist der gefährlich instabile Balanceakt zwischen der Stärke der Explosion, die sämtliche Teilchen auseinander sprengte, und der Kraft der Gravitation, die die Expansion verlangsamt. Läge die Materiedichte im Universum ein wenig höher, wäre die Gravitationskraft ausreichend, um die Expansion zu stoppen, und das Universum würde letztlich rekollabieren. Läge sie hingegen ein wenig niedriger, würde sich das Universum endlos ausdehnen. Die beobachtete Dichte aber liegt bis auf wenige Prozentpunkte an der kritischen Dichte im Grenzbereich zwischen den beiden Systemen. Das ist sehr eigenartig und verlangt nach einer Erklärung.

Das Problematische ist hier, dass das Universum im Verlauf der Entwicklung des Kosmos tendenziell schnell von der kritischen Dichte abweicht. Lägen wir beispielsweise zum Zeitpunkt 1 Sekunde n. U. 1 Prozent über der kritischen Dichte, wären wir in knapp einer Minute bei der doppelten kritischen Dichte angelangt und in weniger als 3 Minuten wäre das Universum bereits kollabiert. Beginnen wir andersherum bei 1 Prozent unterhalb der kritischen Dichte, läge die Dichte schon nach 1 Jahr um ein 300 000-Faches unter dem kritischen Wert. In einem Universum von einer solch niedrigen Dichte entstünden niemals Sterne und Galaxien; es gäbe nichts als verdünntes, eigenschaftsloses Gas. Um bis zum heutigen kosmischen Alter von 14 Milliarden Jahren eine annähernd kritische Dichte zu erreichen, muss die Eingangsdichte mit chirurgischer Präzision auskalibriert sein. Eine Berechnung zeigt, dass die Dichte bis auf eine Abweichung von 0,000 000 000 000 01 Prozent mit dem kritischen Wert übereinstimmen musste.

In engem Zusammenhang damit steht die Geometrie des Universums. Von Friedmann haben wir gelernt, dass die Dichte des Universums und seine großräumige Geometrie miteinander verknüpft sind. Das Universum ist geschlossen, wenn die Dichte ihren kritischen Wert überschreitet, offen, wenn sie darunter liegt, und flach, wenn beide exakt identisch sind. Anstatt zu fragen, warum die Dichte des Universums so nah an ihrem kritischen Wert liegt, könnten wir daher ebenso fragen, warum seine räumliche Geometrie fast flach ist. Aus diesem Grund wird unser Problem der Feinabstimmung häufig als das *Flachheitsproblem* bezeichnet.

Vom Horizont- und vom Flachheitsproblem hatte man seit den 1960er-Jahren gewusst und doch kaum einmal gesprochen - aus dem einfachen Grund, dass niemand eine Vorstellung davon hatte, wie mit ihnen zu verfahren sei. Um diese Probleme zu bewältigen, musste man sich einem noch größeren Rätsel stellen, das sich hinter ihnen verbarg: Was eigentlich geschah beim Urknall? Worin bestand die Natur dieser Kraft, die die kosmische Explosion verursachte und sämtliche Teilchen auseinandersprengte? Nachdem die Physiker fast ein halbes Jahrhundert auf der Stelle getreten waren, fanden sie sich allmählich mit dem Gedanken ab, dass diese Frage zu jenen gehörte, die man nicht ausspricht - sei es, weil sie in der Physik keinen Platz hat, sei es, weil die Physik noch nicht bereit ist sich ihr zu stellen. So kam es völlig überraschend, als Alan Guth 1980 seinen dramatischen Durchbruch erzielte, der einen geradlinigen Weg zur Lösung der renitenten kosmologischen Rätsel wies.[1]

Guth formulierte den Gedanken, das Universum sei durch abstoßende Gravitation in die Luft gejagt worden. Das frühe Universum könne einen sehr ungewöhnlichen Stoff enthalten haben, der eine starke abstoßende Gravitationskraft hervorbringe. Wer sich anschickt, eine Idee wie diese in einem Vortrag zu präsentieren, sollte tunlichst ein Stück dieses Antischwerkraft-Zeugs aus der Tasche zaubern, zumindest aber einen triftigen Grund nennen können, warum irgendjemand an dessen Existenz glauben sollte. Zu seinem Glück blieb Guth die Erfindung einer magischen Substanz erspart. Die führenden Elementarteilchen-Theorien hatten sie nämlich bereits auf Lager: Ihr Name war *Falsches Vakuum.*

FALSCHES VAKUUM

Kannst du von nichts keinen Gebrauch machen, Gevatter? –
Ei nein, Söhnchen, aus nichts wird nichts.
W. SHAKESPEARE, *König Lear**

Vakuum ist leerer Raum. Es wird häufig mit „nichts“ gleichgesetzt. Aus diesem Grund klang die Idee der Vakuumenergie so sonderbar, als Einstein sie erstmals vorstellte. Das Bild, das Physiker sich heute vom Vakuum machen, hat sich jedoch infolge der Entwicklungen in der Teilchenphysik der letzten drei Jahrzehnte drastisch gewandelt. Die Erforschung des Vakuums dauert noch an, und je mehr wir über das Phänomen erfahren, desto komplexer und faszinierender wird es.

Die modernen Elementarteilchen-Theorien definieren das Vakuum als ein physikalisches Objekt; es kann mit Energie geladen sein und kommt in ganz verschiedenen Zuständen vor. In der physikalischen Fachsprache werden diese Zustände als unterschiedliche Vakua bezeichnet. Alle Elementarteilchentypen, ihre Masse und ihre Wechselwirkungen werden vom Vakuum bestimmt, das sie begleitet. Die Beziehung zwischen Teilchen und zugehörigem Vakuum ist mit der Relation zwischen Schallwellen und dem Material vergleichbar, in dem diese sich fortpflanzen. Je nach Material variieren Welle und deren Fortpflanzungsgeschwindigkeit.

Wir befinden uns im Vakuum mit der niedrigsten Energie, dem *Echten Vakuum.*[2] Die Physik weiß heute eine Menge über die Teilchen in dieser Form des Vakuums und über die Kräfte, die zwischen ihnen wirken. So bindet die *Starke Kraft* Protonen und Neutronen in Atomkernen, die *Elektromagnetische Kraft* hält Elektronen auf ihrer Umlaufbahn um den Kern in einem Atom, und die *Schwache Kraft* zeichnet für das Wechselspiel der schwer fassbaren Lichtpartikel, der Neutrinos, verantwortlich. An den Benennungen wird deutlich, dass die drei Wechselwirkungen ganz unterschiedliche Stärken aufweisen, wobei die Elektromagnetische Kraft zwischen der Starken und der Schwachen liegt.

Die Eigenschaften von Elementarteilchen in anderen Vakua können vollkommen anders aussehen. Wie viele Vakua es gibt, wissen wir nicht,

* Übs. v. W. H. Graf Baudissin, Winkler, München 1988

die Teilchenphysik hält jedoch neben unserem Echten noch mindestens zwei weitere Vakua für wahrscheinlich, die mit einer größeren Symmetrie und einer geringeren Vielfalt an Teilchen und deren Wechselwirkungen ausgestattet sind. Das erste der beiden ist das *Elektroschwache* Vakuum, in dem Elektromagnetische und Schwache Interaktionen gleich stark sind und als Teile einer einzigen, vereinten Kraft auftreten. Elektronen in diesem Vakuum haben die Masse null und sind von Neutrinos nicht zu unterscheiden. Sie sausen mit Lichtgeschwindigkeit umher und sind nicht in Atome zu bannen. Kein Wunder, dass wir nicht in dieser Art Vakuum leben.

Das zweite ist das „grand-unified" oder Große Vereinheitlichte Vakuum, in dem alle drei Wechselwirkungstypen der Teilchen vereint sind. Neutrinos, Elektronen und Quarks (aus denen Protonen und Neutronen bestehen) sind in diesem hochsymmetrischen Zustand austauschbar. Während das Elektroschwache Vakuum mit annähernder Sicherheit existiert, liegt die Existenz des Großen Vereinheitlichten Vakuums eher im Bereich des Spekulativen. Teilchenmodelle, die seine Existenz voraussagen, haben ihren theoretischen Reiz, beschäftigen sich jedoch mit extrem hohen Energien, sodass es für diese Theorien nur spärliche und recht mittelbare empirische Belege gibt.

Jeder Kubikzentimeter des Elektroschwachen Vakuums besitzt eine riesige Energie und nach Einsteins Masse-Energie-Beziehung eine gigantische Masse von annähernd 10 Trillionen Tonnen (etwa die Masse des Mondes). Physiker, die mit derart gigantischen Zahlen arbeiten, bedienen sich einer Kurzschrift für die Notation von Zehnerpotenzen. Eine Billion hat 12 Nullen und wird als 10^{12} geschrieben. Zehn Trillionen sind eine 1 mit 19 Nullen; die Massedichte des Elektroschwachen Vakuums beträgt daher 10^{19} Tonnen pro Kubizentimeter. In einem Großen Vereinheitlichten Vakuum liegt die Massedichte sogar noch höher – um einen überwältigenden Faktor von 10^{48}. Dass diese Vakua in keinem Labor je erzeugt wurden, versteht sich von selbst: Die hierfür erforderlichen Energien sprengen bei Weitem den Rahmen der derzeit verfügbaren Möglichkeiten.

Neben diesen gigantischen Energiewerten nimmt sich die Energie des normalen, Echten Vakuums verschwindend klein aus. Lange hatte man sie bei exakt null angesetzt; neuere Beobachtungen weisen jedoch darauf hin, dass unser Vakuum eine geringfügige positive Energie besitzt, die der Masse von drei Wasserstoffatomen pro Kubikzentimeter entspricht. Die Bedeutung dieser Entdeckung wird in den Kapiteln 9, 12 und 14 deutlich.

Hochenergetische Vakua werden als „Falsche“ Vakua bezeichnet, da sie anders als unser Echtes Vakuum instabil sind. Nach einer kurzen Zeitspanne von meist einem kleinen Bruchteil einer Sekunde zerfällt ein Falsches Vakuum in das Echte, wobei die überschüssige Energie in einem Feuerball aus Elementarteilchen freigesetzt wird. Im nächsten Kapitel werden wir uns mit den Einzelheiten dieses Vakuumzerfallsprozesses befassen.

Wenn Vakuum Energie besitzt, muss es, das wissen wir von Einstein, auch Spannung haben.[3] Und Spannung bewirkt, wie in Kapitel 2 erläutert, eine abstoßende Gravitation. Beim Vakuum liegt diese repulsive Kraft um ein Dreifaches höher als die von der Masse verursachte Anziehungskraft, sodass sich unter dem Strich eine starke abstoßende Kraft ergibt. Einstein hatte in seinem statischen Modell der Welt mit dieser Antischwerkraft des Vakuums die Anziehungskraft gewöhnlicher Materie ausgeglichen. Dabei hatte er festgestellt, dass sich ein Gleichgewichtszustand erreichen lässt, wenn die Massedichte der Materie doppelt so hoch liegt wie die des Vakuums. Guths Plan sah anders aus: Anstatt das Universum ins Gleichgewicht zu bringen, wollte er es sprengen. Dazu ließ er der abstoßenden Gravitation des Falschen Vakuums freien Lauf.

KOSMISCHE INFLATION

Was geschähe, wenn der Weltraum früher einmal im Zustand eines Falschen Vakuums gewesen wäre? Hätte die damalige Materiedichte die für eine Ausbalancierung des Universums erforderliche Höhe unterschritten, hätte die abstoßende Kraft des Vakuums die Oberhand behalten. In der Folge würde sich das Universum ausdehnen – selbst wenn es dies anfänglich nicht getan hätte.

Um uns dieses Bild vor Augen zu führen, nehmen wir ein geschlossenes Universum an. Dieses Universum bläht sich wie ein expandierender Ballon auf, der in Abbildung 4 (S. 25) in Kapitel 3 gezeigt wird. Mit zunehmendem Volumen des Universums verdünnt sich die Materie und geht die Massedichte zurück. Die Massedichte des Falschen Vakuums jedoch ist eine Konstante, sie bleibt stets unverändert. So wird die Materiedichte sehr bald unbedeutend und uns bleibt ein gleichförmiges, expandierendes Meer aus Falschem Vakuum.

Die Expansion wird von der Spannung des Falschen Vakuums vorangetrieben, die die Anziehungskraft der Massedichte des Vakuums überwindet. Da sich keine dieser Größen mit der Zeit verändert, bleibt auch die *Expansionsrate* konstant. Die Expansionsrate gibt an, um welchen Bruchteil das Universum in einer gegebenen Zeiteinheit (zum Beispiel

Abbildung 10: Alan Guth in seinem Büro am MIT. Guth ist stolzer Träger des von der Zeitung The Boston Globe ausgelobten Preises für das chaotischste Büro 2005. (Foto: Larry Fink)

in einer Sekunde) anwächst. Ihre Bedeutung gleicht in Vielem jener der Inflationsrate in der Wirtschaft, dem prozentualen Preisanstieg innerhalb eines Jahres. 1980, als Guth in Harvard sein Seminar hielt, lag die Inflationsrate in den USA bei 14 Prozent. Bliebe dieser Wert konstant, würden sich die Preise alle 5,3 Jahre verdoppeln. Gleichermaßen bedeutet eine konstante Expansionsrate des Universums das Vorhandensein einer festgelegten Zeitspanne, innerhalb derer sich die Größe des Universums verdoppelt.

Eine Zuwachsstruktur mit einer konstanten Verdopplungszeit wird als exponentiell bezeichnet. Bekanntermaßen bringt sie sehr schnell gigantische Zahlen hervor. Für ein Stück Pizza, das heute 1 Dollar kostet, wird man nach 10 Verdopplungszyklen (in unserem Beispiel: 53 Jahre) 1 024 Dollar bezahlen müssen und nach 330 Zyklen 10^{100} Dollar. Diese phantastische Zahl, eine 1 mit 100 Nullen, hat einen Namen: *Googol.* Guth schlug vor, den Begriff „Inflation" als Definition einer exponentiellen Expansion des Universums in die Kosmologie zu übernehmen.

Die Verdopplungszeit in einem Universum Falschen Vakuums ist unfassbar kurz. Je höher die Vakuumenergie, desto kürzer die Zeitspanne. Bei einem Elektroschwachen Vakuum würde das Universum im dreizehnten Teil einer Mikrosekunde um ein Googol expandieren, beim Großen Vereinheitlichten Vakuum liefe die Expansion um ein 10^{26}-Faches schneller ab. In diesem minimalen Sekundenbruchteil würde eine Region von der Größe eines Atoms auf Ausmaße gebracht, die das gesamte derzeit beobachtbare Universum um ein Vielfaches übersteigen.

Infolge seiner Instabilität zerfällt das Falsche Vakuum schließlich und seine Energie zündet einen heißen Teilchen-Feuerball. Dieses Ereignis signalisiert das Ende der Inflation und den Beginn der normalen kosmologischen Evolution. Aus einem winzig kleinen ersten Keim wird somit ein gewaltiges, heißes und expandierendes Universum. Als besondere Zugabe lösen sich in diesem Szenario erstaunlicherweise das Horizont- und das Flachheitsproblem der Urknall-Kosmologie.

Das Horizontproblem besteht im Kern darin, dass die Abstände zwischen manchen Teilen des beobachtbaren Universums anscheinend immer größer waren als die Strecke, die das Licht seit dem Urknall zurückgelegt hat. Dies bedeutet, dass diese Regionen zu keinem Zeitpunkt interagiert haben, sodass sich schwer erklären lässt, wie sie nahezu identische Temperatur- und Dichtewerte haben erreichen können. Im Standardmodell des Urknalls steigt die vom Licht zurückgelegte Strecke proportional zum Alter des Universums, der Abstand zwischen den Regionen jedoch wächst im Vergleich langsamer, weil die Gravitation die Expansion des Universums bremst. Regionen, die heute nicht in Wechselwirkung treten können, werden in der Zukunft dazu in der Lage sein, wenn die Lichtreise-Distanz den Abstand zwischen ihnen wettgemacht haben wird. Zu früheren Zeiten aber lag die Lichtdistanz noch weiter von diesem Punkt entfernt; wenn also die Regionen zum gegenwärtigen Zeitpunkt nicht interagieren können, konnten sie es in der Vergangenheit ganz sicher nicht. Die Wurzel des Problems steckt also in der anziehenden Kraft der Gravitation, die eine allmähliche Verlangsamung der Expansion verursacht.

In einem Universum Falschen Vakuums wirkt die Gravitation abstoßend, sodass die Expansion sich beschleunigt und nicht verlangsamt. Damit kehrt sich die Situation um: Regionen, die heute Lichtsignale austauschen können, werden ihre Fähigkeit zur Interaktion in der Zukunft verlieren. Wichtiger aber: Regionen, die heute füreinander unerreichbar sind, müssen in der Vergangenheit in Wechselwirkung gestanden haben. Das Horizontproblem hat sich gelöst!

Ebenso leicht verschwindet das Flachheitsproblem. Wie sich zeigt, entfernt sich das Universum nur dann von der kritischen Dichte, wenn sich seine Expansion verlangsamt. Bei einer beschleunigten inflationären Expansion hingegen gilt das Gegenteil: Das Universum wird zur kritischen Dichte und damit zur Flachheit *hin*gedrängt. Da sich das Universum durch die Inflation um einen riesigen Faktor vergrößert, können wir nur einen winzigen Teil von ihm sehen. Diese beobachtbare Region erscheint flach, ebenso wie die Erdoberfläche flach erscheint, wenn wir sie aus der Nähe betrachten.

Zusammenfassend macht eine kurze Zeit der Inflation das Universum groß, heiß, gleichförmig und flach und schafft so die idealen Ausgangsbedingungen für das Standardmodell der Urknall-Kosmologie.

Die Theorie der Inflation war im Begriff, die Welt zu erobern. Was Guth betraf, so waren seine Tage als Postdoc vorüber. Er nahm eine ihm angebotene Stelle an seiner Alma Mater, dem Massachusetts Institute of Technology, an und arbeitet dort noch heute.

Ein schönes Happy End für die Geschichte der Inflationstheorie, wäre da nicht ein unseliges Problem gewesen: Die Theorie funktionierte nicht.

6

Zu gut, um falsch zu sein

Die Wahrheit erwächst eher aus einem Irrtum als aus der Verwirrung.

Francis Bacon

Das Graceful-Exit-Problem

Jeder Physiker kennt das lähmende Gefühl bei der Entdeckung eines verhängnisvollen Fehlers in der wunderschönen Theorie, die man wenige Tage zuvor entwickelt hat. Dieses Schicksal ist leider den meisten wunderschönen Theorien beschieden; so auch der Inflationstheorie. Wie stets steckte auch hier der Teufel im Detail. Bei näherer Betrachtung zerfiel das Vakuum nämlich weniger reibungslos als erwartet. Der Prozess des Vakuumzerfalls gleicht kochendem Wasser. Wahllos bilden sich kleine Blasen Echten Vakuums, die inmitten eines Falschen Vakuums expandieren (Abbildung 11). Das Innere der Blasen bleibt bei dieser Ausdehnung nahezu leer, die gesamte Energie aus der Umwandlung des Falschen in ein Echtes Vakuum konzentriert sich in der expandierenden Hülle der Blasen. Wenn Blasen kollidieren und fusionieren, löst sich ihre Hülle in Elementarteilchen auf. Am Ende entsteht ein mit einem heißen Feuerball aus Materie angefülltes Echtes Vakuum.

Tatsächlich geschieht genau dies, wenn mit rasender Geschwindigkeit Blasen entstehen und der Zerfallsprozess auf diese Weise in weniger als einem Verdopplungszeitraum abgeschlossen ist. Ein solcher Verlauf würde jedoch bedeuten, dass die Inflation zu schnell beendet wäre – lange bevor das Universum homogen und flach würde. Wir aber sind am umgekehrten Fall interessiert, in dem die Blasenbildung sich so langsam vollzieht, dass das Universum um einen großen Faktor expan-

Abbildung 11: Zufällig entstehen kleine Blasen Echten Vakuums und dehnen sich aus. Zu einem früheren Zeitpunkt entstandene Blasen haben bereits ein größeres Volumen erreicht.

dieren kann, bevor die Blasen aufeinanderzuprallen beginnen. Aber, wie der Schweizer Physiker Paul Ehrenfest zu sagen pflegte, hier springt der Frosch ins Wasser. Das Problem besteht darin, dass der Raum zwischen den Blasen mit einem Falschen Vakuum gefüllt ist und sich demzufolge rasch ausdehnt. Wohl wachsen die Blasen annähernd mit Lichtgeschwindigkeit, doch reicht selbst das nicht aus, um mit der exponentiellen Expansion des Falschen Vakuums Schritt zu halten. Wenn die Blasen nicht innerhalb einer Verdopplungszeit nach ihrer Entstehung kollidieren, wird sich ihre Entfernung mit der Zeit nur vergrößern und sie werden nie aufeinandertreffen. Die Folge ist, dass die Inflation unmöglich aufhören kann. Die Blasen wachsen auf unermessliche Größe an und in ihren expandierenden Zwischenräumen entstehen ständig neue, kleine Blasen. Die wunderbare Gleichförmigkeit, welche die Inflation hergestellt hatte, wird damit völlig zunichte. Dieses fehlende passende Ende der inflationären Expansion kennt man heute als das „Graceful-Exit-" oder Problem des eleganten Ausgangs, auch Inhomogenitätenproblem.

Einige Monate nachdem er mit seiner neuen Theorie an die Öffentlichkeit gegangen war, erkannte Guth, dass es ein Problem gab. Sein Artikel über die Inflationstheorie war damals noch nicht geschrieben – aus einem ganz einfachen Grunde: Alan Guth ist der größte Zauderer der Welt. (Nachdem ich bei mehreren Forschungsprojekten mit ihm zusammengearbeitet habe, weiß ich das aus unmittelbarer Erfahrung.) Natürlich war Guth enttäuscht in seiner Theorie einen gravierenden Fehler zu entdecken. Dennoch erschien ihm der Gedanke zu gut, um falsch zu sein. Als er schließlich im August 1980 Zeit zum Schreiben fand, schloss er seine Ausführungen mit den Worten: „Ich veröffentliche diesen Artikel in der Hoffnung, er möge (...) andere dazu ermutigen, einen Weg zu finden, wie sich die unerwünschten Eigenschaften des Inflationsszenarios umgehen lassen.“ [1]

SKALARFELD

Um dem Problem auf den Grund zu gehen, wollen wir uns den Zerfall des Falschen Vakuums einmal genauer ansehen. Der Harvard-Physiker Sidney Coleman hat diesen Zerfallsprozess untersucht und mit dem Begriff der *Skalarfelder* beschrieben.

Ein *Feld* ist eine Größe, die an jedem Punkt im Raum einen bestimmten Wert besitzt. An verschiedenen Punkten können diese Werte unterschiedlich hoch sein; ebenso können sie sich mit der Zeit verändern. Ein einfaches Beispiel für ein Feld liefert die Temperatur. Ob am Nordpol, auf dem Gipfel der Zugspitze oder im Zentrum der Sonne – jeder Punkt im Universum zeichnet sich durch einen definierten Temperaturwert aus. Ein zweites geläufiges Beispiel ist das Magnetfeld. Neben seiner Stärke besitzt dieses Feld auch eine Richtung. Wahrnehmen können wir das Magnetfeld nicht, ein genauerer Blick auf den Kompass jedoch zeigt uns, dass es existiert: Die Kompassnadel schlägt in die Richtung des Feldes aus, dessen Stärke wiederum sich an der Kraft erkennen lässt, mit der die Nadel sich in diese Richtung dreht.

Ein Feld, das wie die Temperatur ohne Richtung ist, bezeichnet man als Skalarfeld. Skalarfelder definieren sich durch eine einzige Zahl: ihre

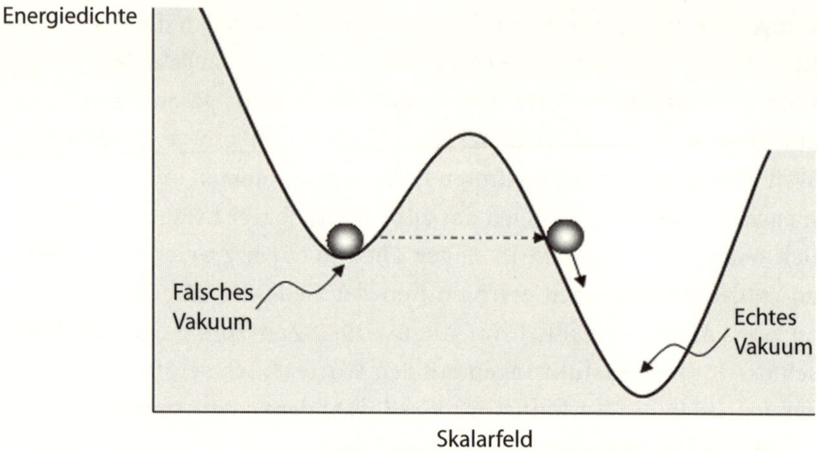

Abbildung 12: Energielandschaft eines Skalarfelds mit einem Falschen und einem Echten Vakuum. Das Feld kann die Barriere zwischen den beiden Vakua durchtunneln.

Größe. In der Elementarteilchenphysik spielen Skalarfelder eine wichtige Rolle. Modernen Teilchentheorien zufolge ist der Raum des Universums von Skalarfeldern durchzogen, deren jeweilige Werte sowohl die Vakuumenergie als auch die Teilchenmassen und deren Wechselwirkungen bestimmen. Mit anderen Worten: Diese Felder bestimmen, in was für einem Vakuum wir leben. Gegenwärtig befinden sich die Skalarfelder im Zustand eines Echten Vakuums; in früheren Epochen jedoch muss das nicht gegolten haben.

Zur Veranschaulichung der Physik des Vakuumzerfalls nehmen wir uns ein einzelnes Skalarfeld vor und beobachten, wie es die Energie des Vakuums beeinflusst. Jeder Kubikzentimeter Raum besitzt Energie, deren Wert von der Größe des Feldes abhängt. Wie diese Abhängigkeit im Einzelnen aussieht, ist derzeit noch nicht bekannt, man geht jedoch davon aus, dass die Energie in ihrer Form einer Hügellandschaft gleicht, wie Abbildung 12 sie zeigt, mit Maxima und Minima bei jeweils unterschiedlichen Werten. In seinem Verhalten erinnert das Skalarfeld stark an eine Kugel, die durch diese Energielandschaft rollt. Je nach seiner Ausgangsposition wird diese Kugel in das eine oder aber in das andere hier abgebildete Energietal hinunterrollen. Das tiefer gelegene Minimum hat dabei eine Energiedichte von annähernd null und entspricht dem Echten Vakuum. Das höher gelegene Minimum entspricht einem energiereichen, Falschen Vakuum.

Setzen wir nun voraus, dass wir an jedem Punkt im Raum bei einem Falschen Vakuum ansetzen: Diese Situation ist durch die im höheren Minimum liegende Kugel gekennzeichnet. Dort bliebe sie eine ganze Weile liegen, es sei denn, jemand beförderte sie nach oben und gäbe ihr so die nötige Energie zur Überwindung der Barriere ins weiter unten gelegene Minimum. Nun sind nach der Quantentheorie aber Objekte in der Lage, Energiebarrieren zu „durchtunneln". Beobachter eines solchen Ereignisses sähen die Kugel verschwinden und auf der anderen Seite der Barriere sofort wieder auftauchen.

Das Quantentunneln ist ein wahrscheinlichkeitstheoretischer Prozess. Der genaue Zeitpunkt eines solchen Ereignisses lässt sich nicht vorhersagen, wohl aber die Wahrscheinlichkeit berechnen, mit der es in einem gegebenen Zeitraum geschehen wird. Für ein makroskopisches Objekt wie eine Kugel ist die Wahrscheinlichkeit eines Tunnelns extrem gering. So müsste man auf eine Dose Cola, die sich aus einem Getränkeautomaten heraustunnelt, sehr viel länger warten, als unser Universum derzeit alt ist. In der Zwergenwelt der Elementarteilchen hingegen tritt das Phänomen des Quantentunnelns deutlich häufiger auf. Wie in Kapitel 4 bereits erwähnt, erklärte George Gamow mit Hilfe des Tunneleffekts den radioaktiven Kernzerfall. Im Falle eines Falschen Vakuums geht die Wahrscheinlichkeit, dass ein großer Teil des Raums in einen Zustand Echten Vakuums tunnelt, gegen null. Das Tunneln spielt sich in einer winzig kleinen Region ab und erzeugt eine kleine Blase Echten Vakuums. Dies ist der Prozess der Blasenbildung, den wir im vorangehenden Abschnitt dieses Kapitels kennen gelernt haben. Je nach der Form der Energiefunktion kann die Wahrscheinlichkeit eines Tunneleffekts groß oder gering sein. (Bei niedrigen und schmalen Energiebarrieren ist sie groß.)

Trotz der Ähnlichkeit zwischen dem Tunneln einer Kugel und der eines Skalarfelds gibt es einen wichtigen Unterschied. Die Kugel tunnelt zwischen zwei verschiedenen Punkten im Raum; beim Skalarfeld hingegen verläuft das Tunneln an einem Ort zwischen zwei verschiedenen Werten des Felds.

Diese Analyse hat gezeigt, dass beim Vorliegen einer Energiebarriere zwischen den beiden Vakua ein Zerfall des Falschen Vakuums nur über einen Quantentunneleffekt möglich ist. Infolge des Tunnelns entsteht ein zufälliges Muster aus Blasen, die nie miteinander verschmelzen, sodass der Zerfallsprozess nie abgeschlossen ist. Was aber geschieht, wenn wir die Barriere entfernen?

WER LANGSAM GEHT, KOMMT SCHNELLER AN

Andrei Linde, ein junger russischer Kosmologe, dachte als Erster über unorthodoxe Skalarfeldmodelle nach, deren Falsche und Echte Vakua nicht durch Barrieren voneinander getrennt waren.

Erneut gehen wir hier von einem kleinen, geschlossenen Universum und einem Skalarfeld im Zustand Falschen Vakuums aus. Ohne Barriere rollt die Kugel, die unser Skalarfeld darstellt, einfach hinunter in Richtung des Echten Vakuums (siehe Abbildung 13). Blasen sind keine vorhanden und auf seinem Weg nach unten ist das Feld im gesamten Raum stets gleichförmig. Unten angekommen, oszilliert das Skalarfeld zunächst hin und her. Im Anschluss löst sich die Energie der Oszillation rasch in einem Feuerball aus Elementarteilchen auf, während das Feld beim Energieminimum zum Stillstand kommt.

Das Problem besteht hierbei darin, dass das Feld ohne eine Barriere sehr schnell ins Tal rollt und die Inflation zu früh gestoppt würde. Linde, der diese Gefahr erkannte, volllzog einen entscheidenden Schritt. Er gab der Energiefunktion die Form eines stark abgeflachten Hügels, wie ihn Abbildung 14 zeigt. Der flache Bereich beim Gipfel symbolisiert das Falsche Vakuum. Eine Kugel, die man in diesen Bereich legt, wird *sehr* langsam zu rollen beginnen. Da der Abhang flach verläuft, wird die Kugel eine ungefähr gleiche Höhe beibehalten. Wir erinnern uns, dass die Höhe in diesem Bild die Energiedichte des Skalarfelds darstellt und dass, um die Inflationsrate konstant zu halten, lediglich eine konstante Energiedichte erforderlich ist.

Die entscheidende Beobachtung Lindes war, dass sich das Skalarfeld im flachen Bereich beim Gipfel des Hügels sehr langsam bewegt und somit eine ganze Weile braucht, um diesen Bereich zu durchqueren. Unterdessen dehnt sich das Universum exponentiell aus, was einen enormen Expansionsfaktor mit sich bringt. Sobald das Feld den steileren Teil des Energieabhangs erreicht, beschleunigt sich sein Weg nach unten; im Minimum angekommen, oszilliert es und entlädt seine

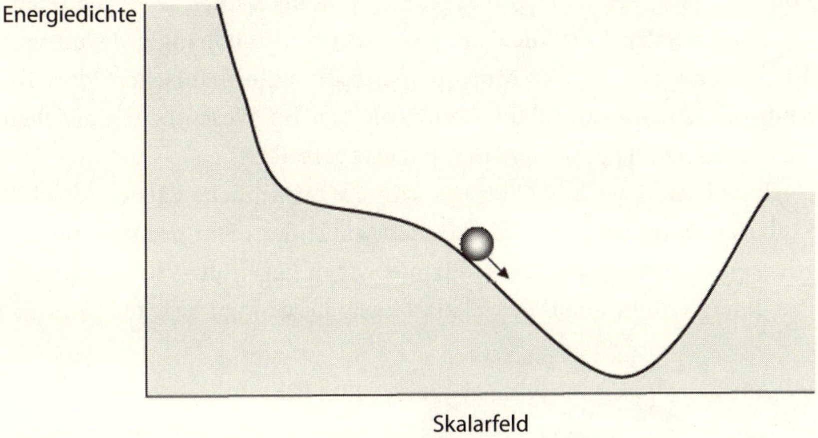

Abbildung 13: Energielandschaft ohne Barriere. Das Skalarfeld rollt rasch hinunter ins Echte Vakuum.

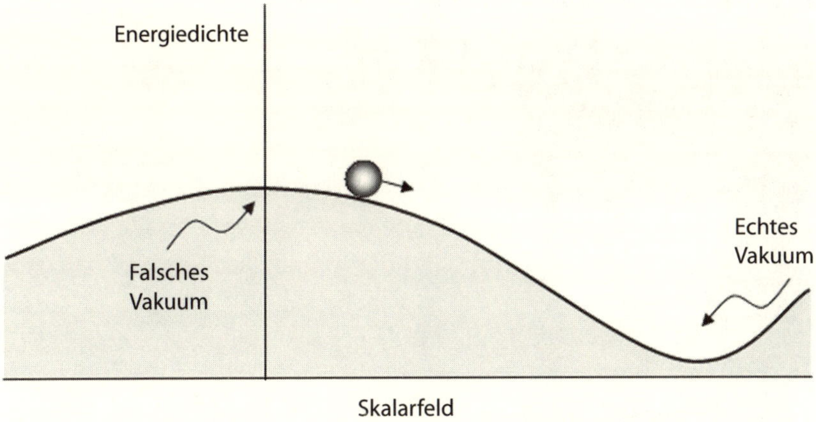

Abbildung 14: Energielandschaft „mit abgeflachtem Hügel". Das Skalarfeld rollt langsam ins Tal, während die Inflation weiterläuft.

Energie in einem heißen Teilchenfeuerball. In diesem Augenblick ist das Universum riesig groß und heiß, es expandiert und ist zudem homogen und nahezu flach. Das Graceful-Exit-Problem ist gelöst!

Dazu bedarf es allein eines Skalarfeldes, dessen Energiefunktion die Form eines abgeflachten Hügels wie in Abbildung 14 hat. Nun mögen sich manche fragen, wie das Skalarfeld auf den Gipfel des Hügels kam. Eine gute Frage. Es wird jedoch gebeten sich bis Kapitel 17 zu gedulden.

Lindes Artikel erschien im Februar 1982; unabhängig davon veröffentlichten nur wenige Monate später die amerikanischen Physiker Andreas Albrecht und Paul Steinhardt den im Wesentlichen gleichen Gedanken. Die Theorie der Inflation war gerettet.

Eine weitere wichtige Frage betrifft die tatsächliche Existenz solcher Skalarfelder in der Natur. Sie können wir leider nicht beantworten. Es gibt keinerlei direkten Beweis für oder auch gegen ihr Vorhandensein. Die Energiefunktionen der Skalarfelder in den einfachsten Elektro-

Abbildung 15: Andrei Linde (links) mit Slava Mukhanov (Ludwig-Maximilians-Universität München). (Mit freundlicher Genehmigung von Sugumi Kanno)

schwachen und Großen Vereinheitlichten Modellen sind so steil, dass sie sich für die Inflation nicht eignen. In einer Klasse *supersymmetrischer* Modelle jedoch gibt es zahlreiche Skalarfelder mit flachen Energiefunktionen. Zu dieser Klasse gehört die *Superstring-Theorie*, gegenwärtig der aussichtsreichste Anwärter für die grundlegende Theorie der Naturkräfte. (Mehr zu Superstrings in Kapitel 15)

DER NUFFIELD-WORKSHOP

Schauplatz des nächsten Akts im Inflationsdrama ist die mittelalterliche Universitätsstadt Cambridge. Im Sommer 1982 trafen sich dort auf Einladung von Stephen Hawking rund dreißig Kosmologen aus aller Welt. Sie versammelten sich zu einem von der Nuffield Foundation ausgerichteten dreiwöchigen Workshop über das sehr frühe Universum. Ich freute mich außerordentlich zu diesem Kreis zu gehören: Hawking hatte mich gebeten über meine neueste Arbeit zu Kosmischen Strings zu sprechen.

Ich verliebte mich auf den ersten Blick in Cambridge. Früh am Morgen stand ich auf und durchstreifte das Gelände der alten Colleges. Gotische Kapellen, Uhrentürme, schlicht ummauerte Innenhöfe mit makellos rechteckigen Rasenflächen und bunten Blumentupfern – Spuren eines anderen, beschaulicheren Zeitalters. Um neun Uhr war ich wieder in der Moderne angelangt, saß im Konferenzsaal und erwartete den Beginn der Vorträge. Erfreulicherweise waren nur zwei Vorträge pro Tag angesetzt, jeweils am Vormittag und am Nachmittag, sodass reichlich Zeit für zwanglose Diskussionen blieb. Das britische Essen gehörte nicht zu den Höhepunkten der Reise, wohl aber das britische Bier, und bei physikalischen Gesprächen und einem großen Glas Lager verging mir manche Abendstunde.

Schwerpunkte des Workshop-Programms waren die jüngsten Entwicklungen in der Kosmologie, wobei im Mittelpunkt unweigerlich die Inflationstheorie stand. Das Graceful-Exit-Problem war ja nun beseitigt, doch es gab noch ein zweites großes Fragezeichen.

Es stimmt, dass die Inflation das Universum flach und glatt werden lässt; vielleicht aber macht sie ihre Arbeit zu gut. In einem absolut homogenen Universum würden sich niemals Galaxien oder Sterne herausbilden. Wie wir bereits in Kapitel 4 gesehen haben, entwickelten sich die Galaxien aus kleinen Abweichungen in der Dichte. Der Ursprung dieser uranfänglichen Inhomogenitäten oder Dichteabweichungen geriet zum zentralen Thema des Workshops.

Kurz vor dem Workshop hatte Hawking in einem Artikel einen hochinteressanten Gedanken formuliert. Der Quantentheorie zufolge ist die Evolution aller physikalischen Systeme nicht vollständig deterministisch, sie unterliegt vielmehr unvorhersehbaren kleinen Quantenschwankungen. Auf seinem Weg nach unten schwankt das Skalarfeld also gleichsam zufällig hin und her. Die Richtung dieser Schwankungen ist nicht in allen Regionen des Universums gleich, sodass das Skalarfeld an unterschiedlichen Stellen zu etwas unterschiedlichen Zeiten am Fuß des Hügels ankommt. In Regionen, wo die Inflation etwas länger dauerte, läge die Materiedichte etwas höher.* Hawking nun hatte sich überlegt, dass die so entstehenden Inhomogenitäten der Auslöser für die Entstehung von Galaxien und Galaxienclustern seien. Sollte er Recht haben, wären für die Existenz der größten Strukturen des Universums Quanteneffekte verantwortlich, die normalerweise nur in winzigen, subatomaren Größenordnungen eine Rolle spielen!

Für Guth war das natürlich eine höchst aufregende Entwicklung. Nicht nur, dass sich damit das Problem der Theorie löste, die Entwicklung eröffnete zudem die verlockende Chance, das Inflationsmodell an Beobachtungen zu überprüfen: Dichteschwankungen lassen sich anhand Kosmischer Mikrowellen beobachten und anschließend mit den Vorhersagen der Theorie vergleichen. Das war unglaublich wichtig!

Die Berechnung von Dichteschwankungen, die während der Inflation entstehen, stellt eine große technische Herausforderung dar. Hawkings Artikel enthielt wenige Details und war schwer nachvollziehbar. Guth tat sich daher mit dem aus Korea stammenden Physiker So-Young Pi zusammen, um die Schwankungen mit einer beiden verständlichen

* Nach dem Ende der Inflation geht die Materiedichte infolge der Expansion des Universums zurück. Regionen, die dem Ende der Inflation entgegeneilten, haben somit bereits eine geringere Dichte erreicht, wenn andere, phlegmatischere Regionen ihre Inflation beenden.

Methode zu berechnen. Sie standen kurz vor dem Abschluss, als Guth zum Nuffield-Workshop abreisen musste, sodass er die Berechnungen während der ersten Tage in Cambridge zu Ende führte. Zu Guths großer Überraschung wich das Ergebnis erheblich von Hawkings ab. Beide hatten erkannt, dass die Schwankungen von der Form der Energielandschaft des Skalarfelds bestimmt werden. Die Form der Abhängigkeit jedoch fiel unterschiedlich aus und Guths Abschätzung ergab sehr viel größere Schwankungen.

Guth diskutierte mit Hawking darüber; eine Lösung für die Differenz fand sich jedoch nicht. Hawking beharrte auf seinem Ergebnis. Als Guth mir beim Mittagessen von dem Gespräch berichtete, wirkte er verwirrt. Er war sich der Richtigkeit seiner Lösung nicht sicher und meinte, er werde die Berechnung an einigen Punkten überprüfen müssen.

Um die Verwirrung perfekt zu machen, gab es eine weitere Gruppe, die sich mit dem Problem beschäftigte. In Zusammenarbeit mit zwei ebenfalls amerikanischen Kosmologen, Jim Bardeen und Michael Turner, hatte Paul Steinhardt die Inhomogenitäten berechnet. Auch diese Gruppe widersprach Hawking, doch lag ihr Ergebnis deutlich niedriger! Schließlich gab es da noch einen russischen Physiker, Alexei Starobinsky, der ebenfalls einen Vortrag über Dichteschwankungen halten sollte. Er aber hielt sich abseits und niemand wusste, welches Ergebnis er bekannt geben würde.

Starobinsky war kein Neuling in der Kosmologie. Von ihm wusste man unter anderem, dass er ungefähr ein Jahr vor Guth ein Modell der Inflation ersonnen hatte. Der Haken war, dass er in der Ursache falsch lag. Er dachte, sein Modell könne die Anfangssingularität überflüssig machen – was nicht der Fall war. Gleichzeitig hatte Starobinsky übersehen, dass sein Modell die Lösung für das Horizont- und das Flachheitsproblem barg. Ohne diese entscheidende Erkenntnis fand das Modell seinerzeit wenig Beachtung; heute jedoch gilt es als geeignete Alternative zu den Skalarfeld-Modellen von Linde, Albrecht und Steinhardt.[2]

Starobinsky war als erster Redner vorgesehen. Sein Vortragsstil wies ihn als typischen Vertreter der russischen Schule der Physik aus und ließ sich auf einen ihrer Begründer zurückführen, den Nobelpreisträger

Lev Landau. Ein Referent in Landaus berühmtem wöchentlichen Seminar galt als Dummkopf, dem ganz zu Beginn seines Vortrags ein kleines Fensterchen geöffnet wurde, um das Gegenteil zu beweisen. Seminarvorträge wurden daher überwiegend „für Landau" gehalten, im Versuch, diesen davon zu überzeugen, dass der Referent wusste, wovon er sprach, und ohne sonderlich darauf zu achten, dass der Vortrag nahezu allen übrigen Zuhörern zu hoch sein mochte. Ergänzt man dies um einen russischen Akzent und ein ausgeprägtes Stottern, überrascht wenig, dass dem Vortrag Starobinskys nicht leicht zu folgen war. Eines jedoch war gegen Ende klar: Seinen Berechnungen zufolge waren die Inhomogenitäten groß und lagen recht dicht bei Guths Ergebnissen.

Am folgenden Tag war die Reihe an Hawking. Der legendäre Physiker leidet an Amyotropher Lateralsklerose (ALS) und ist seit Anfang der 1970er-Jahre an den Rollstuhl gefesselt. Heute verständigt er sich über einen Sprachcomputer, indem er jedes einzelne Wort aus einem Menü auf einem Bildschirm anwählt. Beim Workshop konnte er noch sprechen, wenn auch kaum. Da die meisten Menschen ihn nicht verstanden, übernahm bei seinem Vortrag einer seiner Studenten die Rolle des Dolmetschers. Hawking folgte der Argumentation seines Artikels, wartete am Ende jedoch mit einer Überraschung auf. Der letzte Schritt seines Rechnungswegs verlief nun anders und das Ergebnis deckte sich mit dem von Guth und Starobinsky! Hawking musste nach seinem Gespräch mit Guth und nach Starobinskys Vortrag einen Fehler in seiner Rechnung gefunden haben. Gleichwohl erwähnte er die Korrektur seines Artikels mit keinem Wort, ebenso wenig wie er ansprach, dass auch Starobinsky und Guth sein neues Ergebnis errechnet hatten.

Ein Großteil der Vorträge beim Nuffield-Workshop befasste sich mit der Inflationstheorie, und bei aller Aufregung über die neue Theorie war das ein wenig zu viel des Guten. Die Vorträge über andere Aspekte des frühen Universums boten da eine willkommene Abwechslung – ein Gefühl, dass ich mit der einleitenden Folie zu meinem Vortrag über Kosmische Strings zu vermitteln suchte (Abbildung 16). Strings sind fadenförmige Relikte der heißen, hochenergetischen Epoche des frühen Universums, dünne Röhren aus Falschem Vakuum, die in einigen teilchenphysikalischen Modellen vorausgesagt werden. In meinem Vor-

Abbildung 16: Eine Überdosis Inflation – die erste Folie zu meinem Vortrag über Kosmische Strings

trag beschrieb ich die Entstehung von Strings und deren mögliche astrophysikalische Konsequenzen. Der Vortrag wurde gut aufgenommen; nun konnte ich mich zurücklehnen und entspannt das Ende des Wettlaufs um die Lösung der Dichteschwankungen verfolgen.

Steinhardt und seine Freunde wollten sich noch nicht geschlagen geben. Fieberhaft arbeiteten sie an der Lösung einiger kleinerer Details in ihrer Berechnung. Das Ergebnis, das sie schließlich fanden, lag immer noch weit unter dem von Hawking.

Guth sollte in der dritten Woche des Treffens sprechen. Er fürchtete von Steinhardt und Kollegen in die Mangel genommen zu werden und nutzte jede Gelegenheit, um sich in sein Zimmer zurückzuziehen und verschiedene Teile seiner Berechnung zu überprüfen. Später erfuhr er, dass er über seinen Vorbereitungen sogar das Konferenzbankett versäumt hatte.

Trotz wachsender Spannung sollte es nicht zu einem Kampf kommen: Wenige Tage vor dem Vortrag gaben sich Steinhardt und seine Mitarbeiter geschlagen. Sie waren auf einige Fehler in den von ihnen verwendeten Näherungswerten gestoßen und ihr Ergebnis deckte sich nun mit dem der Konkurrenten. Guths Vortrag verlief vollkommen reibungslos: Er wiederholte das erste Ergebnis, das er zuvor erhalten hatte. Am Ende des Workshops hatten somit alle vier Mannschaften völlige Übereinstimmung erzielt.

Die letzte Überraschung dieses denkwürdigen Wettlaufs kam lange nach dem Abschluss des Workshops. Zu ihrer großen Bestürzung entdeckten die vier Konkurrenten, dass das Problem der quanteninduzierten Dichteschwankungen, an dem sie sich so lange abgearbeitet hatten, bereits gelöst worden war – ein ganzes Jahr, bevor sie in Cambridge die Waffen kreuzten. Die Lösung wurde von zwei russischen Physikern veröffentlicht, Slava Mukhanov* und Gennady Chibisov vom Lebedev-Institut in Moskau.[3] Sie errechneten Schwankungen für Starobinskys Inflationsmodell, im Wesentlichen jedoch deckte sich ihre Berechnung mit der für die Skalarfeld-Modelle. Die Lektüre russischer Physikzeitschriften hat häufig Interessantes zu bieten!

Den Schlusspunkt der Berechnungen bildete eine Formel zur Bestimmung der Dichteschwankungen, die von kleinen Quantenfluktuationen im hinabrollenden Skalarfeld während der Inflation verursacht werden. Die Größe dieser Schwankungen hängt von der Form der Energielandschaft sowie von der Größe der Region ab, in der sich eine Schwankung abspielt. Die Größenordnungen kosmischer Strukturen erstrecken sich über eine große Bandbreite. So werden die Entfernungen zwischen Sternen in einem sehr viel kleineren Maßstab gemessen als bei Galaxien, die sich ihrerseits wiederum in kleineren Dimensionen bewegen als Galaxiehaufen. Es wäre also durchaus denkbar, dass die Größe der Schwankungen in diesen außerordentlich unterschiedlichen Dimensionen stark variiert. Die Formel jedoch besagt, dass alle Schwankungen nahezu gleich sind. Von den kleinsten bis hin zu den größten kosmischen Strukturen bewegen sich die Größenunterschiede innerhalb eines Spektrums von unter 30 Prozent.

Diese Unabhängigkeit der inflationären Schwankungen von kosmischen Größenordnungen lässt sich unschwer nachvollziehen. Während

* Mukhanov arbeitet heute an der Ludwig-Maximilians-Universität in München; Foto s. Abb. 15, S. 72

sich die kleinen Quantenfluktuationen anfangs nur auf das Skalarfeld in einer winzigen Region des Raums auswirken, wird die Schwankung infolge der exponentiellen Expansion des Universums anschließend stark gedehnt. Schwankungen, die zu einem früheren Zeitpunkt während der Inflation entstanden, werden länger gedehnt und erfassen eine größere Region. Die Größe der Schwankung aber ist durch die erste kleine Quantenfluktuation festgelegt, die auf jeder relevanten Größenskala mehr oder weniger gleich ist.*

Anhand der Skalen-Unabhängigkeit der Dichteschwankungen lassen sich Voraussagen über Abweichungen in der Intensität der Kosmischen Hintergrundstrahlung am Himmel ableiten und letztlich lässt sich mit ihrer Hilfe auch die Inflationstheorie überprüfen. Aus einer spekulativen Hypothese über die frühen Momente des Universums wurde damit eine nachprüfbare physikalische Theorie. Bis die Inflationstheorie tatsächlich auf dem Prüfstand landete, sollte jedoch ein weiteres Jahrzehnt vergehen.

ÜBER NACHT ERFOLGREICH: SO WIRD'S GEMACHT

Üblicherweise dauert es Jahre oder sogar Jahrzehnte, bis sich eine neue Theorie durchsetzt. Ein schöner Gedanke mag unter Physikern Anerkennung finden, überzeugen wird er sie jedoch erst, wenn sich Vorhersagen aus der Theorie in Versuchen oder durch astronomische Beobachtungen bestätigen. Dies gilt insbesondere für die Kosmologie, in der die Beobachter seit jeher nur mühsam mit der Phantasie der Theoretiker haben Schritt halten können; die Urknalltheorie ist hierfür nur ein Beispiel unter vielen. Die Artikel von Alexander Friedmann fanden erst nach seinem Tod Beachtung und die Arbeit George Gamows wurde über mehr als ein Jahrzehnt so gut wie gar nicht wahrgenommen. Wie vollkommen anders erging es da der Inflationstheorie!

* Während das Skalarfeld den Energieabhang hinabrollt, werden die Quantensprünge schwächer und die daraus resultierenden Schwankungen kleiner. Gleichzeitig ist das Feld so langsam, dass es sich kaum bewegt, während es in allen astrophysikalisch relevanten Dimensionen Schwankungen erzeugt.

Im ersten Jahr nach Guths erster Veröffentlichung erschienen fast vierzig Artikel. Einige Jahre später war diese Zahl auf zweihundert angewachsen und pendelte sich für das folgende Jahrzehnt auf rund zweihundert Artikel pro Jahr ein. Es schien, als hätte man alles stehen und liegen lassen, um sich der Inflationstheorie zu widmen.

Woher rührte dieser durchschlagende Erfolg? Zum Teil lässt er sich auf soziologische Ursachen zurückführen. Die damaligen Teilchenphysiker hatten soeben die Entwicklung von Theorien über Starke und Elektroschwache Wechselwirkungen abgeschlossen. Ihre Zahl war eine kleine Legion und sie alle hatten plötzlich wenig zu tun. Die neuen Ideen in der Teilchenphysik waren ausnahmslos mit extrem hohen Energien verbunden. Da sich die vorhandenen Teilchenbeschleuniger für eine Überprüfung dieser Theorien nicht eigneten, war die Weiterentwicklung ins Stocken geraten. Als einziger Beschleuniger, der Teilchen auf die erforderlichen Energiewerte hochzufahren im Stande war, kam der Urknall in Frage, und so verlagerten die Teilchenphysiker ihr Testgelände für neue Ideen verstärkt in die Kosmologie. Zu Beginn der 1980er-Jahre traten sie massenweise zur Kosmologie über. Neulinge auf diesem Gebiet, suchten diese Konvertiten nach interessanten Problemen, deren Lösung sie sich widmen konnten.

Vor diesem Hintergrund veröffentlichte Guth sein Inflationsmodell und lieferte den Physikern damit genau das, wonach sie suchten. Darüber hinaus erwies sich als hilfreich, dass Guths Theorie unvollständig war. Wer ein bedeutendes Problem vollständig löst, mag für seine Arbeit bewundert werden, eine neue Branche wird er jedoch nicht begründen. Die Inflationstheorie hingegen war lediglich der Entwurf einer Theorie mit zahlreichen Lücken, die es zu schließen galt. Sie bot reichlich Probleme, mit deren Lösung man sich oder seine Studenten beschäftigen konnte.

Neben dem soziologischen Aspekt ist die anhaltende Popularität der Inflationstheorie aber auch auf die Attraktivität und die Kraft der Idee an sich zurückzuführen. In mancherlei Hinsicht gleicht die Inflationstheorie Darwins Evolutionstheorie: Beide formulierten eine Erklärung für ein Phänomen, das man bis dahin für unerklärlich gehalten hatte. Das Reich der wissenschaftlichen Forschung wurde durch sie erheblich erweitert. In beiden Fällen war die Erklärung äußerst überzeugend und keine plausible Alternative wurde je vorgeschlagen.

Eine weitere Parallele zu Darwin ist, dass die Inflationstheorie bereits in der Luft lag, als Guth sie aufbrachte.* Guths entscheidender Beitrag war, dass er den Nutzen der Theorie klar erkannt hatte und die Motivation lieferte für die Lösung des Graceful-Exit-Problems sowie für die weiterer Probleme der Inflationstheorie.

DAS UNIVERSUM ALS FREISPIEL

Bis hierhin sind wir davon ausgegangen, dass die Inflation mit einem kleinen, geschlossenen Universum begann, das ein Skalarfeld in einem Falschen Vakuum auf dem Gipfel seines Energiehügels enthielt. Diese Annahmen sind jedoch nicht zwingend erforderlich. Ebenso gut hätten wir bei einem kleinen Stück Falschen Vakuums in einem unendlichen Universum ansetzen können. Auch ein solcher Beginn zöge eine Inflation nach sich, wenngleich in einer etwas unerwarteten Form.

Wir erinnern uns, dass ein Falsches Vakuum eine große Spannung besitzt, die für seine abstoßende Gravitation verantwortlich ist. Füllt das Vakuum den gesamten Raum aus, ist die Spannung überall gleich und hat ausschließlich gravitative Wirkung. Umgeben von Echtem Vakuum jedoch wird die Spannung im Innern des Falschen durch keinerlei Kraft von außerhalb ausgeglichen und bewirkt ein Zusammenschrumpfen des Falschen Vakuums. Nun mag man annehmen, dass die repulsive Kraft der Spannung entgegenwirken würde; tatsächlich jedoch verhält es sich anders.

Eine Analyse auf Grundlage der Einstein'schen Allgemeinen Relativitätstheorie zeigt, dass die gravitative Abstoßung nur im Innern existiert. Brächte man also auf seinen Vortrag zu Demonstrationszwecken ein Stückchen Falsches Vakuum mit, flögen Objekte nicht wie in Abbil-

* Erast Gliner, Starobinsky und Linde in Russland, Katsuhiko Sato in Japan sowie Robert Brout, François Englert und Edgard Gunzig in Belgien zogen sämtlich die Möglichkeit einer Zeit exponentieller Expansion im frühen Universum in Betracht. Sato erkannte zudem das Problem des eleganten Abgangs.

dung 1 (S. 8) von diesem weg, sondern würden vielmehr von ihm angezogen. Außerhalb des Falschen Vakuums wirkt die Gravitationskraft normal anziehend. Die Kraft der Spannung führt somit ein Zusammenschrumpfen des Vakuumstückchens herbei, während aufgrund der inneren gravitativen Abstoßung gleichzeitig sein Inneres expandieren „will“. Wie diese Situation ausgeht, hängt von der Größe des Stückchens ab.

Unterschreitet die Größe einen bestimmten kritischen Grenzwert, geht die Spannung als Sieger hervor und das Falsche Vakuum zieht sich wie ein Stück gespanntes Gummiband zusammen. Nach einigen Oszillationen zerfällt es in Elementarteilchen.

Liegt die Größe des Stückchens hingegen über dem kritischen Wert, gewinnt die repulsive Kraft, und das Falsche Vakuum beginnt anzuschwellen. Dabei krümmt es den Raum wie einen aufgeblasenen Ballon. Diesen Effekt veranschaulicht Abbildung 17 für eine sphärische Region Falschen Vakuums. Da hier nur zwei räumliche Dimensionen dargestellt werden, erscheint die Sphärengrenze der Region als Kreis. Infolge der Spannung wird die Grenze nach innen zum Zentrum der Sphäre gezogen, was dazu führt, dass sich das Volumen des Falschen Vakuums verringert. Verglichen mit der exponentiellen Expansion des Innern jedoch ist diese Verkleinerung vollkommen unerheblich.

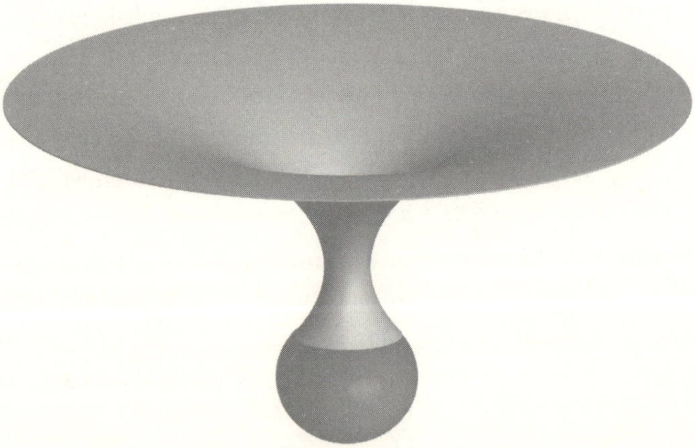

Abbildung 17: Ein expandierender Ballon Falschen Vakuums (dunkelgrau ist mit dem Außenraum über ein „Wurmloch“ verbunden und wird in der äußeren Region als Schwarzes Loch wahrgenommen.

Der sich aufblähende Ballon ist mit dem Außenraum über ein schmales „Wurmloch“ verbunden. Von außen erscheint das Wurmloch als Schwarzes Loch, und ein Beobachter in der äußeren Region könnte ebenso wenig beweisen wie widerlegen, dass sich in diesem Schwarzen Loch ein riesiges, expandierendes Universum befindet. Gleichermaßen werden Beobachter, die sich innerhalb dieses Blasenuniversums entwickeln, nicht mehr als dessen kleinsten Teil wahrnehmen und nie erkennen, dass ihr Universum eine Grenze hat, jenseits derer sich ein weiteres großes Universum befindet.

Da nun das Schicksal der Sphäre Falschen Vakuums so entscheidend davon abhängt, ob ihr Radius über dem kritischen Wert liegt, kommt der Frage nach dem kritischen Radius große Bedeutung zu. Die Antwort wird von der Energiedichte des Vakuums bestimmt: Je größer die Energiedichte, desto kleiner der kritische Radius. Beim Elektroschwachen Vakuum liegt er bei etwa 1 Millimeter, beim Großen Vereinheitlichten Vakuum ist er um ein 10-Billionen-Faches kleiner. Mehr braucht es nicht, um ein Universum zu erschaffen! Wahrhaftig das ultimative Freispiel. Fast…

Ewige Inflation

7

Der Antischwerkraftstein

Beeindruckender wäre es, wenn sie nach oben fielen.

Oscar Wilde
über die Niagarafälle

Die Theorie der Inflation wurde bald nach jenem Mittwochseminar in Harvard 1980, als ich zum ersten Mal von ihr hörte, zu einem meiner zentralen Forschungsthemen. Wäre ich mystischer veranlagt, hätte ich die Vorzeichen eigentlich noch vor Guths Seminarvortrag erkennen können. Genau an meinem Arbeitsplatz nämlich, an der Tufts University, fand sich so mancher Hinweis auf die abstoßende Schwerkraft.

Auf einem sanft abfallenden Hügel, umgeben von Schatten spendenden Ulmen, strahlt das Gelände von Tufts Ruhe und Würde aus. Wer über die Stufen den Hügel zum Herzen des Campus hinaufsteigt, vorbei an der efeubewachsenen romanischen Kapelle, dessen Blick mag auf ein eigentümliches Denkmal fallen. Einem alten Grabstein gleich ragt dort ein größerer Granitblock senkrecht aus der Erde empor. Seine Inschrift lautet:

DIESES DENKMAL WURDE
ERRICHTET VON DER
STIFTUNG ZUR ERFORSCHUNG DER SCHWERKRAFT,
ROGER W. BABSON, GRÜNDER.
ES SOLL STUDENTEN ERINNERN AN
DEN SEGEN, DER ERWÄCHST,
WENN EIN HALBISOLATOR
ENTDECKT WIRD, UM
DIE FREIE SCHWERKRAFT ZU BEZÄHMEN
UND FLUGZEUGABSTÜRZE ZU VERMINDERN.

1961

Dies ist der berüchtigte Antischwerkraftstein, das Symbol meines Schicksals.

Roger Babson, der auch das Babson College begründete, war ein lebender Beweis für die Möglichkeit einer friedlichen Koexistenz von cleverem Geschäftssinn und abwegigen wissenschaftlichen Ideen. Babson führte seine Vorhersage des Börsencrashs von 1929 und der anschließenden Großen Depression auf die Anwendung der Newton'schen Gesetze der Mechanik zurück. Mit Newtons Unterstützung gelang es ihm, große Reichtümer anzusammeln, und aus Dankbarkeit gegenüber Sir Isaac kaufte er ein vollständiges Zimmer in Newtons letzter Wohnstätte in London sowie einen Abkömmling des berühmten Apfelbaums, der vor Newtons Familienwohnsitz in Lincolnshire steht. Es geht die Legende, ein von diesem Baum herabfallender Apfel habe Newton auf die Ent-

Abbildung 18: Ein triumphierender Dr. Vitaly Vanchurin nach seiner Amtseinführung im Kreise von Mitgliedern des Institute of Cosmology. Stehend v. l. n. r.: Larry Ford, Ken Olum und der Autor. (Mit freundlicher Genehmigung von Delia Schwartz-Perlov)

deckung des Schwerkraftgesetzes gebracht. Wie unschwer zu erraten ist, war die Schwerkraft in Babsons Universum ein zentrales Thema.

Babsons Besessenheit von der Schwerkraft reicht bis in seine Kindheit zurück, als seine Schwester in einem Fluss ertrank. Er machte die Gravitation für ihren Tod verantwortlich und beschloss, die Menschheit von ihrer tödlichen Kraft zu befreien. In seinem Buch „Gravity – Our Enemy No. 1“ (Die Schwerkraft – unser größter Feind) beschrieb Babson die Vorteile eines Schwerkraft-Isolators. Mit ihm ließe sich das Gewicht von Flugzeugen reduzieren und ihre Geschwindigkeit steigern; selbst in Schuhsohlen könnte er das Gehen erleichtern. Als Babsons Freund fürs Leben, der berühmte Erfinder Thomas Edison, ihm gegenüber die Vermutung äußerte, in der Haut von Vögeln könnte sich ein Antischwerkraft-Stoff befinden, erwarb Babson umgehend eine Sammlung von etwa fünftausend ausgestopften Vögeln. Was genau er mit ihnen anstellte, ist nicht belegt; zu einem Durchbruch jedoch hat dieser Forschungszweig offensichtlich nicht geführt.

Man muss Babson zugute halten, dass er seinen Worten Gelder folgen ließ. Er machte mehreren Universitäten Zuwendungen für die Antigravitationsforschung, darunter der Tufts University. Die einzige Bedingung, mit der er seine Schenkung verknüpfte, war die Aufstellung eines Gedenksteins auf dem Campus mit Babsons Inschrift.

Der Universitätsverwaltung war das spleenige Denkmal ein peinlicher Dorn im Auge, die Studenten inspirierte es zu zahlreichen Streichen. Von Zeit zu Zeit verschwand es, um an völlig abwegigen Orten wieder aufzutauchen. Einmal versperrte es bei der Abschlussfeier den Kuratoren und dem Präsidenten den Eingang. Ein anderes Mal schien es, als wäre der Stein für immer verschwunden, bis er zehn Jahre später auf wundersame Weise wieder auftauchte. Wie sich herausstellte, hatte eine Gruppe Studenten ihn irgendwo auf dem Campus vergraben; bei ihrer Rückkehr zu einem Kurstreffen der Tufts University gruben sie ihn wieder aus. Offensichtlich reichte die Schwerkraft allein nicht aus, um den Stein zu halten; daher wurde er schließlich mit einem Fundament im Boden verankert.

Da nur wenige Wissenschaftler ein aktives Forschungsprogramm zur Antischwerkraft vorweisen konnten, war an das Babson-Geld recht schwer heranzukommen. Nicht, dass man es nicht versucht hätte: Der Präsident der Universität, Jean Mayer, seines Zeichens Ernährungswissenschaftler, scheiterte mit seiner Argumentation, Gewichtsverlust sei Antischwerkraft. Nach jahrelangen Diskussionen und Rechtsverfahren wurde das Geld schließlich zum Aufbau des Tufts Institute of Cosmology verwendet.

Wie jede akademische Einrichtung, die etwas auf sich hält, hat auch unser Institut sein eigenes, besonderes Ritual – eine Zeremonie zur „Amtseinführung" frisch gebackener Doktoren der Kosmologie. Im Anschluss an die Verteidigung der Dissertation wird auf den Kopf des vor dem Antischwerkraftsteins knienden frischgebackenen Doktors ein Apfel fallen gelassen. Diese Amtshandlung obliegt dem Doktorvater, der Apfel darf anschließend vom „Amtseingeführten" verzehrt werden.

Zum Zeitpunkt der Gründung des Institute of Cosmology war Babson längst verstorben und seine Gravity Research Foundation hatte sich zu einer respektablen Institution entwickelt, die Forschungsstipendien zur Gravitation vergab. Niemand erwartete ernstlich, dass die Tufts-Kosmologen sich mit Antischwerkraft beschäftigen würden – seltsamerweise aber tun sie genau das. Ein Großteil der Forschungsarbeit am Institut konzentriert sich auf das Falsche Vakuum und seine repulsive Kraft, die ohne Zweifel als Antischwerkraft gelten kann. Ich glaube daher, dass Herr Babson für sein Geld keine bessere Verwendung hätte finden können – auch wenn es uns nicht gelungen ist, die Zahl der Flugzeugabstürze zu reduzieren.

8

Galoppierende Inflation

Meiner Meinung nach lautet die plausibelste Antwort auf die Frage, was vor der Inflation geschah: die Inflation.

Alan Guth

Das Universum jenseits des Horizonts

Was liegt jenseits unseres derzeitigen Horizonts? Diese Frage beschäftigte mich seit den frühen Tagen der Inflationstheorie. Wenn wir nur einen verschwindend kleinen Teil des Universums beobachten können, wie sieht das Gesamtbild des Universums aus – und wie unser Planet, den Raumfahrer sehen, wenn ihr Raumschiff die Erde verlässt?

Einige Hinweise gab die Theorie der Dichteschwankungen. Ihr zufolge wird die Verteilung der Galaxien im Raum von Quantenfluktuationen im Skalarfeld während der Inflation bestimmt. Dieser Prozess verläuft willkürlich, sodass manche Regionen, die ebenso groß sind wie unsere, mehr Galaxien enthalten, andere hingegen weniger. Dass sich unsere Galaxie, die Milchstraße, genau dort befindet, wo wir sind, liegt daran, dass das Skalarfeld an dieser Stelle einen winzigen Rückwärtsschub vom Echten Vakuum weg versetzt bekam und seinen Weg ins Energieminimum geringfügig später beendete als an benachbarten Orten des Geschehens. Diese Verzögerung verursachte einen kleinen Dichteanstieg, aus dem sich in der Folge unsere Galaxis entwickelte. Aus ähnlichen minimalen Erhebungen auf dem ansonsten glatten Dichtehintergrund entstanden unsere Nachbargalaxie Andromeda sowie unzählige weitere Galaxien diesseits und jenseits unseres Horizonts. Dieser Verlauf der Entstehung von Strukturen legt den Schluss nahe, dass die fernsten Regionen des Universums mehr oder weniger dem Bild gleichen, das sich uns in unserer Umgebung darbietet. Dennoch begann sich in mir ein erster Verdacht zu regen, dass in diesem Bild etwas fehlte.

Die Auswirkungen von Quantenfluktuationen sind sehr geringfügig, da diese deutlich schwächer sind als die Kraft des Gefälles, die das Skalarfeld den Hügel hinabzwingt. Aus diesem Grund erreicht das Feld überall annähernd gleichzeitig das Tal und es entstehen nur geringfügige Dichteschwankungen. Die Frage, die sich mir stellte, war: Was geschieht mit dem Feld im Gipfelbereich des Hügels, wo das Gefälle schwach ist? Dort müsste es den Quantenfluktuationen ausgeliefert sein und von ihnen willkürlich mal in diese, mal in jene Richtung geschoben werden. Das aus der Inflation entstehende Universum sähe dann möglicherweise weitaus weniger geordnet und unregelmäßiger aus, als zunächst schien.

Um das Verhalten des Skalarfelds im Gipfelbereich des Hügels zu verdeutlichen, möchte ich einen Vergleich bemühen, der wohl politisch nicht korrekt, dafür aber anschaulich ist. Ich darf den geneigten Lesern dazu einen Herrn namens Feld vorstellen, der ein bisschen zu tief ins Glas geschaut hat und nun versucht, in der Vertikalen zu bleiben. Die Kontrolle über seine Beine hat Herr Feld weitgehend ebenso verloren wie die Orientierung; demzufolge vollführt er willkürlich mal einen Schritt

Abbildung 19: Herr Feld wandert ziellos im flachen Bereich des Hügels umher und rutscht hinab, sobald er den abschüssigeren Hang erreicht.

nach rechts, mal einen nach links. Herrn Felds Weg nimmt im Gipfelbereich des Hügels seinen Anfang, wie Abbildung 19 zeigt. Da er durchschnittlich ebenso häufig nach rechts geht wie nach links, kommt er nicht eben zügig voran. Nach einer größeren Anzahl von Schritten jedoch wird er den Gipfelbereich allmählich verlassen. Irgendwann wird er den abschüssigeren Hügelabschnitt erreichen, dort unweigerlich ausrutschen und den verbleibenden Rest seines Wegs auf dem Hinterteil zurücklegen.

Das Verhalten eines Skalarfelds während der Inflation ist ganz ähnlich. Im Gipfelbereich des Energiehügels wandert das Feld ziellos umher, bis es einen steileren Abhang erreicht, den es dann in Richtung Inflationsende hinab„rollt". Während die jeweilige Feldabweichung im flachen Bereich um den Gipfel des Hügels von Quantenfluktuationen verursacht wird und vollkommen willkürlich ist, verläuft die Abfahrt geordnet und vorhersehbar und die Quantenfluktuationen verursachen nur geringfügige Abweichungen. Der zeitliche Abstand zwischen aufeinanderfolgenden Quantenfluktuationen entspricht ungefähr der Verdopplungszeit der Inflation. Unser Herr Feld macht also in etwa einen Schritt pro Verdopplungszeit. Da sich sein Umherwandern im flachen Gipfelbereich des Hügels in vielen Schritten vollzieht, benötigt das Falsche Vakuum für seinen Zerfall zahlreiche Verdopplungszeiträume.

Eine bestimmte Schrittabfolge, die Herrn Feld vom Gipfel des Hügels zu dessen Fuß führt, bildet einen möglichen Verlauf des Skalarfelds. Da jedoch das Feld je nach seinem Aufenthaltsort unterschiedliche Quantenfluktuationen erfährt, gestaltet sich auch der Verlauf der einzelnen Skalarfelder unterschiedlich. Jede Quantenfluktuation wirkt sich auf eine kleine Region des Raums aus. Deren Größe entspricht ungefähr der Distanz, die das Licht im Laufe einer Verdopplungszeit der Inflation zurücklegt; wir wollen sie „Fluktuationsspanne"* nennen. So können wir uns eine Herrenrunde vorstellen, deren Mitglieder sich im gleichen

* Dieser Begriff beschreibt die maximale Entfernung, über die im inflationär expandierenden Universum ein Informationsaustausch möglich ist. Sie entspricht der kritischen Größe eines Stücks Falschen Vakuums, die zu dessen Inflation erforderlich ist (s. Kapitel 6): 1 Millimeter beim Elektroschwachen Vakuum und 10^{13} Mal kleiner beim Großen Vereinheitlichten Vakuum. Im inflationär expandierenden Universum entspricht diese Distanz dem Horizont; ich verwende hier den Begriff „Fluktuationsspanne", um Verwechslungen mit dem derzeitigen Horizont zu vermeiden.

Zustand befinden wie Herr Feld, wobei jeder der Herren dem Skalarfeld an einem gegebenen Punkt im Raum entspricht. Zwei Punkte, die sich weniger als eine Fluktuationsspanne voneinander entfernt befinden, sind den gleichen Quantenfluktuationen ausgesetzt; diese beiden Herren vollführen somit wie zwei Steptänzer synchronisierte Schrittfolgen. Durch die inflationäre Expansion des Universums werden die Punkte jedoch rasch auseinander getrieben. Sobald mehr als eine Fluktuationsspanne zwischen ihnen liegt, trennen sich die beiden Herren und gehen unterschiedlicher Wege. Von diesem Moment an bewegen sich die Skalarfeldwerte allmählich auseinander, wobei sich der Abstand zwischen den beiden Punkten durch die Inflation weiterhin rasch vergrößert.

An der Geringfügigkeit der Dichteschwankungen in der Region, die wir beobachten können, erkennen wir, dass alle Punkte in dieser Region auch dann noch innerhalb einer Fluktuationsspanne voneinander entfernt waren, als das Skalarfeld bereits ein gutes Stück seiner Talfahrt zurückgelegt hatte. Aus diesem Grund hatten die Quantenfluktuationen nur sehr geringe Wirkung und das Feld erreichte das Energieminimum überall etwa zur gleichen Zeit. Könnten wir jedoch sehr große, weit über unseren Horizont reichende Entfernungen überblicken, bekämen wir Regionen zu sehen, die sich aus unserer Runde verabschiedet haben, als das Feld noch im Gipfelbereich des Hügels umherwanderte. Die Skalarfeldverläufe in diesen Regionen würden sich möglicherweise stark von den unsrigen unterscheiden – und ich wollte herausfinden, wie das Universum in diesen gewaltigen Größenordnungen aussieht.

Stellen wir uns eine große angeheiterte Gesellschaft vor, die ihren Weg oben auf dem Hügel beginnt. Da jeder einzelne Wanderer eine ferne Region des Universums verkörpert, geht jeder seinen eigenen Weg. Umfasst der flache Teil des Hügels N Schritte, wird ein durchschnittlicher Wanderer ihn in etwa N^2 Schritten durchlaufen. Etwa die Hälfte der Gesellschaft wird dafür weniger Schritte benötigen, die andere Hälfte mehr. Misst die Fläche beispielsweise 10 Schritte, wird ein Wanderer sie in durchschnittlich 100 Schritten durchqueren. Nach den ersten 100 Schritten hat also etwa die Hälfte der Gesellschaft ihr Ziel am Fuß des Hügels erreicht, derweil die andere Hälfte noch ihren Spaziergang genießt. Nach weiteren 100 Schritten hat sich die Zahl der verbliebenen

Wanderer erneut halbiert und so geht es fort, bis schließlich auch der letzte Kamerad den Hügel hinabrutscht.

Einen entscheidenden Unterschied jedoch gibt es zwischen unseren Wandergesellen und den inflationär expandierenden Regionen, welche sie verkörpern. Während ein Wanderer im Gipfelbereich des Hügels umhertappt, erfährt die jeweilige Region eine exponentielle Ausdehnung. Die Zahl der sich unabhängig voneinander entwickelnden Regionen vervielfacht sich daher schnell. In unserem Vergleich würden sich dann gleichsam auch die Wanderer vervielfachen. Als ich diesen Gedanken weiterführte, nahm das Bild allmählich Gestalt an.

EWIGE INFLATION

In gewisser Weise gleicht die Inflation der Vermehrung von Bakterien. Dabei konkurrieren zwei Prozesse miteinander: Parallel zur Teilung der Bakterien wird ein Teil von ihnen von Antikörpern zerstört. Das Endergebnis hängt davon ab, welcher der beiden Prozesse sich als effizienter erweist. Werden die Bakterien schneller zerstört, als sie sich vermehren, droht ihr baldiges Aussterben. Läuft hingegen die Teilung schneller ab, wird die Zahl der Bakterien sich rasch vervielfältigen (Abbildung 20).

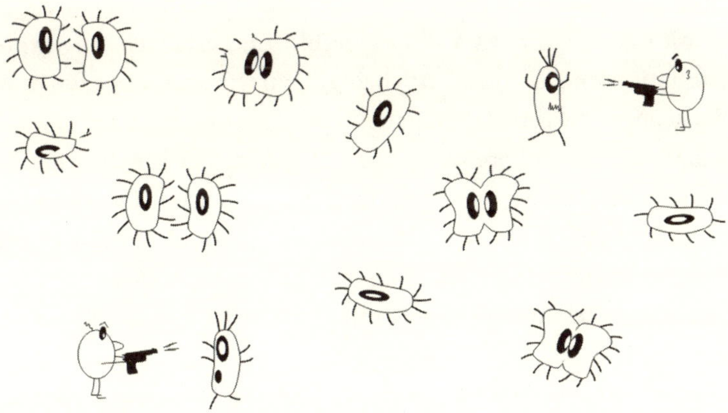

Abbildung 20: Die Gesamtzahl der Bakterien nimmt rapide zu, wenn sich die Einzeller schneller vermehren, als sie zerstört werden.

Bei der Inflation konkurriert der Zerfall des Falschen Vakuums mit seiner „Reproduktion" infolge der rasanten inflationären Expansion der Regionen. Die Effizienz des Zerfalls lässt sich über eine „Halbwertszeit" * definieren – den Zeitraum, innerhalb dessen die Hälfte des Falschen Vakuums zerfiele, wenn es sich nicht ausdehnte. (In unserem Vergleich mit der Wandergesellschaft entspricht dies der Zeit, in der sich die Anzahl der Wanderer halbiert.) Die Effizienz der Reproduktion ergibt sich demgegenüber aus der Verdopplungszeit, innerhalb derer sich das Volumen des inflationär expandierenden Vakuums verdoppelt. Liegt die Halbwertszeit unter der Verdopplungszeit, wird sich das Volumen des Falschen Vakuums verringern; im umgekehrten Fall nimmt es zu.

Aus unseren Überlegungen im letzten Abschnitt folgt jedoch, dass die Halbwertszeit des Falschen Vakuums über der Verdopplungszeit liegt. Das liegt darin begründet, dass der Energiehügel in Inflationsmodellen recht flach ist und seine Durchquerung daher viele Schritte erfordert. Aus der Tatsache, dass jeder Schritt eines orientierungslosen Wanderers dem Zeitraum einer Inflationsverdopplung entspricht, ergibt sich weiterhin, dass die Halbwertszeit viel länger sein muss als die Verdopplungszeit. Regionen eines Falschen Vakuums vervielfältigen sich daher viel schneller, als sie zerfallen. Und das wiederum bedeutet, dass sich die Inflation im gesamten Universum ewig fortsetzt und das Volumen inflationär expandierender Regionen endlos weiter anwächst!

Zum gegenwärtigen Zeitpunkt sind manche ferne Teile des Universums mit einem Falschen Vakuum gefüllt und erfahren eine exponentielle inflationäre Expansion. Auch Regionen wie unsere, wo die Inflation bereits geendet hat, entstehen laufend neu. Sie bilden „Insel-Universen" im inflationär expandierenden Ozean.** Infolge der Inflation dehnt sich der Raum zwischen diesen Inseln rasch aus und schafft so Platz für neu entstehende Insel-Universen. Die Inflation ist somit ein unkontrollierbarer Prozess, der in unserer Nachbarschaft zum Stillstand gekommen ist, in anderen Teilen des Universums jedoch weiterläuft und dort deren

* Der Begriff „Halbwertszeit" ist der Kernphysik entlehnt. Er beschreibt dort die Zeit, innerhalb derer in einer radioaktiven Materialprobe die Hälfte der Atome zerfällt.

** Guth nennt diese Inseln „Taschen-Universen". Wie Leonard Susskind anmerkte, will dieser Begriff jedoch so gar nicht ins Bild passen.

rasende Expansion sowie die fortlaufende Entstehung neuer Insel-Universen wie der unseren auslöst.

Die Energie des zerfallenden Falschen Vakuums zündet einen heißen Feuerball aus Elementarteilchen und bringt die Bildung von Helium sowie die gesamte nachfolgende Ereigniskette der typischen Urknall-Kosmologie in Gang. Das Ende der Inflation übernimmt in diesem Szenario also die Rolle des Urknalls. Nehmen wir diese Zuordnung vor, darf uns der Urknall nicht als einmaliges Ereignis in unserer Vergangenheit gelten: In fernen Regionen des Universums wurden vor ihm unzählige weitere Explosionen ausgelöst und in der Zukunft wird es anderenorts zahllose weitere Feuerbälle geben.*

Als ich dieses neue Weltbild klar vor Augen hatte, wollte ich es sofort mit anderen Kosmologen teilen. Und wer wäre für die Rolle des ersten Vertrauten besser geeignet gewesen als „Mister Inflation" höchstselbst – Alan Guth, dessen Büro im MIT gerade einmal 20 Autominuten von Tufts entfernt lag. Also tat ich genau das – ich machte mich auf den Weg zu dem berühmten Institut, um Alan zu sehen.

Das MIT ist in einem gigantischen Gebäudekomplex untergebracht, in dem ich mich unzählige Male hoffnungslos verirrt habe. Läuft man dort zum Beispiel durch den dritten Stock in Gebäude 6, findet man sich unvermittelt etwa im vierten Stock von Gebäude 16 wieder. Ich beschloss daher auf Nummer Sicher zu gehen und nahm die zwar längste, dafür aber einfachste Route zum gewählten Ziel: durch den Haupteingang (zu erkennen an einer Reihe korinthischer Säulen und gekrönt von einer grünlichen Kuppel). Mein Weg führte mich den gesamten von Ortsansässigen treffend „Unendlicher Korridor" genannten Gang entlang und einige Treppen hinauf; irgendwann jedoch hatte ich Alan Guths Büro erreicht.

Ich erzählte Alan vom ziellosen Umherwandern des Skalarfelds und dessen möglicher rechnerischer Wegbeschreibung. Inmitten mei-

* Um Verwechslungen vorzubeugen, werde ich den Begriff „Urknall" von nun an ausschließlich für das Ende der Inflation verwenden und den Anfangs- (bzw. End-)Zustand der unendlichen Krümmung und Dichte als „Singularität" bezeichnen.

ner Offenbarung des neuen großartigen Bilds vom Universum jedoch bemerkte ich, dass Alan allmählich die Augen zufielen. Jahre später, als ich Alan besser kennen gelernt hatte, fand ich heraus, dass er ein Mensch ist, der sehr gern schläft. Bei einem Seminar etwa, das wir für die Kosmologen im Bostoner Raum veranstalten, sinkt Alan in jeder Sitzung bereits nach wenigen Minuten unweigerlich in friedlichen Schlaf. Wie durch ein Wunder jedoch wacht er, sobald der Redner geendet hat, wieder auf und stellt die scharfsinnigsten Fragen. Jegliche Vermutung übernatürlicher Fähigkeiten weist Alan weit von sich, überzeugt damit jedoch nicht alle. Rückblickend hätte ich meine Ausführungen daher fortsetzen müssen. Damals jedoch ahnte ich noch nichts von Alans Zauberkräften und zog mich eilends zurück.

Die Reaktion anderer Kollegen fiel ebenfalls alles andere als begeistert aus. Die Physik ist eine Wissenschaft, die auf Beobachtungen fußt, bekam ich zu hören, also sollten wir keine Behauptungen aufstellen, die sich experimentell nicht beweisen lassen. Weder andere Big Bangs noch ferne inflationär expandierende Regionen können wir beobachten. Sie liegen sämtlich jenseits unseres Horizonts, wie also können wir feststellen, ob sie tatsächlich existieren? Entmutigt von dieser kühlen Reaktion beschloss ich, diese Arbeit in einen Artikel zu einem anderen Thema einzubauen: Ich begann zu glauben, dass sie eines eigenen Artikels nicht wert sei.[1]

Zur Erläuterung des Modells der Ewigen Inflation führte ich in dem Artikel den Vergleich des Betrunkenen an, der über den Gipfelbereich eines Hügels spaziert. Ein paar Monate später erhielt ich eine schriftliche Mitteilung des Herausgebers, der Artikel sei angenommen, die Beschreibung von Betrunkenen jedoch sei „eines archivalischen Magazins wie der *Physical Review* nicht angemessen“ und ich möge sie doch bitte durch einen passenderen Vergleich ersetzen. Ich hörte von einem ähnlichen Fall, der zuvor Sidney Coleman widerfahren war. Sein Artikel enthielt ein Diagramm, das einem Kreis mit einem wellenförmigen Schwanz glich. Coleman bezeichnete diese Zeichnung als „Kaulquappen-Diagramm“. Wie unschwer vorherzusehen war, beanstandete der Herausgeber diesen Begriff als unpassend. „Gut“, parierte Coleman, „dann nennen wir es Spermium-Diagramm.“ Die ursprüngliche Version des Artikels wurde daraufhin ohne weiteren Kommentar angenommen. Ich erwog kurz, Colemans Taktik anzuwenden, besann mich jedoch und strich den Vergleich mit den Betrunkenen ganz: Ich wollte es nicht auf eine Auseinandersetzung ankommen lassen.

Nahezu zehn Jahre sollten vergehen, bis ich mich der Theorie der Ewigen Inflation erneut zuwandte. Eine Episode jedoch gab es…

EIN FLÜCHTIGER BLICK IN DIE EWIGKEIT

Ich wandte mich wieder meinen übrigen Forschungsinteressen zu und zeitweilig schien es, als wäre meine merkwürdige Besessenheit von Welten jenseits unseres Sichtkreises überwunden. In Wahrheit jedoch verschwand die Versuchung, einen Blick auf das Universum hinter dem Horizont zu erhaschen, keineswegs. Als ich ihr 1986 nicht länger widerstehen konnte, entwickelte ich zusammen mit dem Studenten Mukunda Aryal eine Computersimulation des ewig inflationär expandierenden Universums.

Ich bin technisch nur wenig begabt und habe in meinem Leben noch nicht eine Zeile Prozessorcode geschrieben. Dennoch habe ich eine recht gute Vorstellung davon, wie Computer denken, und war über die Jahre mehrfach Betreuer großer studentischer Computerprojekte. Da ich nicht fähig bin, ein Programm zu überprüfen (und diese Arbeit, selbst wenn ich es wäre, wohl auch kaum gern machen würde), bin ich auf der Hut vor verborgenen Gefahren und begegne Ergebnissen stets mit großem Argwohn. Ich ließ Mukunda daher das Programm viele Male überprüfen und die Simulation für einfache Fälle durchlaufen, deren Ergebnisse wir bereits kannten. Als ich endlich überzeugt war, dass alles seine Richtigkeit hatte, nahmen wir unser eigentliches Vorhaben in Angriff.

Wir starteten die Simulation mit einer kleinen Region Falschen Vakuums, auf dem Bildschirm ein heller quadratischer Bereich. Nach einer Weile wurden erste dunkle Inseln Echten Vakuums sichtbar. Diese Insel-Universen wurden rasch größer und ihre Grenzen griffen auf den sich aufblähenden Ozean über. Die inflationär expandierenden Regionen jedoch dehnten sich schneller aus, sodass die Abstände zwischen den Insel-Universen sich vergrößerten und im so entstandenen Raum neue Insel-Universen auftauchten.[2]

Nachdem wir die Simulation eine Zeitlang hatten laufen lassen, bot sich uns ein Bild aus großen Insel-Universen, die von kleineren umgeben waren, die ihrerseits von noch kleineren umgeben waren usw., vergleichbar mit dem Luftbild eines Archipels – ein Muster, das man in der Mathematik *Fraktal* nennt. Abbildung 21 zeigt das Ergebnis einer ähnlichen, wenngleich differenzierteren Simulation, die ich später mit meinen Studenten Vitaly Vanchurin und Serge Winitzki entwickelte.

Mukunda und ich veröffentlichten die Ergebnisse unserer Simulation im europäischen Fachmagazin *Physics Letters*.[3] Nachdem mein Drang zur Erforschung des nicht beobachtbaren Universums damit befriedigt war, wandte ich mich anderen Dingen zu. Unterdessen griff Andrei Linde das Thema auf.

Abbildung 21: Computersimulation eines ewig inflationär expandierenden Universums. Insel-Universen (dunkel) umgeben von inflationär expandierendem Falschem Vakuum (hell). Größere Insel-Universen sind älter: Sie hatten mehr Zeit zu wachsen.

LINDES CHAOTISCHE INFLATION

Linde ist der Held der Inflation; mit seiner Erfindung eines abgeflachten Energiehügels für das Skalarfeld hat er die Theorie gerettet. Seit 1983 arbeitete er an der Entwicklung eines Gedanken, demzufolge das Universum in einem Zustand uranfänglichen Chaos' seinen Anfang nahm. Das Skalarfeld wies in diesem Zustand je nach Region gewaltige Unterschiede auf. In einigen Regionen befand es sich ganz oben auf dem Energiehügel, und genau dort fand die Inflation statt.

Linde erkannte, dass das Feld nicht zwingend am höchsten Punkt der Energielandschaft ansetzen musste. Ebenso konnte es von einem anderen Punkt auf dem Abhang aus ins Tal hinabrollen. Letztlich hatte der Energiehügel vielleicht sogar keinen höchsten Gipfel, sondern erhob sich grenzenlos in die Höhe (siehe Abbildung 22). Am Fuß eines solchen „Oben-ohne"-Hügels befindet sich ein Echtes Vakuum; für das Falsche Vakuum hingegen ist kein fester Ort definiert. Diese Funktion kann jeder beliebige Punkt auf dem Abhang übernehmen, an dem sich das Feld im anfänglichen Chaos befindet, vorausgesetzt, er liegt so hoch, dass für den Inflationsweg nach unten ausreichend Zeit bleibt. Linde erläuterte diese Überlegungen in einem Artikel mit dem Titel „Chaotische Inflation".

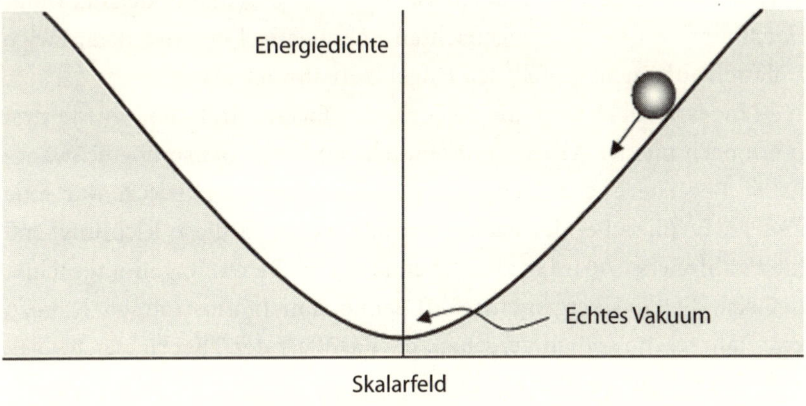

Abbildung 22: Ein Skalarfeld rollt den Abhang eines „Oben-ohne"-Energiehügels hinab.

Einige Jahre später untersuchte Linde die Auswirkungen von Quantenfluktuationen auf das Skalarfeld in diesem Szenario. Zu seiner Überraschung stellte er fest, dass diese Verschiebungen selbst bei einem Energiehügel ohne abgeflachten Gipfelbereich zu Ewiger Inflation führen können. Seine entscheidende Beobachtung war dabei, dass an einem höheren Punkt wirkende Quantenfluktuationen stärker sind und das Feld gegen das Gefälle nach oben schieben können. Ein Feld also, das hoch oben am Hügel ansetzt, beginnt wie im Fall des flachen Gipfelbereichs ziellos umherzuwandern, ohne sonderlich auf das Gefälle zu achten. Sobald es in das tiefer gelegene Gebiet eintritt, wo die Quantenfluktuationen schwach sind, rollt es geordnet ins Echte Vakuum hinab. Dieser Weg ist sehr viel länger als die inflationäre Verdopplungszeit, sodass inflationär expandierende Regionen sich schneller vervielfältigen, als sie zerfallen, was erneut zu Ewiger Inflation führt.

An dieser Stelle sollte ich kurz innehalten, um die terminologische Verwirrung zu klären, die um dieses Thema herrscht. Die Begriffe „Ewige Inflation“ und „chaotische Inflation“ werden häufig verwechselt, obwohl sie sich stark voneinander unterscheiden. „Chaotisch“ bezieht sich auf einen chaotischen Anfangszustand und hat nichts mit dem Ewigkeitsmoment der Inflation zu tun. Linde hat aufgezeigt, dass chaotische Inflation auch ewig sein kann; darin erschöpfen sich die Gemeinsamkeiten jedoch. Der Eindeutigkeit halber werde ich mich im weiteren Verlauf der Diskussion in diesem Buch auf das Originalmodell der Inflationstheorie mit einem abgeflachten Energiehügel beschränken. Ewige Inflation auf einem gipfellosen Hügel läuft ähnlich ab.

Lindes Artikel über die Theorie der Ewigen Inflation wurde drei Jahre nach meiner Arbeit veröffentlicht und mit ebenso überschwänglicher Begeisterung aufgenommen.[4] Seine Reaktion jedoch war eine andere. Er blieb bei der Sache, forschte weiter in diese Richtung und hielt zahlreiche Vorträge zum Thema. Seiner Bemühungen ungeachtet ließ sich die Physikergemeinschaft dennoch nicht umstimmen. Nahezu zwei Jahrzehnte sollten vergehen, bis das Blatt der Theorie der Ewigen Inflation sich zu wenden begann.

9

Der Himmel hat gesprochen

Was jetzt bewiesen wird, ward einst nur vorgestellt.
William Blake*

Die Theorie der Ewigen Inflation war kaum mehr als eine spekulative Hypothese, als Alan Guth sie 1980 vorstellte. Ende der 1990er-Jahre jedoch hatte sie sich weitgehend zu einem Grundstein der modernen Kosmologie entwickelt. Immer mehr neue Beobachtungsdaten bestätigten die Voraussagen der Theorie, mitunter auf recht unerwartete Weise.

Die Rückkehr der kosmologischen Konstante

Die einfachste Voraussage der Inflationstheorie stattet die beobachtbare Region des Universums mit einer flachen Euklidischen Geometrie aus. Das Universum als Ganzes mag durchaus eine sphärische oder auch eine kompliziertere Form haben, unser Horizont jedoch umfasst nur einen winzigen Teil des Universums, das uns daher als flach erscheinen muss. Diese Behauptung deckt sich, wie wir in Kapitel 4 gesehen haben, mit der Aussage, dass die durchschnittliche Dichte des Universums mit sehr großer Genauigkeit der kritischen Dichte entsprechen müsste.

In den frühen Tagen der Inflationstheorie betrachteten Astronomen diese Voraussage mit großer Skepsis. Die gewöhnliche Materie aus Protonen, Neutronen und Elektronen macht lediglich einige wenige Prozent

* Übs. v. Lillian Schacherl in W. Blake: Die Vermählung von Himmel und Hölle; Prestel, München 1975

der kritischen Dichte aus. Daneben gibt es eine weitaus größere Menge so genannter *Dunkler Materie* aus einigen unbekannten Teilchen. An der Bezeichnung wird bereits deutlich, dass die Dunkle Materie nicht direkt sichtbar ist; ihr Vorhandensein manifestiert sich in der Anziehungskraft, die sie auf sichtbare Objekte ausübt. Beobachtungen der Bewegungen von Sternen und Galaxien weisen darauf hin, dass die Masse Dunkler Materie ungefähr das Zehnfache der Masse gewöhnlicher Materie beträgt. Doch auch die Summe dieser Werte ergibt eine Gesamtmassendichte des Universums von rund 30 Prozent, sodass uns immer noch 70 Prozent fehlen.

Dies war der Stand der Dinge, bis 1998 unabhängig voneinander zwei Forschungsgruppen mit einer überraschenden Entdeckung an die Öffentlichkeit traten.[1] Anhand von Messungen der Helligkeit explodierender Supernovae in fernen Galaxien hatten sie Rückschlüsse auf die Geschichte der kosmischen Expansion gezogen* und dabei zu ihrer großen Überraschung festgestellt, dass die Expansion sich infolge der Gravitation keineswegs verlangsamt, sondern sich tatsächlich und im Gegenteil beschleunigt. Diese Beobachtung deutet auf das Vorhandensein eines gravitativ repulsiven Stoffs im Universum hin. Die einfachste Lösung hierfür ist, dass das Echte Vakuum, in dem wir heute leben, eine Energiedichte ungleich null besitzt.** Bekanntermaßen besitzt Vakuum eine abstoßende Kraft, und wenn die Vakuumdichte die Hälfte der durchschnittlichen Materiedichte übersteigt, ergibt sich unter dem Strich eine abstoßende Wirkung.

Die Energiedichte des Echten Vakuums ist die Kosmologische Konstante Einsteins – der Gedanke, den er selbst als seine größte Eselei bezeichnet hatte. Fast siebzig Jahre lang lag diese Idee in der Schublade; heute jedoch scheint es, als wäre sie doch gar nicht so schlecht gewesen.

* Die Entfernung einer Supernova, die anhand der auf der Erde gemessenen Helligkeit der Sternenexplosion bestimmt wird, gibt uns Auskunft darüber, wie lange ihr Licht unterwegs war und wann demzufolge die Explosion stattgefunden hat. Über die Rotverfärbung des Lichts (Kosmologische Rotverschiebung) lässt sich anschließend die Geschwindigkeit der Expansion des Universums zum damaligen Zeitpunkt ermitteln. Mehr dazu in Kapitel 15.

** In den folgenden Kapiteln wird von weiteren Möglichkeiten die Rede sein. Viele Physiker sehen die Ursache der kosmischen Beschleunigung agnostisch und bezeichnen sie als „Dunkle Energie".

Im späteren Verlauf dieses Buchs werden wir sehen, dass die plötzliche Rückkehr der Kosmologischen Konstante die Elementarteilchenphysik in eine tiefe Krise stürzte. Der Inflationstheorie jedoch kam diese Entwicklung sehr gelegen. Die Energiedichte des Vakuums nämlich, die sich aus der Geschwindigkeit der Beschleunigung des Kosmos ergibt, beläuft sich auf etwa 70 Prozent der kritischen Dichte – exakt der Fehlbetrag zum flachen Universum!

Diese Folgerung wurde später unabhängig durch Beobachtungen der Kosmischen Hintergrundstrahlung bestätigt. Anstatt sich auf Friedmanns Verknüpfung von Geometrie und Dichte des Universums zu stützen, unterziehen die Mikrowellenmessungen die Geometrie einer direkten Überprüfung – im Wesentlichen, indem sie die Summe der Winkel eines riesigen spitzwinkligen Dreiecks feststellen, dessen einer Eckpunkt auf der Erde liegt, während sich die anderen beiden dort befinden, wo die Mikrowellen emittiert werden, die uns aus zwei nahe gelegenen Himmelsrichtungen erreichen. (Die Schenkel dieses Dreiecks haben eine Länge von jeweils rund 40 Milliarden Lichtjahren.) Im flachen Raum müsste die Summe der Winkel, man mag sich der Geometrie-

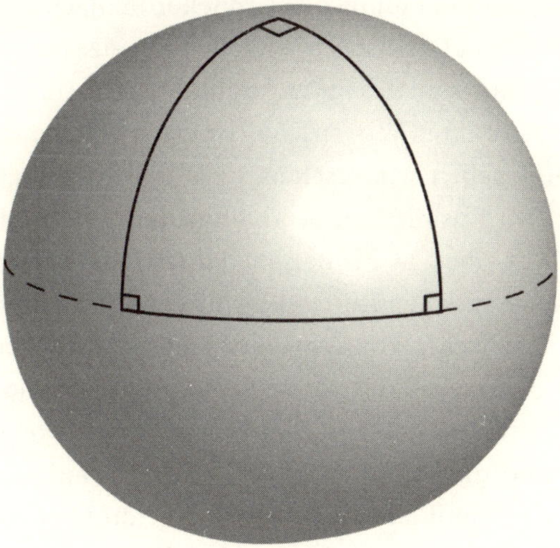

Abbildung 23: In einem sphärischen Universum ist die Summe der Winkel in einem Dreieck größer als 180 Grad. Das hier abgebildete Dreieck besitzt drei rechte Winkel von insgesamt 270 Grad.

stunden in der Schule erinnern, 180 Grad betragen. Liegt die Summe der drei Winkel höher, würde dies auf ein geschlossenes sphärisches Universum hinweisen (siehe Abbildung 23), eine niedrigere Summe würde ein offenes Universum mit einer sattelförmigen Geometrie bedeuten. Die Beobachtungen der Mikrowellen zeigten, dass die Summe der Winkel tatsächlich der Variante eines flachen Raums sehr nahe kam. Anhand Friedmanns Geometrie-Dichte-Relation lassen sich diese Ergebnisse auf die Dichtewerte umrechnen. Die jüngsten Messungen besagen demnach, dass die Dichte des Universums mit einer Abweichung von weniger als 2 Prozent dem kritischen Wert entspricht – ein spektakulärer Erfolg für das Szenario der kosmischen Inflation.

BILDER DER LODERNDEN VERGANGENHEIT

Zu einem weiteren Triumph der Inflationstheorie wurde die Deutung kleiner Dichteschwankungen, jener winzigen Wellen, aus denen sich später Galaxien entwickelten. Die Inflationstheorie formuliert dazu eine scharfsichtige Voraussage: Das Ausmaß der Schwankungen müsste in allen astrophysikalischen räumlichen Größenordnungen nahezu identisch sein, von der charakteristischen interstellaren Distanz (von wenigen Lichtjahren) bis hin zum gesamten beobachtbaren Universum. Anfang der 1990er-Jahre konnten Wissenschaftler diese Voraussage überprüfen.

In Kapitel 4 haben wir gesehen, dass die uranfänglichen Abweichungen auf dem Kosmischen Strahlungshintergrund einen Abdruck hinterlassen. Vor über 13 Milliarden Jahren ausgesandt trifft dieses Nachglühen heute aus allen Himmelsrichtungen bei uns ein. Seit der Entdeckung der Kosmischen Hintergrundstrahlung Mitte der 1960er-Jahre wussten die Kosmologen, dass diese Strahlung ein verborgenes Abbild des frühen Universums darstellt. Mit Abweichungen von gerade einmal 1 zu 100 000 sind die uranfänglichen Dichteschwankungen jedoch so minimal, dass die Empfindlichkeit der Messgeräte über viele Jahre nicht ausreichte und unweigerlich ein perfekt gleichförmiger Hintergrund gemessen wurde. Der Durchbruch erfolgte 1992 mit dem 1989 gestarteten Satelliten COBE (Cosmic Background Explorer). COBE ermittelte die Strahlung aus allen Richtungen und erstellte eine lückenlose Karte des Firmaments, und zum ersten Mal wurden in der Strahlungsintensität minimale Abweichungen erkennbar.

Die Karte des COBE-Satelliten gleicht einer etwas unscharfen Fotografie: In groben Zügen wird der kosmische Feuerball erkennbar, kleinere Details am Himmel mit einer Auflösung von weniger als 7 Grad erscheinen gänzlich verschwommen. (Zum Vergleich: Der Winkel des Monds beträgt etwa einen halben Grad.) Auf COBE folgte eine Reihe weiterer, zunehmend exakter Experimente. Das jüngste bildete die Mission eines neuen Satelliten, WMAP.* Seine Aufnahme vom Feuerball, welche Abbildung 7 (S. 49) zeigt, erreicht eine Winkelauflösung von bis zu 0,2 Grad und ist damit um ein 30-Faches schärfer als die erste Karte des COBE-Satelliten.

Mit wachsender Datenmenge kristallisierte sich schrittweise ein Muster der uranfänglichen Unebenheiten heraus. Und erstaunlicherweise stimmte es auffallend mit den Voraussagen der Inflationstheorie überein! Über Jahrmilliarden hatten diese Aufnahmen aus dem heißen frühen Zeitalter dort oben im Himmel auf ihre Entdeckung und Entschlüsselung gewartet. Nun endlich hatte der Himmel gesprochen.

Der Inflationstheorie steht in den nächsten Jahren eine ganze Reihe weiterer experimenteller Tests bevor. Eine physikalische Theorie kann durch Beobachtungsdaten wohl bestätigt werden, beweisen lässt sie sich jedoch nie. Umgekehrt reicht schon eine einzige bestätigte Tatsache aus, um die Theorie zu widerlegen. So sagt die Inflationstheorie voraus, dass die Dichte des Universums dem kritischen Wert bis auf ein 1/100 000 entsprechen müsste. Wird nun in einem zukünftigen Experiment eine größere Abweichung von der kritischen Dichte entdeckt, gerät die Inflationstheorie in Bedrängnis.[2]

Zur nächsten Generation von Missionen zur Vermessung des Mikrowellenhintergrunds gehören der Planck-Satellit** mit einer weiter

* s. Fußnote auf S. 50

** Der Planck-Satellit wurde nach einem der Entdecker der Quantenmechanik, Max Planck, benannt, der außerdem eine Formel abgeleitet hat, mit der sich die Verteilung der Energie thermischer Strahlung auf Wellen unterschiedlicher Frequenz errechnen lässt. Der Start des Satelliten ist für 2008 geplant.

verbesserten Bildauflösung sowie die Clover- und QUIET-Observatorien auf der Erde. Clover und QUIET werden exakte Messungen der Ausrichtung des elektrischen Felds oder *Polarisierung* der Mikrowellen vornehmen. Das Polarisierungsmuster reagiert auf Gravitationswellen – winzige Vibrationen in der Raumzeit-Geometrie. Mit Hilfe dieses Effekts lässt sich eine weitere Voraussage der Inflationstheorie überprüfen: Der Theorie zufolge müssten wir in Gravitationswellen eines breiten Frequenzspektrums schwimmen, das unterhalb der Größe des Sonnensystems beginnt und sich bis in die größten beobachtbaren Dimensionen erstreckt.[3] Die Amplitude dieser Wellen wird von der Energie des Falschen Vakuums bestimmt, das die Inflation antreibt: Je höher die Vakuumenergie, desto größer die Wellen. Sollte Clover also Gravitationswellen registrieren, müssten wir in der Lage sein, aus ihnen die Energie des Falschen Vakuums abzuleiten, das die inflationäre Expansion antrieb.[4] In unserem Kenntnisstand über die Inflation und ihre Verbindung zur Physik der Mikrowelt würde uns dies einen bedeutenden Schritt voranbringen.

Die eingetroffenen Daten führten mich zu dem Kind meiner Geistesarbeit zurück, das ich so vernachlässigt hatte – der Theorie der Ewigen Inflation. Der zentrale Einwand gegen diese Theorie hatte damals gelautet, dass sie sich mit dem jenseits unseres Horizonts gelegenen Universum befasste, das sich unserer Beobachtung entzieht. Wenn die Inflationstheorie jedoch durch Daten aus dem beobachtbaren Teil des Universums bestätigt wird, sollten wir dann nicht auch ihren Rückschlüssen auf jene Teile Glauben schenken, die wir nicht beobachten können?

Wenn ich einen Stein in ein Schwarzes Loch fallen lasse, kann ich mit Hilfe der Allgemeinen Relativitätstheorie beschreiben, wie er ins Zentrum des Lochs fällt und durch immense gravitative Kräfte zerquetscht wird und verdampft. Nichts von alldem lässt sich von außen beobachten, da weder Licht noch irgendein anderes Signal aus dem Inneren des Schwarzen Lochs nach außen dringen können. Trotzdem würden die allerwenigsten Physiker die Exaktheit meiner Beschreibung in Frage stellen. Wir haben allen Grund zu glauben, dass die Allgemeine Relativitätstheorie in Schwarzen Löchern ebenso gilt wie außerhalb. Mit der gleichen Argumentation könnten wir nun für die Inflationstheorie eintreten. Wir sollten aus dieser Theorie alles herauszuholen versuchen, was sie uns über das Gesamtbild des Universums, seinen Ursprung und sein Schicksal zu erzählen hat.

10

Unendliche Inseln

O Gott, ich könnt in eine Nussschale gebannt sein und mich für einen König über unendlichen Raum halten…

Shakespeare, *Hamlet**

Die Zukunft der Zivilisationen

Was mich zur Theorie der Ewigen Inflation zurückführte, hatte mehr mit Science-Fiction zu tun als mit Physik. Es ging um die Frage nach der Zukunft bewussten Lebens im Universum. Langfristig gesehen scheinen die Aussichten jeglicher Zivilisation recht düster. Selbst einer Kultur, die Naturkatastrophen und Selbstzerstörung entrinnt, wird letztlich die Energie ausgehen. Die Sterne werden irgendwann sterben und auch alle übrigen Energiequellen werden verbraucht sein. Die Theorie der Ewigen Inflation schien Anlass zur Hoffnung zu geben.

Die Sterne in unserer kosmischen Nachbarschaft werden sterben, doch in den zukünftigen Big Bangs der Ewigen Inflation wird eine unendliche Zahl neuer Sterne entstehen. Die Region, die wir überblicken, ist nur ein winziger Teil eines Insel-Universums inmitten des inflationär expandierenden Ozeans aus Falschem Vakuum (siehe Abbildung 21, S. 100). Aus diesem Ozean tauchen ständig neue Insel-Universen mit Myriaden von Sternen auf. Ja, sogar innerhalb unseres eigenen Insel-Universums wird die Entstehung von Sternen niemals zum Stillstand kommen.

Die Grenzen von Insel-Universen dehnen sich laufend in den sich aufblähenden Ozean aus. Verursacht wird dieser unaufhaltsame Vormarsch durch den Zerfall des Falschen Vakuums in den angrenzenden

* Übs. v. Erich Fried, Klaus Wagenbach, Berlin 1968-87/1989

inflationär expandierenden Regionen. In diesen Grenzbereichen also spielt sich in diesem Moment der Urknall ab.* Bei ihrer Geburt sind Insel-Universen mikroskopisch klein, mit zunehmendem Alter jedoch wachsen sie ins Uferlose. Die Zentralregionen großer Insel-Universen sind sehr alt. Dunkel und öd ist es dort: Sämtliche Sterne sind längst erloschen, jegliche Lebensform ausgestorben. An der Peripherie der Inseln jedoch sind ganz neue Regionen, die voller strahlender Sterne sein müssen.

Entwickelte Zivilisationen mögen den Wunsch hegen, Missionen zu entsenden, um neu entstandene Sternsysteme an den Außengrenzen ihrer Insel zu besiedeln. Oder sie könnten zumindest Botschaften an neue Zivilisationen schicken, die sich im Grenzgebiet oder in anderen Insel-Universen entwickeln. Diese wiederum könnten ihrerseits Botschaften an die Nachwelt senden, und so fort. Folgen wir diesem Pfad in die Zukunft, könnte unsere Zivilisation dereinst ein Ast in einem ewig weiter wachsenden „Baum" der Zivilisationen sein, und unser Wissensschatz wäre nicht gänzlich verloren.

Diese Szenarien hatte Andrei Linde unter dem Titel „Life after Inflation" – Leben nach der Inflation – veröffentlicht[1] und ich wollte herausfinden, ob eines von ihnen zumindest im Grundsatz tatsächlich möglich ist. Linde untersuchte verschiedene Aspekte des Problems, ohne sich jedoch auf eine bestimmte Antwort festzulegen. Aus der Tatsache, dass Sterne in einem Teil des Universums später entstehen als hier, folgt nicht zwingend, dass wir sie in der uns verfügbaren Zeit erreichen können. Zumal wir von Einstein gelernt haben, dass „früher" und „später" keine absoluten Begriffe sind und möglicherweise vom Beobachter abhängen. Wollte ich das Problem irgendwie von der Stelle bekommen, musste ich die Raumzeitstruktur des sich ewig aufblähenden Universums nachvollziehen.

Wie wir in Kapitel 2 gesehen haben, sind Raum und Zeit in der Relativitätstheorie in einer vierdimensionalen Größe vereint, die wir Raumzeit nennen. Ein Punkt in der Raumzeit ist ein *Ereignis* an einer

* Wir erinnern uns, dass wir vereinbart hatten den Urknall mit dem Ende der Inflation gleichzusetzen.

definierten Stelle zu einer bestimmten Zeit. Stellen wir uns vor, wir wollten an zwei Ereignissen teilnehmen: an einem Klassentreffen hier auf der Erde und an einem interstellaren Superball-Spiel, das drei Jahre später etwa vier Lichtjahre entfernt auf dem Stern Alpha Centauri angesetzt ist. Können wir es schaffen, bei beiden Ereignissen dabei zu sein?

Die Antwort auf diese Frage lässt sich durch die Berechnung des *Raumzeit-Intervalls* zwischen den beiden Ereignissen ermitteln. Das Intervall, das Ereignisse in der Raumzeit voneinander trennt, ist mit der Entfernung zwischen zwei Punkten im Raum vergleichbar. Seine mathematische Definition ist für uns hier unerheblich; wichtig ist, dass das Intervall zwei Erscheinungsformen haben kann: Es ist entweder raumartig oder zeitartig. Zeitartig ist das Intervall, wenn ein materielles Objekt von einem Ereignis zum anderen gelangt, ohne die Grundregel der Relativitätstheorie zu verletzen – es darf sich nicht schneller als das Licht fortbewegen.[2] In diesem Fall werden sich alle Beobachter darüber einig sein, welches der beiden Ereignisse früher stattfindet und welches später. Ist es hingegen unmöglich, vom einen zum anderen Ereignis zu gelangen (liegt also die erforderliche Reisegeschwindigkeit über der Lichtgeschwindigkeit), haben wir es mit einem raumartigen Intervall zu tun. In diesem Fall kann keines der Ereignisse die Ursache des anderen sein. Einstein hat aufgezeigt, dass die zeitliche Abfolge solcher Ereignisse vom jeweiligen Beobachter abhängt und dass sich stets ein Beobachter finden wird, der sie als gleichzeitig wahrnimmt.

In unserem Beispiel mit Alpha Centauri erweist sich das Intervall als raumartig, sodass wir uns entscheiden müssen, welche der beiden Veranstaltungen wir besuchen. Hier lässt sich die Antwort sogar ohne Berechnung des Intervalls ermitteln. Die Entfernung, die das Licht in drei Jahren zurücklegt, beträgt 3 Lichtjahre; um also die Entfernung von 4 Lichtjahren bis Alpha Centauri zurückzulegen, müssten wir schneller sein als das Licht. In der gekrümmten Raumzeit des ewig inflationär expandierenden Universums gestaltet sich die Analyse komplizierter; hier muss das Raumzeit-Intervall berechnet werden.

Die Raumzeit eines Insel-Universums ist in Abbildung 24 schematisiert. Dabei ist die Vertikale die Zeit und die Horizontale steht für eine der drei Raumdimensionen; die anderen beiden sind hier nicht darge-

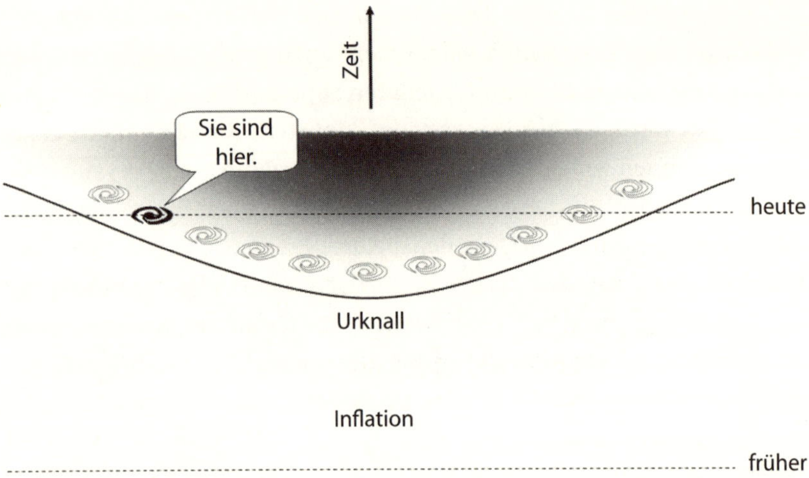

Abbildung 24: Raumzeit-Diagramm eines Insel-Universums (globale Perspektive)

stellt. Jede horizontale Linie ist eine Momentaufnahme des Universums. Die Entwicklungsgeschichte des Insel-Universums wird nachvollziehbar, wenn man bei der horizontalen, mit „früher“ bezeichneten Linie im unteren Teil der Abbildung ansetzt und diese Linie schrittweise nach oben verschiebt. (Der Zeitpunkt, den diese Linie darstellt, liegt im inflationär expandierenden Teil der Raumzeit, bevor das Insel-Universum entstand.) Die durchgezogene, mit „Urknall“ bezeichnete Linie bildet die Grenze zwischen Insel-Universum und inflationär expandierendem Raumzeitbereich. Das dunkle Galaxiensymbol ist das Hier und Jetzt, die hellen Galaxien stehen für Raumzeitregionen, in denen ähnliche Bedingungen herrschen wie bei uns heute. Die horizontale Linie mit der Beschriftung „heute“ repräsentiert die Gegenwart. Sie zeigt das Insel-Universum mit einer öden Zentralregion und einigen Sterne hervorbringenden Regionen an den Rändern.

Eine einfache Berechnung ergab, dass zwischen sämtlichen Big Bangs entlang der durchgezogenen Linie in unserer Abbildung raumartige Intervalle liegen. Das war die Ausschlag gebende Beobachtung; sie lieferte mir die Antwort auf meine Frage nach der Zukunft der Zivilisationen. Durch sie wandelte sich auch mein Bild von den Insel-Universen grundlegend.

Aufgrund des raumartigen Charakters der Intervalle wird eine Reise zwischen Urknall-Ereignissen unmöglich. Mit anderen Worten: Mit den expandierenden Außenrändern des Insel-Universums können wir unmöglich Schritt halten. Wir werden also niemals die Ufer des inflationär expandierenden Ozeans erreichen und im Licht der neuen Sonnen baden, die dort in Zukunft geboren werden. Nicht einmal Botschaften können wir an zukünftige Zivilisationen senden, die um diese Sonnen herum gedeihen werden, denn kein Signal kann sich schneller fortpflanzen als Licht. Bedauerlicherweise scheinen sich die langfristigen Perspektiven der Menschheit durch die Theorie der Ewigen Inflation nicht zu verbessern.

Nun mögen sich manche fragen, warum sich die Insel-Universen schneller ausdehnen als das Licht, scheint dies doch Einsteins Ausschluss von superluminalen oder Überlichtgeschwindigkeiten zu widersprechen. Dieses Verbot ist jedoch sehr spezifisch: Es bezieht sich nur auf die Bewegung materieller Objekte (Strahlung, zum Beispiel Licht oder Gravitationswellen, mit eingeschlossen) in Relation zueinander; die Grenze eines Insel-Universums aber ist eine geometrische Größe ohne Masse oder Energie.

Die überlichtschnelle Expansion des Rands bedeutet, dass aufeinanderfolgende Big Bangs in keinerlei kausalem Zusammenhang stehen können. Man darf sie sich nicht als eine Reihe aufgestellter Dominosteine vorstellen, wo der Fall eines Steins den nächsten zu Fall bringt. Der Ablauf des Zerfalls eines Falschen Vakuums ist im Muster des Skalarfelds vorgezeichnet, das während der Inflation entstand. Die Feldabweichung im Raum verläuft sehr graduell, sodass der Zerfall des Falschen Vakuums in nahe gelegenen Regionen annähernd gleichzeitig stattfindet. Daraus erklärt sich die rasche Aufeinanderfolge der Big Bangs und das schnelle Ausgreifen des Außenrands.

ENTSCHEIDEND IST DIE ZEIT

Ich bekenne dir, Herr, dass ich noch immer nicht weiß, was die Zeit ist.

AUGUSTINUS*

Was meinen wir eigentlich damit, dass sich der Urknall am Rand eines Insel-Universums später ereignete als in seiner Zentralregion? Da sämtliche Big Bangs raumartig voneinander getrennt sind, werden die Meinungen über ihre zeitliche Abfolge je nach Beobachter auseinandergehen. Wem also sollen wir glauben? Nach wessen Uhr sollen wir den Zeitpunkt der Urknall-Ereignisse bestimmen? Darüber wollen wir einmal nachdenken. Die Analyse ist ein wenig kompliziert, doch lohnenswert, da sie einige weitreichende Schlussfolgerungen mit sich bringt.

Als Aufwärmübung betrachten wir zunächst ein homogenes Universum, wie es Friedmann in einem seiner Modelle beschreibt. Homogenität bedeutet, dass die Materie zu jedem Zeitpunkt gleichförmig im Raum verteilt ist. Das klingt einfach, doch wir müssen den Begriff des „Zeitpunkts" definieren.

Kosmologen, die von einem „Zeitpunkt" sprechen, sehen eine große Anzahl von Beobachtern vor sich, die mit Uhren ausgestattet über das Universum verteilt sind. Jeder dieser Beobachter überblickt eine kleine Region in seiner unmittelbaren Nachbarschaft; zur Beschreibung des gesamten Universums bedarf es jedoch der Gesamtheit aller Beobachter. Uns selbst können wir als ein Mitglied dieser Versammlung sehen. Unsere Uhr zeigt momentan 14 Milliarden Jahre n. U.** an. „Zur gleichen Zeit" meint in einem anderen Teil des Universums den Zeitpunkt, an dem die Uhr eines Beobachters die gleiche Zeitangabe macht. Wir müssen jedoch festlegen, wie Beobachter jenseits des Horizonts anderer ihre Uhren auf die gleiche Zeit stellen sollen.

In Friedmanns Universum ist die Antwort einfach: Hier bildet der Urknall den natürlichen Ursprung der Zeit, jeder Beobachter beginnt

* Übs. v. K. Flasch in Aurelius Augustinus: Bekenntnisse; Ph. Reclam jun., Stuttgart 1989
** Wie zuvor steht „n. U." auch hier für „nach dem Urknall".

seine Zeitrechnung also mit dem Urknall.* Bei dieser Definition von Gleichzeitigkeit werden alle Beobachter zur gleichen Zeit die gleiche Materiedichte messen; das Universum ist somit homogen.

Prinzipiell können wir uns eine Gemeinschaft von Beobachtern vorstellen, deren Uhren unterschiedlich eingestellt sind. Wir könnten zum Beispiel den Ursprung der Zeit um eine bestimmte Spanne vor oder nach den Urknall legen und diesen Zeitraum in unterschiedlichen Regionen des Raums unterschiedlich definieren. Nach diesem Szenario wäre das Universum sehr komplex und inhomogen. Natürlich würde kein vernünftig denkender Mensch eine solche Definition verwenden. Sie macht die Sache nur kompliziert und verdeckt die eigentliche Natur von Friedmanns Universum. Doch nicht immer liegen die Dinge so einfach.

Erneut wenden wir uns dem sich ewig aufblähenden Universum zu und betrachten zunächst eine große Region wie in Abbildung 22 (S. 101), mit Insel-Universen und inflationär expandierenden Bereichen. Ein eindeutiger Ursprung der Zeit lässt sich in einer solchen Region nicht bestimmen. Die Definition eines „Zeitpunkts" wird dadurch weitgehend willkürlich und unterliegt einzig und allein der Bedingung, dass sämtliche Ereignisse, die zu diesem „Zeitpunkt" stattfinden, durch raumartige Intervalle voneinander getrennt sind. Ist ein solcher Augenblick einmal festgelegt, sind die Uhren der Beobachter gestellt und der Zeitbegriff für die gesamte folgende Entwicklungsgeschichte der Region definiert. Setzen wir den Beginn der Zeitrechnung früh genug an, zu einem Zeitpunkt also, da sich die gesamte Region im Zustand eines Falschen Vakuums befindet, werden wie im vorangehenden Abschnitt erläutert später Insel-Universen entstehen und expandieren. Je nachdem jedoch, wann wir den Anfangs„zeitpunkt" ansetzen, liegen die Reihenfolge ihres Auftauchens sowie Tempo und Muster ihrer Expansion möglicherweise recht weit auseinander.

Nehmen wir nun an, unser Interesse gälte einem bestimmten Insel-Universum, das wir aus Sicht seiner Bewohner beschreiben wollten.

* Die Feststellung der Zeit wird außerdem vom Bewegungszustand der Beobachter beeinflusst. In einem Friedmann-Universum ist natürlicherweise davon auszugehen, dass die Beobachter an ihrem jeweiligen Aufenthaltsort in Relation zu den Galaxien (bzw. Materieteilchen) stillstehen. Diese sind die „sich mitbewegenden" Beobachter.

Hier stellt sich die Situation völlig anders dar. Ebenso wie im Friedmann-Universum ist der Ursprung der Zeit von der Natur vorgegeben. Sämtliche Beobachter im Insel-Universum können an ihrem jeweiligen Aufenthaltsort den Beginn ihrer Zeitrechnung beim Urknall ansetzen. Mit anderen Worten: Der Urknall lässt sich als Anfangs„zeitpunkt" definieren. Aus dieser Entscheidung ergibt sich ein neues und vollkommen anderes Bild des Insel-Universums. Zur Abgrenzung der Beschreibung einer großen Region von der eines einzelnen Insel-Universums wollen wir diese als „globale" bzw. „lokale" (oder „Binnen-")Perspektive bezeichnen.

Die Binnenperspektive des Insel-Universums wird im Raumzeit-Diagramm in Abbildung 25 deutlich. Wie in Abbildung 24 (S. 114) ist der Urknall hier durch eine durchgezogene Kurve dargestellt („Urknall"). Die Materiedichte ist bei sämtlichen Urknall-Ereignissen auf dieser Kurve fast völlig gleich, weil sie sich über die Dichte des zerfallenden Falschen Vakuums definiert. In der lokalen Perspektive ist das Insel-Universum also annähernd homogen. Die lokalperspektivische Gegenwart ist durch die gestrichelte Linie als „heute" dargestellt und fällt in der Abbildung mit der Galaxienreihe zusammen. Jeder Punkt auf dieser Linie zeichnet sich durch die gleiche durchschnittliche Materiedichte und Sternendichte aus, wie wir sie in unserem lokalen Teil des Univer-

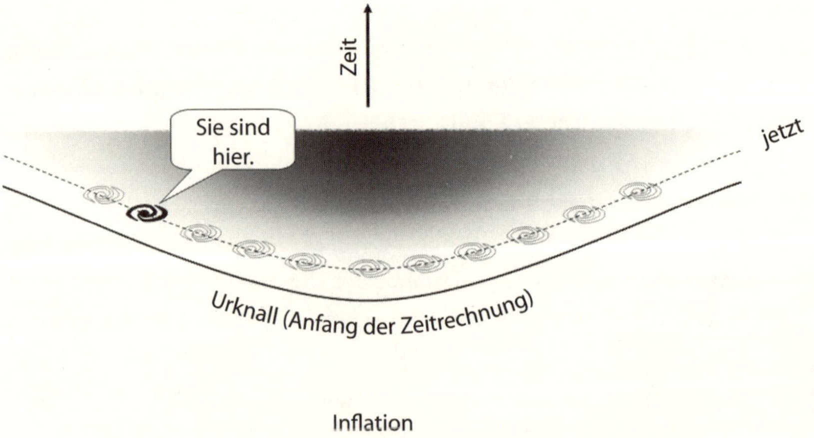

Abbildung 25: Binnenansicht der Raumzeit des Insel-Universums

sums beobachten. Höchst bemerkenswert ist allerdings, dass das Insel-Universum aus der Binnenperspektive gesehen unendlich ist!

Von der globalen Perspektive aus betrachtet wächst das Insel-Universum mit der Zeit, da sich an seiner Grenze neue Big Bangs ereignen, und wenn wir lange genug warten, erreicht es eine beliebige Größe. Demgegenüber spielen sich in der lokalen Perspektive die Urknall-Ereignisse alle gleichzeitig ab und das Insel-Universum ist vom ersten Moment an unendlich groß. In Abbildung 25 zeigt sich diese Unendlichkeit darin, dass die durchgezogene Linie des Urknalls niemals endet. Verlängerungen dieser Kurve entsprechen in der globalen Perspektive Urknall-Ereignissen zu immer späteren Zeitpunkten; in der lokalen Perspektive bedeuten sie immer mehr ferne Regionen zum Anfangszeitpunkt. Aus der Unendlichkeit der Zeit aus dem einen Blickwinkel wird somit die Unendlichkeit des Raums aus dem anderen.

DAS GESAMTBILD

Fassen wir einmal kurz zusammen, was wir über die Theorie der Ewigen Inflation gelernt haben. Wäre es uns irgend möglich, das ewig inflationär expandierende Universum von außen zu beobachten – so, wie sich die Erdoberfläche aus dem Weltraum dem Auge präsentiert –, sähen wir Scharen von Insel-Universen in einem riesigen sich aufblähenden Ozean aus Falschem Vakuum. In einem geschlossenen Universum gliche das Bild, das sich uns böte, womöglich tatsächlich der Erdkugel mit ihren Kontinenten und Inselgruppen inmitten der Weltmeere.* Diese Kugel expandiert mit Schwindel erregender Geschwindigkeit, ebenso wachsen die Insel-Universen rasant an und ständig entstehen neue winzige Inseln, die sofort zu expandieren beginnen. Die Anzahl der Insel-Universen nimmt mit der Zeit rapide zu. Sie wächst ins Grenzenlose und erreicht in der unendlichen Zeit unendliche Höhen.

* Mit der Einschränkung natürlich, dass ein geschlossenes Universum einer dreidimensionalen Sphäre gleicht, wohingegen die Erdoberfläche zweidimensional ist.

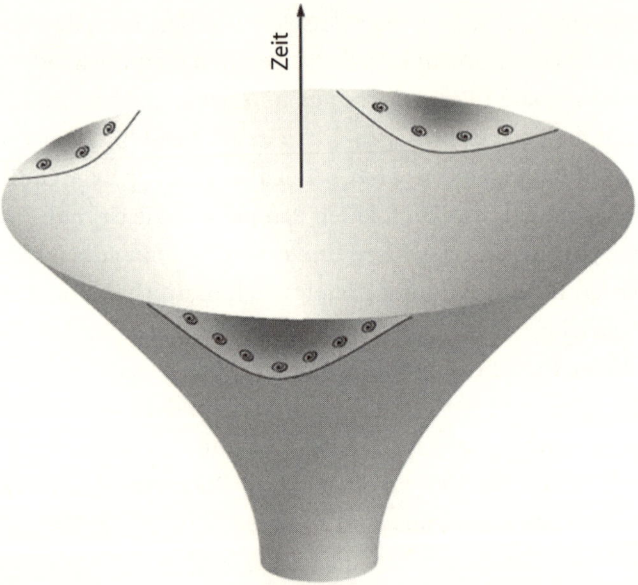

Abbildung 26: Raumzeit in einem eindimensionalen, geschlossenen, sich ewig aufblähenden Universum. Zum anfänglichen Zeitpunkt ist dieses Universum mit einem Falschen Vakuum gefüllt (unterer Teil der Abbildung); zu der dem oberen Teil der Abbildung entsprechenden Zeit sind drei Insel-Universen entstanden.

Den Bewohnern von Insel-Universen, wie wir es sind, bietet sich ein ganz anderes Bild. Sie nehmen ihr Universum nicht als eine endliche Insel wahr. Ihnen erscheint es als in sich geschlossenes unendliches Universum. Die Grenze zwischen diesem Universum und dem inflationär expandierenden Teil der Raumzeit markiert der Urknall, ein Zeitpunkt in ihrer Vergangenheit. Eine Reise zum inflationär expandierenden Ozean können wir nicht unternehmen, weil eine Reise in die Vergangenheit schlicht unmöglich ist.

Das gesamte, alle unendlichen Insel-Universen umfassende „Ober"-universum ist erstaunlicherweise womöglich geschlossen und endlich. Dieser scheinbare Widerspruch erklärt sich durch die Tatsache, dass sich der lokale Zeitbegriff in Insel-Universen von der „globalen" Zeit zur Beschreibung der gesamten Raumzeit unterscheidet. Während die Bildung der äußeren Bereiche von Insel-Universen in der globalen Zeit noch aussteht und in unendlicher Zukunft abgeschlossen sein wird, entsteht das Insel-Universum in der lokalen Zeit vollständig und auf ein Mal. Die Raumzeitstruktur eines geschlossenen, ewig inflationär expandierenden Universums ist in Abbildung 26 dargestellt.

Die überraschende Eigenschaft von Insel-Universen – dass sie in der Binnenansicht unendlich sind – erwies sich als bedeutsam. Sie sollte mich später zu der vielleicht erstaunlichsten Konsequenz der Theorie der Ewigen Inflation führen.

11

Der King lebt!

Muss nicht, was geschehen kann von allen Dingen, schon einmal geschehn, gethan, vorübergelaufen sein?

Nietzsche*

CADAQUÉS

Eine erste Ahnung überkam mich im Sommer des Jahres 2000. Wie oft war mein erster Impuls, sie mit jemandem zu teilen. Allein zu arbeiten mag einem mehr Anerkennung einbringen, doch gemeinsam macht es so viel mehr Spaß! Und wenn man mit einem guten Projektpartner gesegnet ist, kann es eine wahre Freude sein. Durch eine glückliche Fügung war mein alter Freund Jaume Garriga gerade in der Stadt. Als ich ihm von meinem Gedanken erzählte, verstand er sofort.

Jaume ist ein ruhiger Zeitgenosse mit leiser Stimme. Er redet nicht viel, hält jedoch mit seiner Meinung nicht hinterm Berg. Bei diesem Anlass sagte er nur: „Das ist eine sehr gut zu vermarktende Idee." Das war nun nicht unbedingt eine Billigung. Jaume meinte, dass die Idee zu jenen gehörte, die eher die Massenmedien interessieren als die Physiker. Dennoch konnte ich sehen, dass er angebissen hatte. Da er im Begriff war, in sein heimatliches Katalonien zu reisen, vereinbarten wir, unsere Diskussion auf meinen Besuch der Universität von Barcelona, seinem Arbeitsplatz, zu vertagen.

Zwei Monate später holte Jaume mich und meine Frau vom Flughafen Barcelona ab. Wir waren zum Wochenende angereist und hatten vor Beginn meines „offiziellen" Besuchs zwei Tage frei. Ich brannte darauf, unsere physikalische Diskussion fortzuführen, doch wie sich heraus-

* Friedrich Nietzsche: Also sprach Zarathustra; dtv, München 1988, S. 200

Abbildung 27: Jaume Garriga. (Mit freundlicher Genehmigung von Takahiro Tanaka)

stellte, stand unser Programm bereits fest. Als wir auf die Autobahn abbogen, teilte Jaume uns mit, dass wir zum Hof seines Vaters fahren würden: „Wir werden zum Abendessen erwartet." Vorbei am beeindruckenden Bergmassiv Montserrat, das sich unvermittelt aus flachem, rötlichem Gelände erhebt, setzten wir unsere Fahrt in nördlicher Richtung durch eine grünere Hügellandschaft fort. Nach etwa einer Stunde hatten wir den Hof der Garrigas erreicht.

Erstaunlicherweise wird dieses Land seit über 750 Jahren von einer einzigen Familie bewirtschaftet. Das Bauernhaus war eine beeindruckende katalanische *Masia*, die bis hin zu ihrem Turm einer Festung glich. Ich war hin und weg und hatte die Physik völlig vergessen.

Das Abendessen wurde in einem geräumigen Saal serviert, wo die Familie Garriga sich versammelt hatte. Als Ehrengast kam ich neben Jaumes Vater zu sitzen, der uns mit Erzählungen aus der frühen Geschichte der Gegend verzauberte und dafür sorgte, dass mein Weinglas nie leer wurde. Gegen Ende des Essens entschuldigte er sich und verließ den Saal. Jaume erläuterte: „Er will die Kühe nach Hause schicken." Gehütet werden mussten die Kühe nicht, sie brauchten lediglich eine freundliche Erinnerung.

Abbildung 28: Ein jüngerer Jaume beim Hof der Familie. (Mit freundlicher Genehmigung von Jaume Garriga)

Nach dem Essen führte uns Jaumes älterer Bruder die Wendeltreppe hinauf auf die Spitze des Turms. In gefährlicheren Zeiten hatte dieser als Wachtturm gedient. Wurde der Feind gesichtet, konnten die Wächter mit einer Laterne ähnlichen Türmen auf benachbarten Höfen Signal geben, bis hin zur Garnison des Herzogs in der etwa acht Kilometer entfernt liegenden Festung von Cardona. Wir spähten durch die kleinen quadratischen Turmfenster nach draußen – ob nicht Bösewichte zu sehen seien. Über den Hügeln ging bereits die Sonne unter. Weit draußen sahen wir die Kühe, allein, auf ihrem Heimweg von der Weide.

Wir verließen den Hof am Morgen und fuhren Richtung Norden, auf die Berge zu. Ziel unserer Fahrt war das kleine Küstendorf Cadaqués, die Heimat von Salvador Dalí. Meine Frau ist fasziniert von Dalís Kunst und wollte das Haus und das Dorf sehen, wo der Maler den größten Teil seines Lebens zugebracht hatte. Jedes Mal, wenn wir zuvor nach Barcelona gekommen waren, hatte sie den Ort besuchen wollen, doch einmal an der Universität angekommen, war ich unweigerlich von physikalischen Debatten und anderen ähnlich wichtigen Dingen abgelenkt worden, sodass für den Ausflug am Ende nie Zeit geblieben war. Diesmal hatte sie genug: Wir würden *vor* Barcelona nach Cadaqués fahren.

Abbildung 29: Port Alguer (Cadaqués) von Salvador Dalí (© Salvador Dalí, Gala-Salvador Dalí Foundation/VG Bild-Kunst, Bonn 2007)

Gefährlich nah an den Abhängen wand die enge Straße sich in die Berge hinauf und wieder hinunter zu den Klippen und einsamen blauen Buchten der Costa Brava. Wir erreichten das Dorf am späten Nachmittag, als die Sonne ihre ganze mediterrane Pracht entfaltete. Eng aneinandergedrängt standen die weiß getünchten Häuser von Cadaqués in den Hügeln und bis dicht hinunter ans Ufer. Weiter oben im Hang erhob sich in einsamer Schönheit der ländliche Bau einer weißen Kirche.

Unser Besuch in Dalís Haus verlief anders als geplant. Jaumes Frau Julie, die sich uns im letzten Augenblick angeschlossen hatte, hatte die kleine Tochter der beiden, Clara, mitgenommen. Als wir das Museum betraten, protestierte Clara lautstark; also gingen die Damen hinein und ließen Jaume und mich als Babysitter zurück. Wenig später waren wir in die Diskussion unseres physikalischen Problems vertieft. Als unsere Ehefrauen schließlich zurückkehrten, wurde das Museum bereits geschlossen. Auf diese Weise bekam ich das viel besprochene Casa Dalí nicht zu sehen.

Den restlichen Nachmittag über wanderten wir durch das Dorf. Während wir durch die engen gepflasterten Straßen von Cadaqués schlenderten, setzten Jaume und ich unsere Diskussion fort und ein neues Bild des Universums nahm allmählich Gestalt an. Ein seltsames und beunruhigendes Bild.

BESCHRÄNKTE MÖGLICHKEITEN

Die Unterhaltung kreiste um die fernen Regionen des Universums und wie sie sich von unserer lokalen *kosmischen* Nachbarschaft unterscheiden mochten. Da jedes Insel-Universum aus Sicht seiner Bewohner unendlich erscheint, lässt es sich in unendlich viele Regionen von der Größe der von uns beobachtbaren (observablen) Region unterteilen. Der Kürze halber tauften wir sie „O-Regionen".

Man denke sich einen unendlichen Raum voller gigantischer Sphären mit einem Durchmesser von 80 Milliarden Lichtjahren. Jede dieser Sphären bildet eine O-Region. Mit der Expansion des Universums dehnen sich auch die Sphären aus, sodass sie zu früheren Zeiten kleiner waren. Beim Urknall – also am Ende der Inflation – sahen all diese O-Regionen mehr oder weniger gleich aus. Im Detail jedoch unterschieden sie sich voneinander. Kleine Dichteschwankungen, verursacht durch willkürliche Quantenprozesse während der Inflation, fielen in jeder Region anders aus. Mit der Vergrößerung dieser Schwankungen durch die Gravitation begannen die makroskopischen Eigenschaften der O-Regionen zu divergieren. Als sich später Galaxien herausbildeten, waren sie in verschiedenen O-Regionen jeweils ganz unterschiedlich verteilt, obwohl die Regionen einander statistisch gesehen weiterhin sehr ähnelten. Im späteren Verlauf war die Evolution von Leben und Intelligenz dem Zufall unterworfen, was zu einer weiteren Divergenz der Eigenschaften führte. Wir können daher davon ausgehen, dass die geschichtlichen Entwicklungen verschiedener O-Regionen recht unterschiedlich verlaufen.

Die entscheidende Feststellung war dabei, dass die Anzahl unverwechselbarer Materiekonfigurationen, die in einer beliebigen O-Region

– bzw. letztlich in jedem endlichen System – auftreten kann, endlich ist. Man mag vermuten, in dem System ließen sich Veränderungen willkürlich geringer Ausmaße vornehmen, woraus sich eine unendliche Zahl von Möglichkeiten ergäbe. Doch dies ist nicht der Fall.

Wenn ich meinen Stuhl um 1 Zentimeter verrücke, verändere ich den Zustand unserer O-Region. Ebenso könnte ich ihn um 0,9, um 0,99, um 0,999 usw. Zentimeter verrücken – eine unendliche Sequenz möglicher Verschiebungen, die sich zunehmend der Grenze von 1 Zentimeter annähern. Das Problem liegt jedoch darin, dass zu dicht beieinander liegende Verschiebungen schon rein prinzipiell nicht voneinander zu unterscheiden sind. Verantwortlich für dieses Phänomen ist die quantenmechanische Unschärfe.

In der klassischen, Newton'schen Physik lässt sich der Zustand eines physikalischen Systems über die Bestimmung von Position und Geschwindigkeit sämtlicher Teilchen beschreiben, aus denen es besteht. Heute wissen wir, dass eine solche Beschreibung nur bei makroskopischen, massereichen Objekten möglich ist und selbst dann nur annähernd sein kann. In der Welt der Quanten aber sind Teilchen inhärent unscharf und lassen sich nicht exakt lokalisieren.

Das Kernstück der Quantenphysik bildet die 1927 von Werner Heisenberg entdeckte *Unschärferelation*. Diese besagt, dass Position und Geschwindigkeit eines Teilchens sich nicht gleichzeitig exakt bestimmen lassen. Je genauer wir die Position messen, desto größer wird die Unschärfe in der Geschwindigkeit. Wird die Position exakt gemessen, bleibt die Geschwindigkeit gänzlich unbestimmt, und umgekehrt – messen wir die exakte Geschwindigkeit, haben wir keine Ahnung, wo sich das Teilchen befindet.

Heisenberg erklärte die Unschärfe intuitiv folgendermaßen: Eine einfache Methode zur Bestimmung des Aufenthaltsorts eines Teilchens ist, es mit Licht zu bestrahlen. Das Teilchen wird die Lichtwellen in alle Richtungen streuen. Einige der Wellen werden von unseren Augen, oder von unseren Messgeräten, wahrgenommen und wir erkennen, wo sich das Teilchen befindet. Das Bild, das wir auf diese Weise von dem Teilchen erhalten, kann nicht völlig scharf sein: Einzelheiten, die kleiner sind als die Wellenlänge des Lichts, erscheinen unweigerlich verschwommen; die Position lässt sich also nicht exakter messen, als die Wellenlänge des Lichts erlaubt. Nun könnten wir diesem Problem mit der Verwendung immer kürzerer Wellenlängen beizukommen versuchen, doch hier kommt die Quantennatur des Lichts ins Spiel. Licht besteht aus Photonen, deren Energie umgekehrt proportional zur Wellenlänge ist. Ein mit sehr kurzwelligem Licht bestrahltes Teilchen wird mit hochenergetischen Photonen bombardiert. Durch den Aufprall wird das Teilchen zurückgestoßen, sodass sich seine Geschwindigkeit ändert. In diesem Zurückweichen liegt die Ursache der Unschärfe: Je genauer wir die Position messen wollen, desto kurzwelliger muss das Licht sein, das wir verwenden, womit wir jedoch gleichzeitig die Geschwindigkeit des Teilchens immer stärker beeinflussen.

Auch wenn uns statt der Geschwindigkeit des Teilchens allein seine Position interessiert, deutet Heisenbergs Gedankengang darauf hin, dass wir für eine zunehmend exakte Lokalisierung des Teilchens immer mehr Energie aufwenden müssen. In jedem realistischen physikalischen System mit begrenzter Energie ist auch die Genauigkeit der Positionsbestimmung begrenzt.

Da eine exakte Ortsbestimmung von Teilchen unmöglich ist, können wir uns stattdessen der so genannten grobkörnigen Beschreibung bedienen. Nehmen wir einmal an, das Volumen unserer O-Region sei in dreidimensionale Zellen einer bestimmten Größe von zum Beispiel 1 Kubikzentimeter eingeteilt. Eine grobkörnige Beschreibung erfolgt durch die Angabe der Zelle, in der sich jedes Teilchen in der Region befindet. Durch eine Verkleinerung der Zellen lässt sich der Feinheitsgrad der Beschreibung steigern. Diese Verfeinerung hat jedoch ihre Grenzen, da für die Zuordnung von Partikeln zu kleinen Zellen ab einem bestimmten Punkt mehr Energie aufgewendet werden müsste, als in der O-Region verfügbar ist.

Die Anzahl möglicher Verteilungen einer endlichen Teilchenanzahl auf eine endliche Menge Zellen ist offensichtlich ebenfalls endlich. Die materielle Zusammensetzung unserer O-Region kann daher nur in einer endlichen Anzahl von Zuständen vorliegen. Eine sehr grobe Schätzung dieser Zahl beläuft sich auf 10 hoch 10^{90} oder eine 1 mit 10^{90} Nullen – das sind weit mehr Nullen, als auf den Seiten dieses Buches Platz fänden.

Eine Zahl fantastischer Ausmaße; ausschlaggebend an ihr ist jedoch ihre Endlichkeit.

So weit, so gut. Problematisch ist nur, dass manche ferne Regionen möglicherweise mehr Materie und Energie enthalten als unsere. Aus seltenen starken Quantenfluktuationen während der Inflation können einige stark überdichte Regionen voller hochenergetischer Teilchen entstehen. Mit zunehmender Teilchenanzahl und Energie erhöht sich auch die Anzahl möglicher Zustände. Dies geht jedoch nur bis zu einem gewissen Punkt. Wird in einer Region immer mehr Energie konzentriert, nimmt die Gravitation zu, bis schließlich die ganze Region zu einem Schwarzen Loch kollabiert. Unabhängig vom Inhalt einer Region bestimmter Größe setzt die Gravitation auf diese Weise der Zahl ihrer möglichen Zustände eine absolute Obergrenze.

Der exakte Wert der Obergrenze ist noch nicht abschließend untersucht. Er wurde in den 1980er-Jahren von Jacob Bekenstein eingeführt und kürzlich von Gerard't Hooft, Leonard Susskind und anderen im Zusammenhang mit der Superstring-Theorie aufgegriffen. Ihre Arbeit deutet darauf hin, dass die maximale Anzahl möglicher Zustände in einer Region ausschließlich vom Oberflächenbereich ihrer Grenze abhängt. Bei einer O-Region liegt diese Zahl bei 10 hoch 10^{123} (eine 1 mit über einem Googol Nullen!).*

GESCHICHTEN ZÄHLEN

Endlich ist nicht nur die Anzahl möglicher Zustände einer O-Region, sondern auch die Anzahl ihrer möglichen Geschichtsverläufe.

Eine Geschichte ist eine zeitlich aufeinanderfolgende Sequenz von Zuständen. Die Meinungen darüber, welche Geschichtsverläufe möglich sind, liegen in Quanten- und klassischer Physik weit auseinander. In der Welt der Quanten wird die Zukunft nicht allein von der Vergangenheit

* Diese Grenze gilt nicht für Regionen, die viel größer sind als der kosmische Horizont. Für eine O-Region, deren Größe mit der des Horizonts übereinstimmt, rechnet man mit ihrer ungefähren Gültigkeit.

bestimmt. Ein einziger Ausgangszustand kann in eine Vielzahl unterschiedlicher Ergebnisse münden, wobei wir lediglich deren Wahrscheinlichkeiten berechnen können. Dies vergrößert die Bandbreite möglicher Verläufe beträchtlich. Auch hier jedoch verhindert die Quantenunschärfe eine Unterscheidung zwischen zu dicht beieinanderliegenden geschichtlichen Entwicklungen.

Ein Quantenteilchen besitzt allgemein keine klar definierte Geschichte. Das überrascht nicht, da seine Position bekanntlich ja nicht festgelegt ist. Die Unschärfe bedeutet jedoch nicht einfach, dass wir nicht wissen, welchen Weg das Teilchen zwischen seiner Emission und späteren Detektion nahm. Die Situation ist um einiges kurioser: Das Teilchen scheint nämlich gleichzeitig viele verschiedene Wege zu nehmen, die sämtlich zum Endergebnis beitragen.

Dieses schizophrene Verhalten lässt sich am besten anhand des berühmten Doppelspalt-Experiments veranschaulichen (Abbildung 30). Die Versuchsanordnung besteht aus einer Lichtquelle und einer Foto-

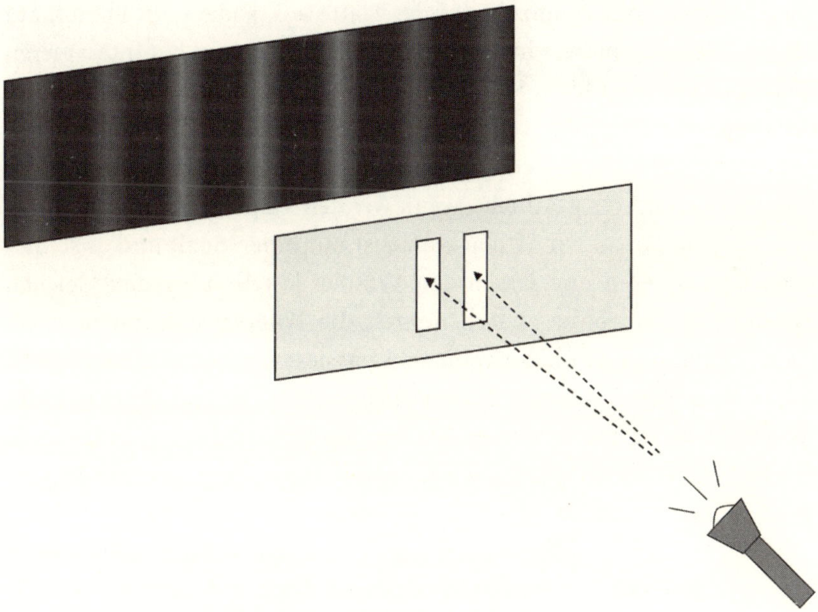

Abbildung 30: Das Doppelspalt-Experiment

platte, zwischen denen sich ein undurchsichtiger Schirm mit zwei schmalen Spalten befindet. Das Licht, das durch den Spalt fällt, hinterlässt ein Bild auf der Platte. Dieses Experiment wurde erstmals Anfang des 19. Jahrhunderts von dem englischen Physiker Thomas Young durchgeführt. Er beobachtete, dass ein Muster aus abwechselnd hellen und dunklen Streifen entsteht. Sämtliche Punkte auf der Fotoplatte empfangen durch beide Spalte Licht. Jedoch treffen die Lichtwellen an manchen Stellen „phasengleich" auf die Platte (wenn Berge und Täler beider Wellen zusammentreffen) und verstärken einander, während sie andernorts phasenverschoben auftreffen (der Berg einer Welle trifft mit dem Tal einer zweiten zusammen) und sich gegenseitig aufheben. Das Streifenmuster erklärt sich also aus dem Wellencharakter des Lichts.

Merkwürdig wird die Sache, wenn wir die Lichtintensität der Quelle so weit reduzieren, dass nacheinander einzelne Photonen ausgestoßen werden. Jedes Photon hinterlässt einen kleinen Punkt auf der Fotoplatte. Anfangs scheinen diese Punkte ein willkürliches Muster zu bilden; nach einer Weile jedoch entsteht überraschenderweise allmählich ein Bild, das mit dem eben beschriebenen Streifenmuster exakt übereinstimmt. Die Photonen treffen einzeln auf der Platte auf, sodass ein Photon auf seinem Weg durch den einen Spalt nicht mit Photonen hat interagieren können, die den anderen Spalt passierten. Wie aber sind sie dennoch in der Lage, einander zu „verstärken" oder „aufzuheben"?

Zur näheren Untersuchung dieses seltsamen Verhaltens können wir uns anschauen, was geschieht, wenn wir den Weg der Photonen vorgeben. Angenommen, wir öffnen zunächst nur einen Spalt und anschließend den anderen und lassen den Versuch jeweils über den gleichen Zeitraum laufen, ohne zwischendurch die Fotoplatte auszutauschen. Da die Photonen den Schirm einzeln passieren, sollte dies am Ergebnis nichts ändern und wir müssten das gleiche Muster erhalten. Richtig? Falsch. In dieser modifizierten Version des Experiments sind keinerlei Streifen zu beobachten und das Foto zeigt lediglich die Umrisse der beiden Spalten.

Daraus folgt, dass die Vorstellung von einem Photon, das einen Spalt passiert, ohne sich darum zu kümmern, ob der andere geöffnet ist oder nicht, falsch sein muss. Sind beide Spalte geöffnet, „ahnt" das Photon gewissermaßen die zwei möglichen Geschichtsverläufe, die ihm zur Verfügung stehen. Im Verbund legen diese die Wahrscheinlichkeit fest, mit der das Photon an einem bestimmten Punkt auf der Platte auftrifft. Dieses Phänomen bezeichnet man als *Quanteninterferenz* zwischen Geschichtsverläufen.

Die Quanteninterferenz tritt nur selten so offen in Erscheinung wie im Doppelspalt-Experiment; dennoch beeinflusst sie das Verhalten jedes einzelnen Teilchens im Universum. Auf ihrem Weg von A nach B „erschnüffeln" Teilchen zahlreiche unterschiedliche Routen, sodass wir es statt mit einer klar definierten Vergangenheit mit einem verworrenen Netz aus interferierenden Geschichtsverläufen zu tun haben.

Wie nun können wir sicher sein, ob ein Ereignis tatsächlich stattgefunden hat? Wie können wir uns irgendeinen Reim auf das Konzept der Geschichte machen? Die Antwort liegt erneut in der grobkörnigen Beschreibung.

Wie zuvor teilen wir den Raum in kleine Zellen ein und definieren grobkörnige Zustände des Systems (hier: der O-Region), indem wir jedem Teilchen eine „Zelladresse" zuordnen. Eine Abfolge solcher in regelmäßigen Zeitabständen von, sagen wir, 2 Sekunden erstellten Zustände liefert uns eine grobkörnige Geschichte. Ausschlaggebend ist dabei nun, dass die Interferenz nur in sehr dicht beieinander liegenden Geschichtsverläufen deutliche Auswirkungen hat. Mit zunehmenden Zellengrößen und Zeitintervallen hingegen weichen die einzelnen grobkörnigen Geschichtsverläufe immer stärker voneinander ab, bis ihre Interferenz letztlich absolut unerheblich ist. Von diesem Punkt an können wir von alternativen Geschichtsverläufen des Systems sprechen.

Die Formulierung der Quantenmechanik in Form alternativer grobkörniger Geschichtsverläufe wurde vor relativ kurzer Zeit – in den 1990er-Jahren – von Robert Griffiths, Roland Omnes, James Hartle und Murray Gell-Mann entwickelt. Unter anderem stellten die Forscher fest, dass die kleinste noch mit einer definierten Geschichte übereinstimmende Zellengröße im Normalfall mikroskopische Dimensionen hat und das kleinste Zeitintervall bei einem winzigen Sekundenbruchteil liegt. Dass Geschichte in der makroskopischen Welt der menschlichen Wahrnehmung demgegenüber einen klar umrissenen Begriff darstellt, überrascht nicht.

Eine grobkörnige Geschichte verläuft in endlichen Zeitschritten, und eine Geschichte von endlicher Dauer setzt sich zwangsläufig aus einer endlichen Anzahl von Momenten zusammen. In jedem beliebigen Moment kann das System nur in einer endlichen Zahl von Zuständen vorliegen, woraus folgt, dass auch die Anzahl erkennbarer Geschichtsverläufe des System endlich sein muss.

In einer Pi-mal-Daumen-Rechnung überschlugen Jaume und ich die Anzahl möglicher Geschichtsverläufe in einer O-Region vom Urknall bis heute. Wie zu erwarten war, landeten wir wieder einmal bei einer „googolplexischen“* Zahl: 10 hoch 10^{150}. Wie viele Quantenzustände und Geschichtsverläufe es in einer O-Region tatsächlich gibt, ist dabei nicht sonderlich wichtig; die Endlichkeit einer Region indessen hat, wie wir im Folgenden sehen werden, tief greifende Konsequenzen.

DIE GESCHICHTE WIEDERHOLT SICH

Machen wir zunächst einmal eine Bestandsaufnahme. Aus der Inflationstheorie ergibt sich eine interne Unendlichkeit von Insel-Universen, deren jedes somit unendlich viele O-Regionen enthält. Aus der Quantenmechanik folgt ferner, dass in einer beliebigen O-Region nur eine endliche Anzahl von Geschichtsverläufen möglich ist. Die Verknüpfung dieser beiden Behauptungen führt uns unweigerlich zu der Schlussfolgerung, dass jede einzelne Geschichte sich unendlich oft wiederholen müsste. Nach den Gesetzen der Quantenmechanik wird jedes Ereignis, das die Erhaltungssätze nicht strikt verbieten, mit einer Wahrscheinlichkeit von ungleich null eintreffen. Und in unendlich vielen O-Regionen wird sich jegliche Geschichte mit einer Wahrscheinlichkeit von ungleich null ereignen – vielmehr hat sich bereits ereignet!

Die Geschichte einiger dieser unendlich oft inszenierten Drehbücher ist äußerst bizarr. So kann ein unserer Erde ähnlicher Planet plötzlich zu einem Schwarzen Loch kollabieren. Oder er sendet einen gigantischen Strahlungsimpuls aus und wechselt in eine andere Umlaufbahn über,

* abgeleitet von „Googolplex“, der Bezeichnung für die Zahl 10 hoch 10^{100}

die deutlich näher beim Zentralstern liegt. Derartige Vorkommnisse sind zwar äußerst unwahrscheinlich, doch bedeutet dies lediglich, dass man sehr viele O-Regionen wird beobachten müssen, bevor man eines entdeckt.

Eine verblüffende Konsequenz aus dem neuen Weltbild ist die Erkenntnis, dass es unendlich viele Regionen geben müsste, deren Geschichte mit unserer vollkommen identisch ist. Ja, reihenweise Doppelgänger der geneigten Leserschaft halten in diesem Moment ein Exemplar dieses Buchs in Händen. Sie leben auf Planeten, die genau wie die Erde sind, mit den gleichen Bergen, Städten, Bäumen und Schmetterlingen. Diese Erden drehen sich um perfekte Kopien unserer Sonne und jede dieser Sonnen ist Teil einer großen Spiralgalaxie – eines exakten Abbilds unserer Milchstraße.

Wie weit sind diese Erden, auf denen unsere Doppelgänger leben, von uns entfernt? Wie wir wissen, kann die in unserer O-Region vorhandene Materie rund 10 hoch 10^{90} verschiedene Zustände haben. In einer Kiste mit beispielsweise einem Googolplex (10 hoch 10^{100}) O-Regionen müssten mit einem großen Spielraum alle diese Möglichkeiten realisiert sein. Der Durchmesser einer solchen Kiste müsste grob geschätzt bei einem Googolplex Lichtjahren liegen. Bei größeren Distanzen müssten sich O-Regionen wiederholen, unsere eingeschlossen.

Die geschichtlichen Entwicklungen in anderen Regionen würden sich ein wenig von unserer Geschichte unterscheiden, mit allen denkbaren Variationen. Als Julius Cäsar mit seinen Legionen am Ufer des Rubikon stand, wusste er, dass er im Begriff stand, eine historische Entscheidung zu fällen. Eine Überquerung des Flusses käme Hochverrat gleich und es gäbe kein Zurück. Mit den Worten *„Iacta alea est!“* – Der Würfel ist gefallen. – gab er den Befehl, vorzurücken. Der Würfel war in der Tat gefallen: Auf manchen Erden erhob Cäsar sich später zum Diktator Roms, auf anderen wiederum wurde er besiegt, verurteilt und als Staatsfeind hingerichtet. Natürlich hat es auf den meisten Erden nie eine Person namens Cäsar gegeben und die meisten Orte im Universum sind ganz anders als unsere Erde – schließlich haben die Dinge viel mehr Möglichkeiten, unterschiedlich zu sein, als sie identisch sein können.

Vielleicht ist es ganz passend, dass dieses surreale Weltbild in der Stadt seinen Anfang nahm, wo der Geist Salvador Dalís umgeht. Wie in den Gemälden Dalís vermischen sich auch in ihm albtraumartige Elemente mit erkennbarer Realität. Dennoch folgt es unmittelbar aus der inflationären Kosmologie. Jaume und ich beschrieben die neue Weltsicht in einem Artikel und schickten ihn an die *Physical Review*, die führende Physik-Fachzeitschrift. Wir riskierten, dass man unseren Artikel als „zu philosophisch" ablehnen würde, doch er wurde störungsfrei akzeptiert. In der abschließenden Diskussion schrieben wir:

> *Die Existenz von O-Regionen mit sämtlichen möglichen Geschichtsverläufen, von denen einige vollständig oder nahezu identisch mit unserer Geschichte sind, birgt einige potenziell beunruhigende Konsequenzen. Jedes Mal, wenn Ihnen durch den Kopf schießt, dass ein schreckliches Unglück hätte geschehen können, dürfen Sie sicher sein, dass es in einigen O-Regionen geschehen ist. Wären Sie um ein Haar verunglückt, hatten sie in manchen Regionen mit derselben Vorgeschichte weniger Glück … Andererseits … – manchen Leser wird die Nachricht freuen, dass es unendlich viele O-Regionen gibt, wo Al Gore Präsident* ist und – ja! – Elvis noch lebt.*[1]

Die Presse reagierte sofort – wie Jaume es vorausgesehen hatte. In seiner nächsten Ausgabe druckte das britische Monatsmagazin *New Scientist* eine Besprechung unseres Artikels mit dem Titel „Der King lebt!"

WAS GIBT ES SONST NEUES?

Später erfuhren wir, dass das Bild vieler über das Universum verstreuter Klone von uns selbst Vorläufer hatte. Der berühmte russische Physiker Andrei Sakharov (Andrej Sacharov) hatte in seiner Friedensnobelpreis-

* Unser Artikel entstand im Jahre 2001 unmittelbar nach der umstrittenen Präsidentschaftswahl in den USA, die zu einem äußerst knappen Sieg von George Bush über Al Gore führte.

rede 1975 eine ähnliche Idee beschrieben: „Im unendlichen Raum muss es viele Zivilisationen geben, auch Gesellschaften, die vernüftiger und ‚erfolgreicher' sind als unsere. Ich unterstütze zudem die kosmologische Hypothese, derzufolge sich die Entwicklung des Weltalls in ihren Grundzügen unendlich häufig wiederholt."[2]

Manche hielten es sogar für selbstverständlich, dass in einem unendlichen Universum absolut alles geschehen müsse. Diese Behauptung ist jedoch falsch. Nehmen wir zum Beispiel die Reihe ungerader Zahlen 1, 3, 5, 7,... Aus der Tatsache, dass diese Reihe unendlich ist, lässt sich jedoch nicht ableiten, dass sie sämtliche möglichen Zahlen enthält. Tatsächlich fehlen in ihr alle geraden Zahlen. Gleichermaßen gewährleistet die Unendlichkeit des Raums nicht per se, dass jede Möglichkeit irgendwo im Universum auch Wirklichkeit geworden ist. Es könnte beispielsweise sein, dass sich die gleiche Galaxie im unendlichen Raum endlos oft wiederholt.

Diesen Aspekt erkannten die südafrikanischen Physiker George Ellis und G. B. Brundrit.[3] Von einer Unendlichkeit des Universums ausgehend behaupteten sie, dass dieses unendlich viele Orte enthalten müsste, die unserer Erde sehr ähnlich sind. (Da ihre Analyse auf der klassischen Physik aufbaute, konnten sie nur eine Ähnlichkeit anderer Erden, nicht jedoch deren Identität mit unserer annehmen.) Darüber hinaus mussten sie vermuten, dass der Ausgangszustand des Universums innerhalb der einzelnen O-Regionen willkürlich variierte, sodass im unendlichen Raum sämtliche möglichen Ausgangszustände realisiert wären. Die Existenz unserer Doppelgänger ist daher nicht gesichert, sondern hängt von den Annahmen einer Unendlichkeit des Raums und einer „völligen Willkürlichkeit" des Universums ab.

Im Gegensatz dazu bedarf die Theorie der Ewigen Inflation keiner unabhängigen Annahme dieser Merkmale. Vielmehr folgt aus der Theorie, dass Insel-Universen unendlich sind und dass die Ausgangsbedingungen beim Urknall durch willkürliche Quantenprozesse während der Inflation festgelegt werden. Die Existenz von Doppelgängern wird damit zur unausweichlichen Konsequenz der Theorie.

DIE BEDEUTUNG DES WORTS „IST“

Das hängt davon ab, was das Wort „ist“ bedeutet.

BILL CLINTON

Um die Idee vieler Welten oder „paralleler“ Universen ging es auch in einem weiteren, völlig anderen Zusammenhang. Der Viele-Welten-Interpretation der Quantenmechanik zufolge spaltet sich das Universum unaufhörlich in zahlreiche Kopien seiner selbst auf und realisiert in diesen sämtliche möglichen Ergebnisse eines jeden Quantenprozesses. Das mag an die Theorie der Ewigen Inflation erinnern, tatsächlich aber sind die beiden Theorien grundverschieden. Um Verwechslungen zu vermeiden, wollen wir einen kurzen Abstecher in die Welt der vielen Welten unternehmen.

Die Quantenmechanik ist eine erstaunlich erfolgreiche Theorie. Sie erklärt die Struktur von Atomen, die elektrischen und thermischen Eigenschaften von Feststoffen, Kernreaktionen und die Supraleitfähigkeit. Physiker vertrauen ihr uneingeschränkt - und das, obwohl die Grundlagen dieser Theorie in völligem Dunkel liegen und über ihre Interpretation bis heute diskutiert wird.

Am meisten umstritten ist die Natur der quantenmechanischen Wahrscheinlichkeiten. Die von Niels Bohr und seinen Anhängern entwickelte *Kopenhagener Deutung* postuliert eine inhärente Unvorhersehbarkeit der Quantenwelt. Bohr hält die Frage nach dem Aufenthaltsort eines Quantenteilchens für bedeutungslos, es sei denn, man führe eine Messung durch, um dies herauszufinden. Die Wahrscheinlichkeiten sämtlicher denkbaren Ergebnisse einer solchen Messung lassen sich anhand der Regeln der Quantenmechanik errechnen. Anscheinend trifft das Teilchen im letzten Augenblick, wenn die Messung durchgeführt wird, eine „Entscheidung“ und springt auf eine bestimmte Position.

Eine alternative Interpretation schlug in den 1950er-Jahren Hugh Everett III in seiner Doktorarbeit an der Princeton University vor. Seiner Argumentation zufolge wird jedes mögliche Ergebnis eines jeden Quantenprozesses tatsächlich realisiert, jedoch in jeweils unterschiedlichen „Parallel“universen. Jedes Mal, wenn die Position eines Teilchens bestimmt wird, verzweigt sich das Universum in unzählige Kopien seiner selbst, in denen sich das Teilchen an allen denkbaren Orten zeigt. Der Prozess der Verzweigung ist uneingeschränkt deterministisch, wobei wir jedoch nicht wissen, welche der Abzweigungen *wir* wahrnehmen werden. Das Ergebnis *unserer* Messung unterliegt damit weiterhin dem Wahrscheinlichkeitsgesetz. Everett zeigte auf, dass sämtliche Wahrscheinlichkeiten zum selben Ergebnis führen wie die Kopenhagener Deutung.[4]

Da die Ergebnisse oder Voraussagen der Theorie in keiner Weise von der Wahl der Interpretation beeinflusst werden, sehen die meisten praktizierenden Physiker die Grundlagen der Quantenmechanik agnostisch und machen sich nur wenige Gedanken über derartige Fragen. Mit den Worten des Teilchenphysikers Isidor Rabi: „Die Quantenmechanik ist nur ein Algorithmus. Benutze ihn. Er funktioniert, mach dir keine Gedanken."[5] Dieser Ansatz des „Halt den Mund und rechne"[6] funktioniert wunderbar, nur nicht in der Quantenkosmologie, wo die Quantenmechanik auf das gesamte Universum angewendet wird. Die „konventionelle" Kopenhagener Deutung, die für Messungen an einem System einen externen Beobachter erfordert, lässt sich in diesem Fall nicht einmal formulieren: Außerhalb des Universums existieren keine Beobachter. Aus diesem Grund geben Kosmologen eher der Viele-Welten-Interpretation den Vorzug.

Für Everett und einige seiner Anhänger sind sämtliche Parallelwelten zwingend gleichermaßen Wirklichkeit; andere hingegen halten diese Welten lediglich für möglich und sehen nur ein Universum als real an.* Dieser Disput ist vielleicht rein semantischer Natur: Was genau bedeutet es, wenn jemand behauptet, unabhängig von unserem existiere ein weiteres, ein Paralleluniversum? Oder, wie Präsident Clinton in einem anderen Zusammenhang bemerkte: „Das hängt davon ab, was das Wort ‚ist' bedeutet."[7] Paralleluniversen sind wie parallel verlaufende Linien: Sie überschneiden sich nie. Jedes entwickelt sich in einem eigenen, separaten Raum zu einer eigenen, separaten Zeit, in die vorzudringen von

* Diese letztgenannte Sichtweise liegt nah bei der Kopenhagener Deutung, besteht jedoch nicht auf dem Vorhandensein externer Beobachter.

keiner Stelle in unserem Universum aus gelingen kann. Wie also sollen wir feststellen können, ob sie real sind oder lediglich möglich?*

Ich möchte hier betonen, dass die Weltsicht der Theorie der Ewigen Inflation, die ich an früherer Stelle in diesem Kapitel beschrieben habe, von alldem völlig unberührt bleibt. Übernehmen wir die Viele-Welten-Interpretation, ergibt sich ein Gefüge „paralleler", ewig inflationär expandierender Universen, deren jedes unendlich viele O-Regionen enthält. Die neue Weltsicht gilt für jedes der Universen in diesem Ensemble.

Im Gegensatz zu den Parallelwelten sind andere O-Regionen zudem unleugbar real. Sie gehören sämtlich der selben Raumzeit an und mit ausreichend viel Zeit werden wir womöglich sogar in der Lage sein, andere O-Regionen zu besuchen und ihre Geschichte mit der unseren zu vergleichen.**

EINIGE SCHLUPFLÖCHER

Viele werden sich nun sicher fragen: Müssen wir diesen Quatsch über unsere Doppelgänger wirklich glauben? Gibt es irgendeine Möglichkeit, diesen absonderlichen Schlussfolgerungen zu entrinnen? All jenen, die die Vorstellung eines republikanischen (oder je nachdem auch demokratischen) Doppelgängers in einer fernen Galaxie absolut nicht ertragen können und sich an jeden Strohhalm klammern würden, um ihr zu entfliehen, möchte ich ein paar Strohhalme anbieten.

Zunächst besteht immer die Möglichkeit, dass die Inflationstheorie falsch ist. Sie ist sehr überzeugend und die Beobachtungshinweise sind

* In Kapitel 17 werden wir sehen, dass es möglicherweise tatsächlich einen guten Grund gibt, die Existenz anderer, völlig separater Universen anzunehmen.

** Unsere Fähigkeit, in andere O-Regionen zu reisen, kann eine Einschränkung erfahren, wenn die beobachtete beschleunigte Expansion des Universums auf eine konstante Vakuumenergie zurückzuführen ist. In diesem Fall werden sich die Galaxien in anderen O-Regionen weiterhin immer schneller von uns entfernen und wir werden sie nie einholen können. Manche Modelle jedoch sagen ein allmähliches Nachlassen der Vakuumenergie wie im Verlauf der Inflation voraus. In diesem Fall gibt es keine Grenze dafür, wie weit wir reisen können.

ermutigend, doch die Inflationstheorie steht nicht einmal annähernd auf so festen Füßen wie beispielsweise Einsteins Relativitätstheorie.

Selbst wenn unser Universum aus der Inflation hervorging, ist vorstellbar, dass diese nicht ewig andauert. Allerdings lässt sich ein solches Resultat nur um den Preis erreichen, dass die Theorie letztlich ziemlich konstruiert wirkt. Um der Ewigen Inflation zu entgehen, muss die Energielandschaft des Skalarfelds genau auf diesen Zweck zugeschnitten werden.[8]

Keine dieser Optionen erscheint attraktiv. Die Inflationstheorie ist die bei Weitem beste der verfügbaren Erklärungen des Urknalls. Wenn wir diese Theorie akzeptieren und uns weigern sie ad hoc durch unnötige Elemente zu entstellen, müssen wir die Ewige Inflation als gegeben hinnehmen – mit all ihren Konsequenzen, ob sie uns nun gefallen oder nicht.

ABSCHIED VON DER EINZIGARTIGKEIT

In der Antike standen wir Menschen im Zentrum des Universums. Der Himmel war uns nah und aus der Anordnung der Sterne und Planeten auf seinem samtweichen Gewölbe ließ sich das Schicksal von Königreichen und Individuen ablesen. Unser Abgang vom Zentrum des Geschehens begann mit Kopernikus und war Ende des vergangenen Jahrhunderts weitgehend abgeschlossen. Nicht nur bildet die Erde nicht das Zentrum des Sonnensystems, die Sonne selbst ist ein unauffälliger Stern am Rand einer ziemlich gewöhnlichen Galaxie. Dennoch konnten wir uns weiterhin an den Gedanken klammern, dass unsere Erde etwas unverwechselbar Einzigartiges hatte – sie war der einzige Planet mit dieser ganz eigenen Zusammenstellung von Lebensformen, und unsere menschliche Zivilisation mit ihrer Kunst, ihrer Kultur und ihrer Geschichte war im gesamten Universum einzigartig. Man möchte meinen, dass allein dies genügend Anlass bot, unseren kleinen Planeten wie ein kostbares Meisterwerk zu hüten.

Heute sehen wir uns auch dieses letzten Anspruchs auf Einmaligkeit beraubt. In dem Weltbild, das aus der Theorie der Ewigen Inflation entstanden ist, sind unsere Erde und unsere Zivilisation alles andere als einzigartig. Vielmehr existieren über die unendlichen Weiten des Kosmos verstreut unzählige identische Zivilisationen. Mit der Herabstufung der Menschheit auf vollkommene kosmische Bedeutungslosigkeit ist unser Abstieg vom Mittelpunkt des Universums heute endgültig vollzogen.[9]

Das Prinzip der Mittelmäßigkeit

12

Das Problem der Kosmologischen Konstante

Wenige theoretische Schätzungen in der Geschichte der Physik... waren je so ungenau.

Larry Abbott

Die Vakuumenergiekrise

Das rätselhafteste Objekt, mit dem sich Physiker je konfrontiert sahen, ist das Vakuum. Das größte Geheimnis des Vakuums wiederum liegt im Ursprung seiner Energie. Wohlgemerkt geht es hier nicht um das hochenergetische Falsche Vakuum in der Kosmologie der Inflation. Die Physik des Falschen Vakuums nämlich ist weitgehend erforscht. Das mysteriöse Objekt, um das es hier geht, ist das gewöhnliche, Echte Vakuum, in dem wir heute leben.

Ein Vakuum entsteht, wenn man sämtliche Teilchen und Strahlung entfernt. Für Vertreter der klassischen Physik ist es schlicht leerer Raum, und viel mehr gibt es für sie dazu nicht zu sagen. In der Quantenphysik jedoch ist das Vakuum ein Schauplatz hektischer Betriebsamkeit.

Betrachten wir beispielsweise die elektromagnetische Strahlung. Sie besteht aus Photonen – winzigen Konzentrationen elektromagnetischer Energie. Wir stellen uns eine Kiste reinen Vakuums vor. Das Innere der Kiste räumen wir bis auf das letzte Photon und alle übrigen Teilchen leer. Nun mag man erwarten, dass die elektrischen und magnetischen Feldstärken in der Kiste exakt bei null liegen müssten. Tun sie aber nicht. Das Quantenvakuum weigert sich stillzuhalten. Ebenso wie das Skalarfeld während der Inflation sind elektrische und magnetische Felder zufälligen Veränderungen oder Quantenfluktuationen unterworfen.

Das Ergebnis einer Messung, etwa des Magnetfelds innerhalb der Kiste, hängt von der Größe des verwendeten Messgeräts ab. Wenn wir zum Beispiel mit einem recht großen Gerät beginnen, das das Feld in einem Bereich von 1 Zentimeter sondiert, ergibt sich eine Stärke von einigen wenigen Milliardstel Gauss. (Zum Vergleich: Die Stärke des Magnetfelds auf der Erdoberfläche liegt bei etwa 1 Gauss.) Bereits nach einer Nanosekunde* hat das Feld eine vollkommen andere Richtung, während seine Stärke irgendwo zwischen null und einigen Milliardstel Gauss liegt. Um diese raschen Fluktuationen des Felds aufspüren zu können, müssen wir es sehr schnell messen, denn eine Messung, die länger als eine Nanosekunde dauert, wird uns den Mittelwert liefern, der sehr nahe bei null liegt.

Ein 1-Millimeter-Detektor würde ein 100-fach stärkeres Magnetfeld messen, das 10 Mal rascher fluktuiert. Ein gleiches Muster ergibt sich, wenn wir noch kleinere Maßstäbe ansetzen: Mit jeder Skalenreduzierung um einen Faktor von 10 steigt die Stärke der Fluktuationen auf das 100-Fache und die Frequenz auf das 10-Fache des zuvor gemessenen Werts. Auf atomarer Ebene liegt das fluktuierende Magnetfeld bei 10 Millionen Gauss und wechselt seine Richtung etwa 1 017 Mal pro Sekunde.

Dass wir diese riesigen Magnetfelder nicht wahrnehmen, liegt an der Geschwindigkeit, mit der sie von einem Punkt zum nächsten und von einem Moment zum anderen variieren. Ein Kompasszeiger beispielsweise reagiert auf das Magnetfeld über den Mittelwert aus der Länge des Zeigers und der Zeit, innerhalb derer er sich um einen wahrnehmbaren Anzeigebetrag dreht (zum Beispiel 0,1 Sekunde). In Größenordnungen wie diesen sind die Auswirkungen der Quantenfluktuationen absolut unerheblich.[1]

Alles ist gut, bis wir die Energiewerte der Fluktuationen überprüfen. Die Energiedichte in einem Magnetfeld wird allein von der Feldstärke bestimmt, nicht von seiner Richtung. Obwohl das Magnetfeld also hin- und herschwankt, liegt der Mittelwert seiner Energiedichte nicht bei null. Große, rasch fluktuierende Felder in kleineren Entfernungsmaßstäben leisten einen größeren Beitrag zur Energiedichte. Und genau hier

* Eine Nanosekunde ist eine Milliardstel Sekunde.

bekommen wir ein Problem. In dem Maß, wie wir die Fluktuationen zunehmend kleiner Größenordnungen einbeziehen, wächst die Energiedichte ins Grenzenlose. Letztlich führt uns dies zu der absurden Schlussfolgerung, dass die Energiedichte des Vakuums unendlich ist! Offensichtlich ist mit unserer Theorie etwas schiefgelaufen. Versuchen wir einmal, dem auf den Grund zu gehen und herauszufinden, wie sich diese absurde Schlussfolgerung umgehen lässt.

Die Unendlichkeit entsteht, wenn wir den Maßstab der Fluktuationen beliebig klein werden lassen. Vielleicht jedoch hat er eine Untergrenze. In ultrakleinen Abständen ist auch die Raumgeometrie starken Quantenfluktuationen ausgesetzt. Wie beim Elektromagnetismus sind diese umso größer, je kleiner der Entfernungsmaßstab ist. Unterhalb eines bestimmten kritischen Werts, der so genannten *Planck-Länge*, nimmt die Raumzeit eine chaotische, schaumartige Struktur an. Der Raum krümmt und dreht sich gewaltig, kleine, voneinander getrennte „Blasen" werden aufgeworfen und kollabieren und zahlreiche „Henkel" oder „Tunnel" entstehen, um sogleich zu vergehen (siehe Abbildung 31). Die Planck-Länge ist unvorstellbar winzig: Sie liegt bei einem Hundertstel Quintillionstel oder 10^{-33} Zentimeter. In deutlich größeren Entfernungsmaßstäben erscheint der Raum glatt und der „Raumzeitschaum" ist unsichtbar – ebenso wie die schäumende Oberfläche des Ozeans aus großer Distanz glatt erscheint.

Möglicherweise unterdrückt der drastische Wandel im Wesen der Raumzeit die unkontrollierten elektromagnetischen Fluktuationen.

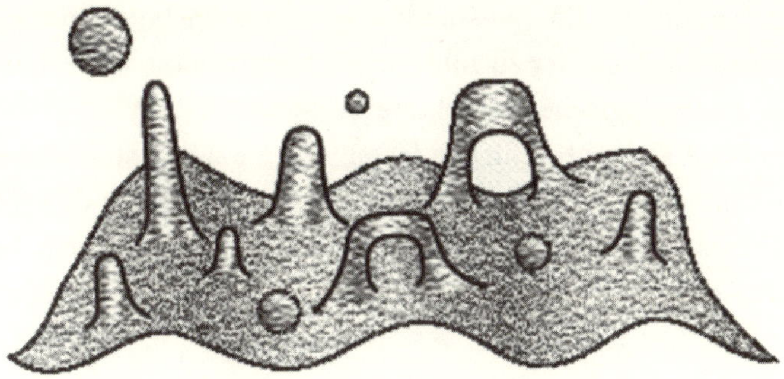

Abbildung 31: Raumzeitschaum

Genau können wir das nicht sagen, da wir über die Physik des Raumzeitschaums nicht viel wissen. Doch selbst im besten anzunehmenden Fall scheint es nichts zu geben, was die Fluktuationen in Größenordnungen oberhalb der Planck-Länge bremst. Eine Schätzung der Energiedichte solcher Fluktuationen ergibt den beeindruckenden Wert von 10^{88} Tonnen pro Kubikzentimeter – weit mehr als im Großen Vereinheitlichten Vakuum!

Die Energiedichte des Echten Vakuums ist die Einstein'sche Kosmologische Konstante. Läge sie tatsächlich so enorm hoch, befände sich das Universum heute in einem Zustand explosiver inflationärer Expansion. Die beobachtete Expansionsrate setzt der Kosmologischen Konstante jedoch eine Grenze, die um ein 10^{120}-Faches (mehr als ein Googol!) niedriger liegt. Das stellt uns vor ein Rätsel: Warum ist die Vakuumenergiedichte nicht extrem hoch? Diese krasse Diskrepanz zwischen den vorausgesagten und den gemessenen Werten der Kosmologischen Konstante wird als Problem der Kosmologischen Konstante bezeichnet. Es gehört zu den faszinierendsten und frustrierendsten Mysterien, denen sich die theoretische Teilchenphysik heute gegenübersieht.

AUF DER SUCHE NACH EINER VERBORGENEN SYMMETRIE

Neben dem Elektromagnetismus tragen auch die Quantenfluktuationen anderer Felder zur Vakuumenergie bei. Wie sich zeigt, ist dieser Beitrag teilweise negativ und es besteht eine gewisse Hoffnung, dass die positiven und negativen Energieanteile einander aufheben könnten. Diese Möglichkeit hat Forscher zu zahlreichen Versuchen inspiriert, das Problem der Kosmologischen Konstante zu lösen.

Sämtliche Elementarteilchen lassen sich in zwei Kategorien einordnen: *Bosonen* und *Fermionen*.* So gehören Photonen zu den Bosonen, und Elektronen, Positronen und Quarks sind Fermionen. Fermi-Teilchen kann man sich als kleine Bündel fermionischer Felder vorstellen; anders

* Benannt nach Satyendra Bose und Enrico Fermi, die die typischen Eigenschaften dieser Teilchen erklärten.

als beim Elektromagnetismus jedoch wird die Stärke dieser Felder durch Graßmann-Zahlen* dargestellt, die sich von den gewöhnlichen Zahlen grundlegend unterscheiden. Das Ergebnis einer Multiplikation gewöhnlicher Zahlen ist von deren Reihenfolge unabhängig, zum Beispiel ist $4 \times 6 = 6 \times 4 = 24$. Bei Graßmann-Zahlen hingegen wechselt das Vorzeichen, wenn wir die Reihenfolge der Multiplikanden verändern: $a \times b = -b \times a$. Vom Graßmann-Charakter der fermionischen Felder leiten sich zahlreiche charakteristische Merkmale der Fermi-Teilchen ab; für uns von Bedeutung ist hier jedoch, dass die Vakuumfluktuationen von Fermi-Feldern mit einer negativen Energiedichte ausgestattet sind.

Wird die positive Vakuumenergie der Bose-Felder womöglich durch die negative Energie der Fermi-Felder ausgeglichen? Prinzipiell ist das wohl denkbar, erscheint jedoch höchst unwahrscheinlich. Die riesigen positiven und negativen Terme, die auf komplizierte Weise von Teilchenmassen und -wechselwirkungen abhängen, müssen einander mit einer Exaktheit von weniger als 1 zu einem Googol aufheben. Was hätte einen derart wundersamen Zufall verursachen können?

Erstaunliche Aufhebungen kommen in der Teilchenphysik durchaus vor, lassen sich jedoch meist auf eine zugrunde liegende Symmetrie zurückführen. Nehmen wir zum Beispiel die Ladungserhaltung. Aus einer hochenergetischen Kollision können Myriaden neuer Teilchen hervorgehen und dennoch dürfen wir sicher sein, dass die Zahl der so entstandenen positiv und negativ geladenen Teilchen exakt gleich ist und die Gesamtladung somit unverändert bleibt. Diese Eigenschaft lässt sich auf eine besondere Symmetrie in den Gleichungen der Elementarteilchenphysik zurückführen, die man *Eichsymmetrie* nennt.**

Aus dem Gesetz der Eichsymmetrie folgt, dass die elektrische Ladung in sämtlichen Wechselwirkungen zwischen Elementarteilchen erhalten bleibt. Die Schönheit der Symmetrie liegt darin, dass Details keine Rolle spielen: Teilchenmassen und Art der Interaktionen sind unerheblich. Die Ladung bleibt in jedem Fall erhalten.

* Benannt nach dem deutschen Mathematiker Hermann Graßmann, der diese Zahlen im 19. Jahrhundert erstmals einführte.

** Eine Gleichung gilt als symmetrisch, wenn eine Operation ihr Ergebnis nicht verändert. So bleibt die Gleichung $x + y = 1$ im Ergebnis unverändert, wenn wir x und y vertauschen.

Bis vor sehr kurzer Zeit glaubte die überwiegende Mehrheit der Physiker, dass sich im Fall der Vakuumenergie ein ähnlicher Vorgang abspiele. Es müsse eine tiefe Symmetrie geben, die es zu entdecken gelte und die für die Aufhebung unterschiedlicher Beiträge zur Kosmologischen Konstante sorgen werde.[2] Seit den 1970er-Jahren wurden zahlreiche Versuche unternommen, das Wesen dieser Symmetrie zu ergründen – einige von ihnen von den führenden Köpfen der theoretischen Physik. Doch auch nach jahrzehntelangen Bemühungen hatte man nur wenig vorzuweisen. Das Problem der Kosmologischen Konstante erschien weiterhin unüberwindbar.

DAS PROBLEM DES ZUFALLS

„Jeder Zufall", sagte Miss Marple vor sich hin, „ist es wert, beachtet zu werden."

AGATHA CHRISTIE, *Das Schicksal in Person*

Völlig überraschend erklärten Ende der 1990er-Jahre zwei Astronomenteams, sie hätten den Beweis für eine Kosmologische Konstante gefunden, die überall ungleich null sei. In Kapitel 9 haben wir bereits gesehen, dass diese Entdeckung für die Inflationstheorie eine großartige Neuigkeit darstellte. Die Dichte der Masse (die Energie) des Vakuums lieferte exakt den fehlenden Betrag, um das Universum flach zu machen. Für die Teilchentheorie hingegen war diese Nachricht niederschmetternd.

Das Ziel, das Problem der Kosmologischen Konstante mit Hilfe einer wunderschönen Symmetrie zu lösen, schien ferner denn je. Eine Symmetrie wäre die perfekte Lösung gewesen, nicht einmal eine Spur Vakuumenergie hätte sie unberücksichtigt gelassen. Doch damit nicht genug: Der Wert, der aus den Daten für die Kosmologische Konstante berechnet worden war, erschien zutiefst dubios – so dubios, dass die meisten Teilchenphysiker und Kosmologen sich weigerten ihm zu glauben und hofften, er werde sich irgendwie in Luft auflösen.

Dic gemessene Energiedichte des Vakuums liegt geringfügig über der doppelten Durchschnittsdichte der Materie. Rätselhaft ist dabei, dass beide Dichtewerte in dem Sinne vergleichbar sind, dass keiner von beiden deutlich über oder unter dem anderen liegt. Das überrascht, da sich Materiedichte und Vakuumdichte im Verlauf der Expansion des Universums sehr unterschiedlich verhalten. Während die Vakuumdichte vollkommen unverändert bleibt (solange wir uns im gleichen Vakuum befinden), nimmt die Materiedichte mit zunehmendem Volumen ab. Wenn also heute beide Dichtewerte mehr oder weniger gleich sind, überstieg die Materiedichte die Vakuumdichte zum Zeitpunkt der Freisetzung der Kosmischen Hintergrundstrahlung um ein Milliardenfaches und lag 1 Sekunde n. U. bereits um ein 10^{45}-Faches über ihr. In ferner Zukunft wird sich das Verhältnis umkehren und die Materiedichte wird sehr viel kleiner werden als die des Vakuums. In einer Billion Jahren etwa wird sie diese um ein 10^{50}-Faches unterschreiten.

Über den größten Teil der Geschichte des Universums hat die Materie also einen auffallend anderen Dichtewert als das Vakuum. Wie kommt es dann, dass wir zufällig in dem besonderen Zeitalter leben, da beide Werte so nahe beieinander liegen? Angesichts des gewaltigen Spektrums möglicher Variationen der Materiedichte ist dieser Zufall derart außergewöhnlich, dass es schwer fällt, ihn als „reinen Zufall" abzutun.

Es schien, als wollte uns die Natur etwas sagen. Wie es ihre Art ist, weigerte sie sich jedoch uns die Erkenntnis leicht zu machen. Warum sollte eine der fundamentalen Naturkonstanten wie die Kosmologische Konstante exakt zu der Zeit mit der Materiedichte zusammenhängen, in der zufällig auch wir Menschen anwesend sind? Der Gedanke, dass es zwischen diesen beiden Größen irgendeine Verbindung geben könnte, erschien vollkommen abwegig. Die Gemeinschaft der Teilchenphysiker war außer sich.

Und dann gab es da eine erstaunliche Tatsache, die das Ganze noch merkwürdiger erscheinen ließ. Jahre bevor diese Beobachtungen angestellt wurden, war eine Kosmologische Konstante ungleich null vorausgesagt worden, die nicht weit vom gemessenen Wert entfernt lag. Diese Voraussage aber barg ein Problem. Sie gründete auf dem Prinzip der *Anthropischen Selektion* – einem derart umstrittenen Gedanken, dass die meisten Physiker, die etwas auf sich hielten, sie mieden wie die Pest.

13

Anthropische Fehden

An den Ufern des Unbekannten fanden wir einen seltsamen Fußabdruck. Wir erdachten eine um die andere profunde Theorie, um seinen Ursprung zu erklären. Endlich gelang es uns, das Wesen zu rekonstruieren, das den Fußabdruck hinterlassen hatte. Und siehe, es ist unser eigener.

Sir Arthur Eddington

Die Naturkonstanten

Die Eigenschaften eines jeden Objekts im Universum, vom DNA-Molekül bis hin zu einer gigantischen Galaxie, werden letztendlich von einigen wenigen Zahlen bestimmt – den Naturkonstanten. Zu diesen Konstanten gehören die Massenzahlen von Elementarteilchen sowie die Parameter, durch die sich die Stärke der vier elementaren Wechselwirkungen oder Grundkräfte definiert – der *starken*, der *schwachen* und der *elektromagnetischen* Kraft sowie der *Gravitation*. So besitzt ein Proton 0,14 Prozent weniger Masse als ein Neutron und 1836 Mal mehr Masse als ein Elektron.* Die gravitative Anziehungskraft zwischen zwei Protonen ist um ein 10^{40}-Faches schwächer als die elektrische Abstoßung. Auf den ersten Blick erscheinen diese Zahlen völlig beliebig. Wir könnten Craig Hogans Metapher [1] verwenden und uns den Schöpfer vorstellen, wie er am Kontrollpult des Universums sitzt und an verschiedenen Knöpfen dreht, um die Werte der Konstanten zu regulieren: „Hm, sagen wir nun 1835 oder 1836?“

* Der numerische Massenwert wird von den Einheiten bestimmt, in denen er gemessen wird (z. B. Gramm oder atomare Einheiten). Das Verhältnis zweier Massen hingegen, wie 1.836, ist von der Wahl der Einheiten unabhängig.

Abbildung 32: Am Kontrollpult des Universums

Oder verbirgt sich hinter dieser anscheinend willkürlichen Zahlenreihe womöglich ein System? Vielleicht gibt es ja gar keine Reglerknöpfe, an denen jemand drehen könnte, und die Zahlen sind das unveränderliche Ergebnis mathematischer Notwendigkeit. Es ist ein seit langem gehegter Traum der Physiker, dass es tatsächlich keine Wahl gibt und dass sich alle Naturkonstanten dereinst aus einer bislang unentdeckten Allumfassenden Theorie werden ableiten lassen.

Zum gegenwärtigen Zeitpunkt jedoch deutet nichts darauf hin, dass die Definition der Konstanten vorherbestimmt ist. Das Standardmodell der Teilchenphysik, das die Starken, Schwachen und Elektromagnetischen Wechselwirkungen sämtlicher bekannten Teilchen beschreibt, umfasst fünfundzwanzig „variable“ Konstanten. Die Werte dieser Konstanten sind anhand von Beobachtungen definiert.* Zählen wir die neu

* Die Werte einiger dieser Konstanten, insbesondere jene, die die Eigenschaften von Neutrinos beschreiben, sind bis heute unbekannt.

entdeckte Kosmologische Konstante hinzu, brauchen wir somit sechsundzwanzig Naturkonstanten zur Beschreibung der physikalischen Welt. Sollten sich neue Teilchen oder neuartige Wechselwirkungen finden, wird diese Liste womöglich erweitert werden müssen.

FEINABSTIMMUNG DES UNIVERSUMS

Es mag scheinen, als hätte der Schöpfer die Konstanten aus einer Laune heraus so gewählt; erstaunlicherweise jedoch scheint sich dahinter ein System zu verbergen – wenn auch keines, wie es sich die Physiker erhofften. Forschungen in unterschiedlichen Bereichen der Physik haben gezeigt, dass zahlreiche zentrale Eigenschaften des Universums empfindlich auf die präzisen Werte einiger Konstanten reagieren. Hätte der Schöpfer die Regler nur ein wenig anders eingestellt, sähe das Universum völlig anders aus. Aller Wahrscheinlichkeit nach wären dann weder wir noch sonst irgendwelche Lebewesen zugegen, um es zu bestaunen.

Schauen wir zunächst, was geschieht, wenn wir die Neutronenmasse verändern. Nach dem derzeitigen Erkenntnisstand liegt sie geringfügig über der Protonenmasse, sodass freie Neutronen zu Protonen und Elektronen zerfallen können.* Angenommen wir drehen den Reglerknopf für die Neutronenmasse nun auf niedrigere Werte. Eine minimale Veränderung von gerade einmal 0,2 Prozent reicht aus, um die Massendifferenz zwischen Protonen und Neutronen umzukehren. Nun werden die Protonen instabil und zerfallen zu Neutronen und Positronen. In Atomkernen können Protonen noch stabilisiert werden, ein weiteres Drehen am Reglerknopf führt jedoch auch dort ihren Zerfall herbei. In der Folge verlieren die Kerne ihre elektrische Ladung, und da nun nichts mehr die Elektronen in ihrer Umlaufbahn um die Kerne hält, lösen sich die Atome auf. Die ungebundenen Elektronen gehen mit den Positronen eine enge Verbindung ein. In einem tödlichen Reigen kreisen sie umeinander und annihilieren sich rasch zu Photonen. Am Ende finden wir uns in einer

* Beim Zerfall entsteht außerdem ein Antineutrino.

„Neutronenwelt" aus vereinzelten Neutronenkernen und Strahlung wieder. In dieser Welt gibt es keine Chemie, keine komplexen Strukturen und kein Leben.

Als nächstes drehen wir den Neutronenmassenregler in die entgegengesetzte Richtung. Auch hier löst bereits ein Massezuwachs von einem Prozentbruchteil eine katastrophale Veränderung aus. Mit zunehmender Schwere der Neutronen werden diese instabiler und beginnen letztlich in den Atomkernen zu Protonen zu zerfallen. Durch die elektrische Abstoßung zwischen den Protonen werden daraufhin die Kerne auseinander gerissen und die dergestalt aus den Kernen befreiten Protonen verbinden sich mit Elektronen zu Wasserstoffatomen. Auf diese Weise erhalten wir eine recht öde „Wasserstoffwelt", in der es außer Wasserstoff keine chemischen Elemente geben kann.*

Im weiteren Verlauf unserer Untersuchung wollen wir schauen, was geschieht, wenn wir die Stärke der zwischen den Teilchen wirkenden Grundkräfte variieren. Schwache Wechselwirkungen spielen im derzeitigen Universum ausschließlich in spektakulären Sternenexplosionen eine größere Rolle, den Supernovae. Geht einem massereichen Stern der nukleare Brennstoff aus, kollabiert der Innenkern des Himmelskörpers unter seinem eigenen Gewicht. Dabei werden riesige Energiemengen freigesetzt, überwiegend in Form schwach interagierender Neutrinos. Photonen und andere stark oder elektromagnetisch interagierende Teilchen bleiben im ultradichten kollabierenden Kern gefangen. Auf ihrem Weg nach draußen sprengen die Neutrinos die äußeren Schichten des Sterns ab und es kommt zu einer gigantischen Explosion. Wäre die schwache Wechselwirkung nun deutlich stärker, als tatsächlich der Fall ist, könnten die Neutrinos den Kern nicht verlassen; wäre sie hingegen viel schwächer, würden die Neutrinos ungehindert die Außenschichten passieren, ohne diese mit sich zu reißen. Durch eine merkliche Veränderung der Stärke der schwachen Wechselwirkung in die eine oder andere

* Da Protonen und Neutronen auf einer fundamentaleren Ebene aus Quarks bestehen, sollten ihre Massenwerte eher als abgeleitete Größen und die Quarkmassenwerte als grundlegende Naturkonstanten betrachtet werden. Die allgemeinen Schlussfolgerungen bleiben davon jedoch unberührt. Eine Abweichung der Quarkmassenwerte um wenige Prozentpunkte befördert uns entweder in eine Neutronenwelt oder in eine Wasserstoffwelt.

Richtung würden die Astronomen somit eines ihrer liebsten Himmelsspektakel verlieren.

Das wäre halb so schlimm? Moment – drehen wir erst einmal lieber nicht am Regler. In früheren Phasen der kosmischen Evolution könnte eine Veränderung sehr viel verheerendere Auswirkungen nach sich ziehen. In Kapitel 4 haben wir gesehen, dass die schweren Elemente, wie Kohlenstoff, Sauerstoff und Eisen, im Innern von Sternen geschmiedet und anschließend in Supernova-Explosionen zerstreut wurden. Für die Entstehung von Planeten und Lebewesen sind diese Elemente unverzichtbar. Ohne Supernovae blieben sie auf ewig im Innern der Sterne gefangen und wir hätten nur die leichtesten der im Urknall entstandenen Elemente zur Verfügung: Wasserstoff, Helium und Deuterium sowie eine Spur von Lithium – kein Universum, in dem man leben wollte.

Die Gravitation ist mit Abstand die schwächste der vier fundamentalen Kräfte. Ihre Auswirkungen spielen nur in Anwesenheit gigantischer Materieaggregate wie Galaxien oder Sternen eine wichtige Rolle. Im Grunde ist es gerade die Schwäche der Gravitation, die die Sterne so massereich macht: Die Masse muss groß genug sein, um das heiße Gas auf die für Kernreaktionen erforderliche Dichte zusammenzupressen. Würden wir die Schwerkraft verstärken, wären die Sterne weniger groß und würden schneller verbrennen. Eine millionenfache Verstärkung der Gravitation würde die Masse der Sterne um ein Milliardenfaches verringern.* Die Masse eines typischen Sterns läge dann unter der derzeitigen Masse des Mondes und seine Lebensdauer betrüge rund 10 000 Jahre (verglichen etwa mit den 10 Milliarden Lebensjahren der Sonne). Dieser Zeitraum ist kaum ausreichend für die Entstehung selbst der einfachsten Bakterien. Tatsächlich könnte schon eine deutlich geringere Verstärkung der Schwerkraft das Universum entvölkern. Eine hundertfache Steigerung etwa würde die Lebensdauer der Sterne deutlich unter die Grenze der wenigen Milliarden Jahre drücken, die für die Entwicklung bewussten Lebens auf der Erde erforderlich waren.

* Hier sei darauf hingewiesen, dass selbst eine millionenfach vergrößerte Gravitation immer noch um ein 1034-Faches niedriger wäre als die Elektromagnetische Kraft.

Diese und viele weitere Beispiele machen deutlich, dass unsere Existenz von einem prekären Gleichgewicht zwischen unterschiedlichen Tendenzen abhängt – einem Gleichgewicht, das durch deutliche Abweichungen der Naturkonstanten von ihren derzeitigen Werten zerstört würde.[2] Wie sollen wir diese Feinabstimmung der Konstanten interpretieren? Deutet sie auf einen Schöpfer hin, der die Konstanten sorgfältig justiert hat, um die Entstehung von Leben und Intelligenz zu ermöglichen? Vielleicht. Es gibt jedoch noch eine völlig andere Erklärung.

DAS ANTHROPISCHE PRINZIP

Die alternative Interpretation gründet auf einem ganz anderen Bild des Schöpfers. Anstatt das Universum mit peinlicher Sorgfalt zu planen, vermurkst er die Sache ein um das andere Mal und produziert unzählige Universen mit unterschiedlichen und völlig willkürlich gewählten Werte der Konstanten. Die meisten dieser Universen sind ungefähr so aufregend wie die Neutronenwelt; hin und wieder jedoch entsteht rein zufällig auch ein exakt auf die Existenz von Leben justiertes Universum.

Vor dem Hintergrund dieses Weltbildes können wir uns fragen: In was für einem Universum können wir zu leben erwarten? Die meisten Universen sind eintönig und für die Existenz von Leben ungeeignet, jedoch gibt es dort niemanden, der sich darüber beklagen könnte. Sämtliche mit Bewusstsein begabte Wesen finden sich in den wenigen lebensfreundlichen Universen wieder und staunen über die wundersame Verschwörung der Konstanten, die ihre Existenz ermöglichte. Diese Argumentation bezeichnet man als *Anthropisches Prinzip.* Der Begriff wurde 1974 von dem Cambridger Astrophysiker Brandon Carter* geprägt, der das Prinzip folgendermaßen formulierte: „(...) was wir zu beobachten erwarten können, muss durch die Bedingungen eingeschränkt sein, die für unsere Existenz als Beobachter erforderlich sind.“[3]

* Carter arbeitet heute am Meudon-Observatorium in Frankreich.

Das Anthropische Prinzip ist ein Selektionskriterium. Es geht von der Existenz ferner Domänen aus, in denen die Naturkonstanten anders aussehen. Diese Domänen mögen sich in fernen Teilen unseres Universums befinden oder anderen, völlig getrennten Raumzeiten angehören. Ein Gefüge aus Domänen mit einer großen Bandbreite an Eigenschaften bezeichnet man als *Multiversum* – dieser Begriff geht auf Carters ehemaligen Kommilitonen Martin Rees zurück, heute Direktor des britischen Royal Observatory in Greenwich. Im weiteren Verlauf dieses Buchs werden wir drei verschiedene Klassen von Multiversen kennen lernen. Die erste setzt sich aus einer Vielzahl von Regionen zusammen, die sämtlich dem gleichen Universum angehören. Die zweite Klasse besteht aus voneinander getrennten und losgelösten Universen.* Die dritte Klasse schließlich stellt eine Mischform dar: Ein solches Multiversum ist aus einer Vielzahl von Universen zusammengesetzt, deren jedes aus den unterschiedlichsten Regionen besteht. Sollte es irgendeines dieser Multiversen tatsächlich geben, ist die Tatsache, dass die Naturkonstanten auf die Existenz von Leben eingestellt sind, keine Überraschung. Im Gegenteil: Ihre Feinabstimmung ist zwingend.

Wie beim Raum lässt sich die Anthropische Beweisführung auch auf Veränderungen beobachtbarer zeitlicher statt räumlicher Eigenschaften anwenden. Als einer der ersten Wissenschaftler tat dies Robert Dicke, der anhand des Anthropischen Prinzips das derzeitige Alter des Universums erklärte. Dicke führte an, dass Leben sich erst entwickeln kann, nachdem im Sterneninnern schwere Elemente entstanden. Dieser Prozess dauerte einige Milliarden Jahre. Im Anschluss werden die Elemente durch Supernova-Explosionen zerstreut, für die anschließende Entstehung der zweiten Generation von Sternen und deren Planetensystemen sowie für die biologische Evolution müssen wir einige weitere Milliarden Jahre veranschlagen. Die ersten Beobachter konnten daher nicht viel früher als 10 Milliarden Jahre n. U. entstehen. Gleichzeitig sollten wir bedenken, dass einem Stern wie der Sonne nach etwa 10 Milliarden

* In der Philosophie wird das Universum häufig als „alles, was ist" definiert. Diese Interpretation lässt natürlich keine weiteren Universen zu. Physiker verwenden den Begriff normalerweise im weitesten Sinne und bezeichnen voneinander völlig getrennte, in sich geschlossene Raumzeiten als separate Universen. Ich selbst folge hier der physikalischen Tradition.

Jahren der Kernbrennstoff ausgeht und dass nach einer vergleichbaren Zeitspanne auch die galaktischen Gasvorräte für die Entstehung neuer Sterne verbraucht sind. 100 Milliarden Jahre n. U. wird es im beobachtbaren Universum nurmehr sehr wenige Sterne wie die Sonne geben.[4] Wenn wir davon ausgehen, dass mit dem Tod der Sterne auch das Leben vergeht, bleibt uns für die mögliche Existenz von Beobachtern ein Zeitfenster zwischen etwa 5 und 100 Milliarden Jahren n. U.* Es überrascht daher wenig, dass das derzeitige Alter des Universums innerhalb dieses Zeitfensters liegt.[5]

Dickes Anwendung des Anthropischen Prinzips zur zeitlichen Eingrenzung unserer Existenz war unstrittig. Brandon Carter, Martin Rees und einige weitere Physiker versuchten jedoch, darüber hinaus mit Hilfe des Anthropischen Ansatzes die Feinabstimmung der fundamentalen Konstanten zu erklären. Und damit nahm die Kontroverse ihren Lauf.

WAS HAT DAS ANTHROPISCHE PRINZIP MIT PORNOGRAFIE ZU TUN?

In der Formulierung Carters kommt das Anthropische Prinzip einer Binsenwahrheit gleich. Die Naturkonstanten und unser Aufenthaltsort in der Raumzeit dürfen die Existenz von Beobachtern nicht ausschließen. Anderenfalls stünden unsere Theorien in logischem Widerspruch. In dieser Auslegung als simples Gebot der Folgerichtigkeit ist das Anthropische Prinzip fraglos unstrittig, wenn auch nicht unbedingt nutzbringend. Aber jegliche Versuche, es als Erklärung für die Feinabstimmung des Universums heranzuziehen, riefen in der Physikergemeinschaft ablehnende und ungewöhnlich heftige Reaktionen hervor.

Dafür gab es in der Tat einige Gründe. Um die Feinabstimmung zu erklären, muss man die Existenz eines Multiversums postulieren, das sich aus fernen Bereichen mit anderen Naturkonstanten zusammen-

* Es ist vorstellbar, dass fortentwickelte Zivilisationen den Tod von Sternen überleben können, indem sie die Kernenergie oder die Gezeitenenergie zur Erhaltung des Lebens nutzen. Wahrscheinlicher erscheint jedoch, dass Zivilisationen recht kurzlebig sind. In Kapitel 14 wird auf dieses Thema näher eingegangen.

setzt. Das Problem dabei liegt darin, dass sich diese Hypothese nicht einmal mit dem Hauch eines Beweises untermauern lässt. Schlimmer noch – es scheint unmöglich, sie *jemals* zu bestätigen oder zu widerlegen. Dem Philosophen Karl Popper zufolge kann eine Behauptung, die sich nicht widerlegen lässt, nicht wissenschaftlich sein. Nach diesem in Physikerkreisen allgemein anerkannten Kriterium erscheinen Anthropische Erklärungen der Feinabstimmung als unwissenschaftlich. Ein weiterer Kritikpunkt in diesem Zusammenhang lautete, dass sich mit dem Anthropischen Prinzip nur erklären lässt, was wir bereits wissen. Es macht keinerlei Voraussagen und lässt sich daher auch nicht überprüfen.

Wenig hilfreich war zudem die Tatsache, dass das Anthropische Prinzip insgesamt durch undurchsichtige und verwirrende Interpretationen vernebelt worden war.* Zu allem Überfluss wurde das Prinzip in der Literatur vielfach unterschiedlich formuliert (der Philosoph Nick Bostrom, der ein Buch zu diesem Thema schrieb,[6] zählte allein über dreißig Varianten). Ein Zitat von Mark Twain fasst diese Situation treffend zusammen: „Die Forschungen vieler Interpreten haben bereits viel Dunkel in dieses Thema gebracht, und es ist wahrscheinlich, dass wir, wenn sie damit fortfahren, bald gar nichts mehr darüber wissen werden."[7] Schon der Begriff „anthropisch" sorgte für Verwirrung, da er sich auf Menschen zu beziehen scheint und nicht pauschal auf mit Bewusstsein begabte Beobachter.

Vor allem aber entsprang die Emotionalität der Reaktion auf Anthropische Erklärungen wohl einem Gefühl des Verrats. Seit den Tagen Einsteins hatten Physiker geglaubt, es werde der Tag kommen, da sämtliche Naturkonstanten aus einer Allumfassenden Weltformel errechnet würden. Dass man nun auf Anthropische Argumente zurückgriff, wurde als Kapitulation angesehen und rief Reaktionen hervor, die von

* Carter selbst trug zur Verwirrung bei, indem er eine alternative Version des Prinzips einführte, die er das „Starke Anthropische Prinzip" nannte. Nach diesem Prinzip muss „das Universum … so beschaffen sein, dass es irgendwann die Entstehung von Beobachtern zulässt". Dies wurde vielfach in mystischem Sinne als Bezugnahme auf eine Art theologische Notwendigkeit ausgelegt. In diesem Buch folge ich Carters ursprünglicher Formulierung, die er als „Schwaches Anthropisches Prinzip" bezeichnete.

Ärger bis hin zu offener Feindseligkeit reichten. Einige bekannte Physiker gingen so weit, von „gefährlichem“[8] Gedankengut zu sprechen, das „die Wissenschaft korrumpiert“.[9] Nur im Extremfall, wenn sämtliche Alternativen versagt hätten, galt die Erwähnung des „A-Worts“ unter Umständen als entschuldbar, und mitunter selbst dann nicht. Der Nobelpreisträger Steven Weinberg bemerkte einmal, ein Physiker, der vom Anthropischen Prinzip spreche, „läuft dieselbe Gefahr wie ein Kirchenmann, der über Pornografie redet. Ganz gleich, wie viel du dagegen vorbringst – manche Leute werden meinen, dass du dich ein wenig zu sehr dafür interessierst.“

DIE KOSMOLOGISCHE KONSTANTE

Wenn je ein Problem nach Rettungsmaßnahmen schrie, so ist es das Problem der Kosmologischen Konstante. Verschiedene Anteile an der Vakuumenergiedichte rotten sich zusammen, um einander mit einer Exaktheit von 1 zu 10^{120} aufzuheben – dies ist der notorischste und rätselhafteste Fall von Feinabstimmung in der Physik. Andrei Linde war einer der ersten tapferen Streiter, die diesem Problem mit Anthropischen Argumenten beizukommen suchten. Unzufrieden mit dem vagen Gerede über „andere Universen“ schlug er ein spezifisches Lösungsmodell vor, das Abweichungen in der Kosmologische Konstante zuließ und Ursachen für diese ortsabhängigen Abweichungen nannte.

Linde griff auf einen Gedanken zurück, der ihm bereits zuvor einmal gute Dienste geleistet hatte. Wir erinnern uns an die Abwärtsfahrt der kleinen Kugel in der Energielandschaft: Die Kugel symbolisierte ein Skalarfeld, ihre Höhenlage die Energiedichte des Felds. Beim Hinabrollen des Felds trieb seine Energie die inflationäre Expansion des Universums an.

Was Linde aus diesem Modell der Inflation übernahm, war die Eigenschaft, dass unterschiedliche Höhenlagen in der Landschaft unterschiedlichen Energiedichtewerten entsprechen. Linde nahm die Existenz eines zweiten Skalarfelds mit einer eigenen Energielandschaft an. Um Verwechslungen mit dem für die Inflation verantwortlichen Feld zu vermeiden, wollen wir dieses „das Inflaton“ nennen – so wird es in der physikalischen Literatur gewöhnlich genannt. In unserer Nachbarschaft hat das Inflaton den Fuß seines Energiehügels bereits erreicht. (Dies geschah am Ende der Inflation vor 14 Milliarden Jahren.) Um zu verhindern, dass sein neues Feld zu rasch den Hügel herabrollte, musste Linde dem Abhang ein äußerst geringes Gefälle geben, deutlich geringer als im Inflationsmodell. Jedes Gefälle, wie gering es auch sein mag, führt jedoch letztlich dazu, dass das Feld nach unten rollt. Auf flacheren Abhängen dauert es länger, bis „die Sache ins Rollen kommt“. Linde setzte ein derart niedriges Gefälle voraus, dass sich das Feld in den 14 Milliarden Jahren seit dem Urknall nur wenig bewegt hätte. Erstreckt sich der Abhang jedoch in beide Richtungen über eine große Entfernung, kann die Energiedichte sehr hohe positive oder negative Werte erreichen. (Siehe Abbildung 33)

Die Gesamtenergiedichte des Vakuums – die Kosmologische Konstante – erhalten wir durch die Addition der Energiedichte des Skalarfelds und der teilchenphysikalisch errechneten Vakuumenergiedichte von Fermionen und Bosonen. Selbst wenn es keine wundersamen Aufhebungen gibt und der teilchenphysikalische Anteil riesig ist, wird das Skalarfeld an einem bestimmten Punkt auf dem Abhang die gleiche Stärke und das entgegengesetzte Vorzeichen besitzen, sodass die Gesamtenergiedichte des Vakuums null beträgt. In unserem Teil des Universums liegt das Skalarfeld voraussichtlich sehr dicht bei diesem Punkt.

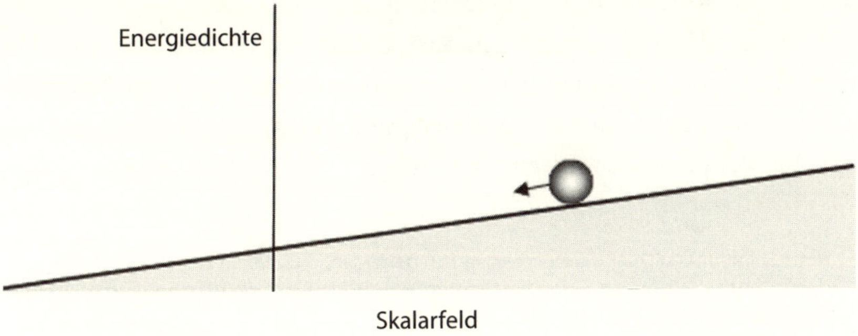

Abbildung 33: Skalarfeld auf einem sehr flachen Abhang in der Energielandschaft

Wenn nun das Skalarfeld je nach Teil des Universums variierte, wäre auch die Kosmologische „Konstante" variabel, und mehr braucht es nicht, um das Anthropische Prinzip anzuwenden. Nur wodurch könnte die Veränderung des Skalarfelds ausgelöst werden? Auch auf diese Frage wusste Linde eine gute Antwort!

Vor dem Urknall, während der Ewigen Inflation, erfuhr das Feld willkürliche Quantenfluktuationen. Erneut lässt sich das Verhalten des Felds mit dem einer ziellos umherwandernden Herrenrunde vergleichen (siehe Kapitel 8). In unserem Fall ist das Gefälle des Hügels zu niedrig, um von Bedeutung zu sein, daher laufen die Wanderer mit annähernd gleicher Wahrscheinlichkeit nach rechts oder links. Selbst wenn sie vom gleichen Punkt aus starten, werden die Herren sich schrittweise voneinander entfernen und sich nach einer hinreichenden Zeitspanne über den gesamten Abhang verteilt haben. (Wir erinnern uns, dass in der Ewigen Inflation an Zeit kein Mangel herrscht.) Da die Wanderer für Skalarfeldwerte in unterschiedlichen Regionen des Raums stehen, gelangen wir zu dem Schluss, dass Quantenprozesse während der Inflation notwendigerweise zu einer Streuung der Regionen mit sämtlichen möglichen Werten des Felds – und daher mit allen denkbaren Werten der Kosmologischen Konstante – führen.

Während unsere Wanderer über den Abhang spazieren, werden die Entfernungen zwischen den Regionen, welche sie symbolisieren, durch die exponentiell ansteigende inflationäre Expansion ausgedehnt. Im Ergebnis ist die Variation der Vakuumenergiedichte im Raum extrem gering.* Man müsste Googols von Kilometern zurücklegen, um auch nur die geringste Veränderung festzustellen.

Lindes Modell lässt sich um zusätzliche Skalarfelder und variable Naturkonstanten erweitern.** Und wenn die Grundregeln der Teilchenphysik Abweichungen in den Konstanten zulassen, entstehen infolge der Quantenprozesse während der Ewigen Inflation unweigerlich riesige

* Um zu einer merklich anderen Erhebung zu gelangen, müsste ein zielloser Wanderer auf dem sehr flachen Abhang eine weite Strecke zurücklegen. Unterdessen würde sich das Universum gewaltig ausdehnen.

** Ob es Skalarfelder, wie Linde sie postuliert, tatsächlich gibt oder nicht, ist nicht geklärt. In Kapitel 15 werden wir dieses Thema erneut aufgreifen.

Abbildung 34: Steven Weinberg (Foto: Frank Curry, Studio Penumbra)

Raumregionen mit allen nur denkbaren Werten für die Konstanten. Die Ewige Inflation liefert so einen natürlichen Rahmen für Anwendungen des Anthropischen Prinzips.

Nun haben wir ein Gefüge aus Regionen mit unterschiedlichen Werten der Kosmologischen Konstante – doch welchen Wert sollen wir zu beobachten erwarten? In Regionen mit einer Massendichte des Vakuums über der Dichte von Wasser (1 Gramm pro Kubikzentimeter) würden die Sterne durch die abstoßende Gravitation auseinandergerissen. Wie sich zeigt, richtet jedoch bereits eine deutlich geringere Vakuumdichte genug Schaden an, um die Existenz von Beobachtern unmöglich zu machen. Aufgezeigt hat dies Steven Weinberg in einem Artikel, der später zu einem Klassiker der Anthropischen Argumentation wurde.

Mit der Expansion des Universums wird die Materiedichte verdünnt und unterschreitet irgendwann unweigerlich die Vakuumdichte. Von diesem Moment an, fand Weinberg heraus, kann die Materie sich nicht mehr zu Galaxien zusammenklumpen; stattdessen wird sie durch die abstoßende Gravitation des Vakuums zerstreut. Je größer die Kosmologische Konstante ist, desto eher wird das Vakuum dominieren. Und in Regionen, wo das Vakuum die Überhand gewinnt, ehe Galaxien haben entstehen können, wird es keine Kosmologen geben, die sich über das Problem der Kosmologischen Konstanten den Kopf zerbrechen.

Die Auswirkungen einer negativen Kosmologischen Konstante sind sogar noch verheerender. In diesem Fall wirkt die Gravitation des Vakuums anziehend und eine Dominanz des Vakuums führt zu einer raschen Kontraktion und zum Kollaps der jeweiligen Regionen. Das Anthropische Prinzip verlangt hier, dass der Zusammenbruch erst erfolgen darf, nachdem sich Galaxien und Beobachter haben entwickeln können.

Nach Weinbergs Berechnungen entspricht die größtmögliche Energiedichte des Vakuums, bei der sich noch einige Galaxien herausbilden können, ungefähr der Masse von einigen Hundert Wasserstoffatomen pro Kubikmeter – und liegt damit um ein 10^{27}-Faches unter der Dichte von Wasser. Im Vergleich zu den Googols von Tonnen pro Kubikzentimeter in den Abschätzungen der Teilchenphysiker bedeutete dies eine enorme Verbesserung.

Wenn der niedrige Wert der Kosmologischen Konstante tatsächlich auf Anthropische Selektion zurückzuführen ist, muss die Konstante, so klein sie ist, nicht exakt null betragen. Tatsächlich scheint nichts dafür zu sprechen, dass sie deutlich unter dem vom Anthropischen Prinzip geforderten Wert liegen müsste. Bereits Ende der 1980er-Jahre reichte die Exaktheit der Beobachtungen an das für eine Messung solcher Werte der Konstante erforderliche Level heran, und Weinberg sagte voraus, dass sie sich in astronomischen Beobachtungen bald zeigen würde. Und tatsächlich offenbarten sich knapp ein Jahrzehnt später in Supernova-Daten die ersten Anzeichen der Kosmologischen Konstante.

14

Mittelmässigkeit als Prinzip

Ich halte mich für einen Durchschnittsmenschen, bis auf die Tatsache, dass ich mich für einen Durchschnittsmenschen halte.

Michel de Montaigne

Die Glockenkurve

Die schärfste Kritik am Anthropischen Prinzip bezieht sich auf deren Mangel an überprüfbaren Voraussagen. Die einzige Aussage des Prinzips besteht darin, dass wir ausschließlich Werte jener Konstanten beobachten können, die eine Existenz von Beobachtern erlauben. Und da diese Aussage außer Zweifel steht, ist sie nur schwerlich als Voraussage zu bezeichnen. Die Frage ist: Geht das auch besser? Lassen sich aus dem Anthropischen Prinzip gehaltvolle Voraussagen ableiten?

Wenn ein zu ermittelnder Wert in einem Spektrum liegt, das weitgehend vom Zufall bestimmt wird, kann ich aus dem Ergebnis meiner Messung unmöglich eine zuverlässige Voraussage treffen. Eine statistische Voraussage aber ist auch dann möglich. Nehmen wir an, ich wollte die Körpergröße des ersten Mannes voraussagen, dem ich auf der Straße begegnen werde. Der größte Mann in der Geschichte der Medizin war nach dem *Guinness-Buch der Rekorde* der Amerikaner Robert Pershing Wadlow mit einer Körpergröße von 2,72 Metern. Der kleinste erwachsene Mann, der Inder Gul Mohammed, wurde gerade einmal 56 Zentimeter groß. Will ich also ganz sicher gehen, muss ich annehmen, dass der erste Mann, dem ich begegnen werde, in seiner Körpergröße irgendwo zwischen diesen beiden Extremen liegt. Unter dem Vorbehalt der Möglichkeit, dass er einen der Guinness-Rekorde bricht, wird diese Voraussage garantiert zutreffen.

Für eine aussagekräftigere Prognose könnte ich weiterhin die statistischen Angaben zur Körpergröße der männlichen Bürger der Vereinigten Staaten heranziehen. Die Größenverteilung folgt einer Glocken- oder Gauß-Kurve mit einem Mittelwert von 1,77 Meter, wie Abbildung 35 sie zeigt. (50 Prozent der Männer sind also kleiner und 50 Prozent größer.) Da der erste Mann, dem ich begegnen werde, wahrscheinlich weder ein Riese noch ein Zwerg sein wird, gehe ich davon aus, dass seine Körperlänge im mittleren Bereich der Größenverteilung liegt. Um die Voraussage genauer zu quantifizieren, kann ich weiterhin voraussetzen, dass er weder zu den größten noch zu den kleinsten 2,5 Prozent der männlichen US-amerikanischen Bevölkerung gehören wird. Die Körpergröße der übrigen 95 Prozent bewegt sich zwischen 1,63 und 1,90 Meter. Wenn ich nun voraussage, dass die Größe des Mannes, dem ich begegnen werde, in diesem Bereich liegt, und mein Experiment viele Male wiederhole, kann ich erwarten, in 95 Prozent der Fälle richtig zu liegen. Dies wird als 95-prozentige statistische Sicherheit bezeichnet.

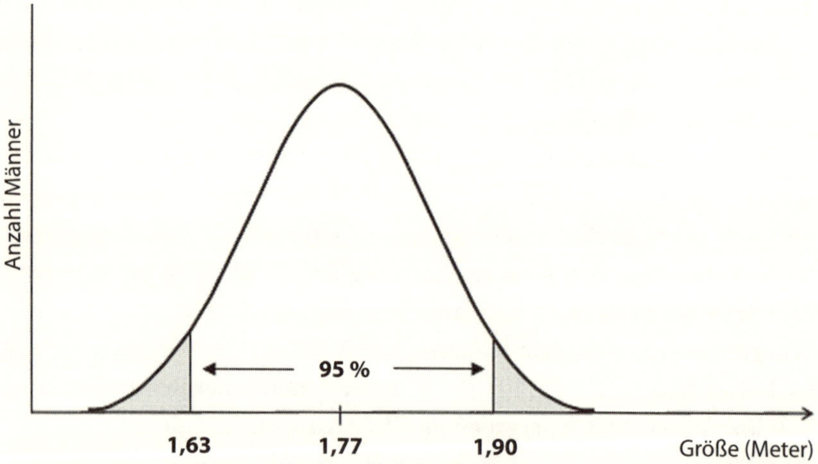

Abbildung 35: Häufigkeitsverteilung der Körpergröße männlicher US-Bürger. Die Anzahl der Männer mit einer innerhalb vorgegebener Grenzwerte liegenden Körpergröße verhält sich proportional zum Bereich unterhalb des entsprechenden Kurvenabschnitts. Die schattiert dargestellten Randbereiche der Kurve markieren jeweils 2,5 Prozent am unteren und oberen Rand der Verteilung. Voraussagen über zwischen diesen markierten Bereichen gelegene Werte sind mit 95prozentiger Sicherheit zutreffend.

Um eine 99-prozentige statistische Sicherheit zu erzielen, müsste ich für meine Voraussage von den Randbereichen der Verteilung jeweils 0,5 Prozent abziehen. Mit zunehmender statistischer Sicherheit sinkt die Wahrscheinlichkeit, dass ich daneben liege, gleichzeitig jedoch vergrößert sich die Bandbreite möglicher Körperlängen, wodurch meine Prognose uninteressanter wird.

Eignet sich ein solches Verfahren für die Voraussage der Naturkonstanten? Diese Frage beschäftigte mich, als ich im Sommer 1994 meinen Freund Thibault Damour am französischen Institut des Hautes Études Scientifiques besuchte. Das Institut liegt eine halbe Zugstunde von Paris entfernt in einem kleinen Dorf, Bures-sur-Yvette. Ich mag das ländliche Frankreich sehr und bin ungeachtet der Kalorien auch der Küche und dem Wein dieses Landes sehr zugetan. Der berühmte russische Physiker Lev Landau pflegte zu sagen, dass ein einziges Glas eines alkoholischen Getränks ausreichte, seine Inspiration für eine Woche lahmzulegen. Erfreulicherweise habe ich das anders erlebt. Als ich in den Abendstunden, angeregt durch ein sehr angenehmes Abendessen, die Wiesen entlang des Flüsschens Yvette durchstreifte, kehrten meine Gedanken zum Problem der Anthropischen Voraussagen zurück.

Nehmen wir an, eine Naturkonstante *X* variiere je nach Region des Universums. Während sich die Existenz von Beobachtern in manchen Regionen verbietet, wird es in anderen welche geben, die den Wert *X* messen. Nehmen wir weiterhin an, ein Kosmisches Amt für Statistik trage die Ergebnisse dieser Messungen zusammen und veröffentliche sie. Die von den einzelnen Beobachtern gemessenen Werte würden sich aller Wahrscheinlichkeit nach auf eine Glockenkurve ähnlich der in Abbildung 35 verteilen. Von beiden Enden dieser Kurve könnten wir sodann 2,5 Prozent abziehen und den Wert *X* mit einer statistischen Sicherheit von 95 Prozent voraussagen.

Wie nun wäre eine solche Voraussage zu interpretieren? Wenn wir willkürlich Beobachter im Universum herausgriffen, lägen die von ihnen gemessenen Werte *X* in 95 Prozent der Fälle innerhalb des vorausgesagten Bereichs. Leider entzieht sich eine solche Voraussage der Überprüfung, da sämtliche Regionen mit abweichendem *X* jenseits unseres Beobachtungshorizonts liegen. In der Bestimmung des Werts *X* sind wir auf unsere Lokale Region beschränkt. Wir können uns jedoch als willkürlich herausgegriffen betrachten. Unsere Zivilisation ist nur eine von sehr vielen im gesamten Universum. Wir haben keinerlei Veranlassung, *a priori* davon auszugehen, dass der Wert *X* in unserer Region sonderlich selten ist oder sich anderweitig aus den von anderen Beobachtern gemessenen Werten hervorhebt. Daher können wir mit einer statistischen Sicherheit von 95 Prozent voraussagen, dass unsere Messwerte innerhalb des definierten Bereichs liegen werden. Der entscheidende Aspekt dieses Ansatzes ist die Annahme, dass wir keine Ausnahme bilden; ich bezeichnete sie als „das Prinzip der Mittelmäßigkeit".

Manche Kollegen erhoben Einwände gegen diese Bezeichung. Sie schlugen vor, stattdessen vom „Prinzip der Demokratie" zu sprechen. Natürlich möchte niemand mittelmäßig sein; dennoch drückt sich in der Bezeichnung eine Sehnsucht nach den Zeiten aus, da der Mensch noch im Mittelpunkt der Welt stand. So verlockend es ist, uns Menschen für etwas Besonderes zu halten, hat sich die Annahme der Mittelmäßigkeit in der Kosmologie doch immer wieder als eine äußerst ergiebige Hypothese erwiesen.

Abbildung 36: Willkürlich aus dem Universum herausgegriffener Beobachter. Die von diesem Beobachter gemessenen Konstantenwerte lassen sich anhand einer Häufigkeitsverteilung voraussagen.

Nach dem gleichen Argumentationsprinzip können wir die Körpergröße von Personen voraussagen. Stellen wir uns einen Augenblick lang vor, wir wüssten nicht, wie groß wir sind. Anhand der statistischen Angaben zu unserem Heimatland und Geschlecht können wir eine Voraussage über unsere Körpergröße treffen. Ein erwachsener Mann in den USA beispielsweise, der keine Veranlassung hat, sich für außergewöhnlich groß oder klein zu halten, kann mit einer statistischen Sicherheit von 95 Prozent davon ausgehen, zwischen 1,63 und 1,90 Metern groß zu sein.

Wie ich später erfuhr, hatten bereits zuvor der Philosoph John Leslie und unabhängig davon der Astrophysiker Richard Gott in Princeton ähnliche Gedanken geäußert. Das Interesse dieser Autoren galt dabei vornehmlich der Voraussage der Lebensdauer der menschlichen Spezies. Sie hielten es für unwahrscheinlich, dass die Menschheit noch viel länger existieren werde, da wir anderenfalls zu einem bemerkenswert frühen Zeitpunkt in der Menschheitsgeschichte geboren worden wären. Dieses Argument wird als Weltuntergangs- oder „Doomsday"-Argument bezeichnet. Es wurde erstmals 1983 von Brandon Carter, dem Urheber des Anthropischen Prinzips, in einem Vortrag formuliert, jedoch nie veröffentlicht (offensichtlich hatte Carter bereits genug Ärger).[1] Gott sagte mit einer ähnlichen Argumentation den Fall der Berliner Mauer und die Lebensdauer des britischen Magazins *Nature* voraus, in dem er seinen ersten Artikel zu diesem Thema veröffentlichte. (Die Voraussage, dass *Nature* im Jahre 6800 n. Chr. seinen Betrieb eingestellt haben wird, konnte bis dato noch nicht verifiziert werden.)

Mit Hilfe einer Häufigkeitsverteilung der von sämtlichen Beobachtern im Universum gemessenen Naturkonstanten können wir über das Prinzip der Mittelmäßigkeit mit einer definierten statistischen Sicherheit Voraussagen treffen. Nur wie sollen wir an diese Verteilung herankommen? In Ermangelung von Auskünften des Kosmischen Amts für Statistik bleibt uns allein die Herleitung aus theoretischen Berechnungen.

Die statistische Verteilung lässt sich nur anhand einer Theorie finden, die das Multiversum mit variablen Konstanten beschreibt. Der aussichtsreichste Kandidat für diesen Posten ist derzeit die Theorie der Ewigen Inflation. Wie wir im vorangehenden Abschnitt gesehen haben, bringen Quantenprozesse in der inflationär expandierenden Raumzeit eine Vielzahl von Domänen mit allen denkbaren Werten der Konstanten hervor. Wir können versuchen die Verteilung der Konstanten aus der Theorie der Ewigen Inflation zu errechnen und die Ergebnisse anschließend – vielleicht! – anhand der experimentellen Daten überprüfen. Damit eröffnet sich uns die faszinierende Chance, die Theorie der Ewigen Inflation letztlich doch an beobachtbaren Daten zu messen. Diese Chance, fand ich, durfte man keinesfalls ungenutzt lassen.

BEOBACHTERZÄHLUNG

Stellen wir uns einen Raum vor, so groß, dass er Regionen mit sämtlichen möglichen Werten der Konstanten umfasst. Manche dieser Regionen sind dicht mit bewussten Beobachtern bevölkert. Andere, weniger lebensfreundliche Regionen sind größer, aber dünner besiedelt. Ihr Raum besteht überwiegend aus riesigen öden Domänen, in denen ein Leben für Beobachter unmöglich ist.

Die Anzahl der Beobachter, die Werte für die Konstanten errechnen werden, wird von zwei Faktoren bestimmt: zum einen vom Volumen jener Regionen, in denen die Konstanten die definierten Werte (zum Beispiel in Kubiklichtjahren) aufweisen, zum andern von der Anzahl der Beobachter pro Kubiklichtjahr. Der erste Faktor, das Volumen, lässt sich anhand der Inflationstheorie in Kombination mit einem teilchenphysikalischen Modell für variable Konstanten (ähnlich dem Skalarfeld-Modell für die Kosmologische Konstante) errechnen.[2] Der zweite Faktor hingegen, die Bevölkerungsdichte, stellt uns vor ein deutlich größeres Problem. Unser Wissen um den Ursprung des Lebens oder gar die Bewusstheit ist äußerst begrenzt. Wie sollen wir da hoffen, die Anzahl von Beobachtern errechnen zu können?

Unsere Rettung naht in Gestalt der Tatsache, dass ein Teil der Konstanten keine unmittelbaren Auswirkungen auf Physik und Chemie des Lebens hat. Hierzu zählen die Kosmologische Konstante, die Neutrinomasse und der gemeinhin mit Q bezeichnete Parameter, der die Stärke der primordialen Dichteschwankungen beschreibt. Abweichungen in diesen dem Leben gegenüber neutralen Konstanten mögen die Entstehung von Galaxien beeinflussen, nicht aber die Aussichten, dass sich in einer gegebenen Galaxie Leben entwickelt. Demgegenüber haben Konstanten wie die Elektronenmasse oder Newtons Gravitationskonstante unmittelbare Auswirkungen auf Lebensprozesse. Unser mangelndes Wissen um Leben und Bewusstheit lässt sich ausklammern, wenn wir uns auf die Regionen konzentrieren, in denen die Werte der das Leben verändernden Konstanten mit denen in unserer Umgebung übereinstimmen und nur die neutralen Konstanten voneinander abweichen. Da in diesen Regionen die Zahl der Beobachter in allen Galaxien ungefähr gleich sein wird, verhält sich die Beobachterdichte lediglich proportional zur Dichte der Galaxien.[3]

Die Strategie der Wahl ist daher, die Analyse auf die dem Leben gegenüber neutralen Konstanten zu beschränken. Auf diese Weise können wir das Problem auf die Berechnung der Anzahl von Galaxien reduzieren, die in einem gegebenen Volumen entstehen – ein hinreichend erforschtes astrophysikalisches Phänomen. Das Ergebnis dieser Berechnung und der über die Inflationstheorie ermittelte Volumenfaktor liefern uns die gesuchte Häufigkeitsverteilung.

KONVERGENZ BEI DER KOSMOLOGISCHEN KONSTANTE

Als ich über Beobachter in fernen Domänen mit unterschiedlichen Naturkonstanten nachdachte, schien schwer vorstellbar, dass die hingekritzelten Gleichungen in meinem Notizbuch sonderlich viel mit der Realität zu tun haben sollten. Da ich nun jedoch einmal so weit gegangen war, marschierte ich tapfer voran: Ich wollte herausfinden, ob das Prinzip der Mittelmäßigkeit neues Licht auf das Problem der Kosmologischen Konstante werfen könnte.

Den ersten Schritt hatte bereits Steven Weinberg gemacht. Er untersuchte die Auswirkungen der Kosmologischen Konstante auf die Entstehung von Galaxien und entdeckte die Grenze, die das Anthropische Prinzip der Konstante setzt – den Wert, jenseits dessen die Vakuumenergie das Universum beherrschen würde, bevor sich Galaxien herausbilden könnten. Wie bereits erwähnt erkannte Weinberg darüber hinaus, dass seine Analyse eine implizite *Voraussage* beinhaltete. Ein willkürlich gewählter Wert zwischen null und der Anthropischen Grenze wird mit ebenso geringer Wahrscheinlichkeit deutlich unterhalb des Grenzwerts liegen, wie der erste Mann, dem wir begegnen, kleinwüchsig sein wird. Entsprechend argumentierte Weinberg, dass die Kosmologische Konstante in unserem Teil des Universums annähernd mit dem Anthropischen Grenzwert übereinstimmen müsste.*

Obwohl das Argument überzeugend klang, hatte ich Vorbehalte. In Regionen mit einer dem Anthropischen Grenzwert vergleichbaren Kosmologischen Konstante ist eine Entstehung von Galaxien nahezu unmöglich und die Beobachterdichte sehr gering. Beobachter sind überwiegend in Regionen voller Galaxien anzutreffen, wo die Kosmologische Konstante deutlich unterhalb des Grenzwerts liegt – also so gering ist, dass sie das Universum erst beherrscht, nachdem der Prozess der Galaxienbildung weitgehend abgeschlossen ist. Gemäß dem Prinzip der Mittelmäßigkeit sind wir aller Wahrscheinlichkeit nach unter diesen Beobachtern zu finden.

Eine grobe Schätzung lieferte mir den Hinweis, dass der von einem typischen Beobachter gemessene Wert der Kosmologischen Konstante wenig größer sein dürfte als das Zehnfache der durchschnittlichen Materiedichte. Ein merklich niedrigerer Wert ist ebenso unwahrscheinlich – wie die Begegnung mit einem Kleinwüchsigen. In meiner Veröffentlichung dieser Analyse traf ich 1995 die Voraussage, dass wir einen Wert von ungefähr dem Zehnfachen der Materiedichte in unserer lokalen Region messen müssten.[4] Detailliertere Berechungen, die gleichfalls auf dem Prinzip der Mittelmäßigkeit fußten, stellten später der Oxforder Astrophysiker George Efstathiou[5] und Steven Weinberg an, dem sich

* Der von Weinberg hergeleitete Anthropische Grenzwert lag beunruhigend hoch – bei einem rund 500-Fachen der durchschnittlichen kosmischen Materiedichte. Bereits Mitte der 1990er-Jahre deuteten Beobachtungen darauf hin, dass die Kosmologische Konstante in unserer Region mindestens um das 50-Fache kleiner war. Zudem gründete sich Weinbergs Grenzwert auf die Ende der 1980er-Jahre bekannten fernsten Galaxien. Nach der zwischenzeitlichen Entdeckung weiter ferner Galaxien läge der Grenzwert heute beim 4000-Fachen der durchschnittlichen Materiedichte.

dazu seine Kollegen von der University of Texas Hugo Martel und Paul Shapiro angeschlossen hatten. Sie kamen zu ähnlichen Ergebnissen.

Diese neue Möglichkeit, eine Anthropische Argumentation in überprüfbare Voraussagen umzuwandeln, versetzte mich in große Erregung. Doch nur wenige teilten meinen Enthusiasmus. Joseph Polchinski, einer der führenden Superstring-Theoretiker, bemerkte einmal, er wolle die Physik an den Nagel hängen, wenn eine Kosmologische Konstante ungleich null entdeckt werde.* Er war sich bewusst, dass sich eine kleine Kosmologische Konstante ausschließlich über das Anthropische Prinzip erklären lassen würde, und fand diesen Gedanken unerträglich. Auf manche meiner Vorträge zu Voraussagen aus dem Anthropischen Prinzip folgte betretenes Schweigen. Am Ende eines meiner Seminarvorträge erhob sich ein prominenter Kosmologe aus Princeton von seinem Stuhl und erklärte: „Wenn jemand vom Anthropischen Prinzip ausgehen will, mag er das tun." Der Tonfall, in dem er dies sagte, ließ wenig Zweifel daran, dass solche Leute seiner Meinung nach ihre Zeit vergeudeten.

SUPERNOVAE: RETTER IN DER NOT

In früheren Kapiteln kam bereits zur Sprache, dass die Mitteilung über ein Indiz für eine Kosmologische Konstante von ungleich null die meisten Physiker zutiefst erschüttert hatte. Die Beweisführung gründete auf der Untersuchung ferner Supernova-Explosionen der besonderen Art – Supernovae vom Typ 1a.

Man geht davon aus, dass diese gigantischen Explosionen sich in Doppelsternsystemen aus einem aktiven Stern und einem Weißen Zwerg ereignen – dem kompakten Überrest eines Sterns, dessen Kernbrennstoff versiegt ist. Während ein Weißer Zwerg allein sich langsam abkühlt, kann er in Begleitung eines Gefährten sein Leben mit einem Feuerwerk beschließen. Dabei zieht der Weiße Zwerg vermutlich einen Teil des vom Begleitstern ausgestoßenen Gases an und vergrößert so stetig seine Masse. Diesem Massezuwachs ist jedoch eine Obergrenze

* Diese Episode wurde mir von Sean Carroll von der University of Chicago zugetragen.

gesetzt – die Chandrasekhar-Grenze, jenseits derer der Stern unter der Kraft der Gravitation kollabiert und eine gewaltige thermonukleare Explosion zündet. Dieses Phänomen beobachten wir als Supernova vom Typ 1a.

Eine Supernova erscheint als strahlender Punkt am Himmel und kann eine maximale Leuchtkraft von 4 Milliarden Sonnen entwickeln. Die Explosion einer Supernova vom Typ 1a ereignet sich in einer Galaxie wie der unseren etwa alle 300 Jahre. Um einige Dutzend solcher Explosionen zu finden, mussten die Astronomen daher über mehrere Jahre Tausende von Galaxien beobachten. Doch es war der Mühe wert. Eine Supernova vom Typ 1a kommt fast der Erfüllung des sehnlichen Traums eines jeden Astronomen von der Entdeckung einer *Standardkerze* gleich – einer Klasse astronomischer Objekte mit exakt gleicher Helligkeit. Die Entfernung zu einer Standardkerze lässt sich aus deren scheinbarer Helligkeit ableiten – auf demselben Wege, wie wir die Distanz zu einer 100-Watt-Birne anhand der Helligkeit bestimmen könnten, die wir beobachten. Ohne diese magischen Objekte ist die Berechnung von Entfernungen in der Astronomie ein notorisches Problem.

Die Helligkeit aller Supernovae vom Typ 1a ist nahezu identisch, weil sämtliche explodierenden Weißen Zwerge die gleiche, von der Chandrasekhar-Grenze vorgegebene Masse besitzen.[6] Anhand der Helligkeit können wir die Entfernung der Supernova bestimmen, aus der wiederum sich problemlos der Explosionszeitpunkt errechnen lässt – indem wir lediglich den Zeitraum zurückrechnen, den das Licht zur Überbrückung dieser Entfernung brauchte. Mit Hilfe der Rotverschiebung lässt sich darüber hinaus feststellen, wie schnell das Universum sich zu jener Zeit ausdehnte.[7] Auf diese Weise kann uns die Analyse des Lichts ferner Supernovae Aufschluss über die Geschichte der kosmischen Expansion geben.

Perfektioniert haben diese Methode zwei miteinander konkurrierende astronomische Forschergruppen, das Supernova Cosmology Project und das High-Redshift Supernova Search Team. Beide wollten als Erste berechnen, wie stark sich die kosmische Expansion durch die Gravitation verlangsamt. Ihre Ergebnisse wiesen jedoch in eine ganz andere Richtung. Im Winter 1998 erklärte das High-Redshift-Team, ein überzeugendes Indiz dafür gefunden zu haben, dass die Expansion des Universums sich nicht verlangsame, sondern seit etwa 5 Milliarden Jahren an Geschwindigkeit zulege. Die öffentliche Äußerung einer solchen Behauptung erforderte einigen Mut, denn eine beschleunigte Expansion war ein verräterischer Hinweis auf eine Kosmologische Konstante. Auf die Frage, was er angesichts einer solchen Entwicklung empfinde, antwortete Brian Schmidt, einer der Leiter des Teams, seine Reaktion liege „irgendwo zwischen Überraschung und Entsetzen".[8]

Einige Monate später gab das Supernova Cosmology Project ganz ähnliche Schlussfolgerungen bekannt. Die Ergebnisse beider Gruppen wiesen, wie Teamleiter Saul Perlmutter es ausdrückte, eine „gewaltige Übereinstimmung" auf.

Die Entdeckung sandte Wellen der Erschütterung durch die Physikergemeinschaft. Manche weigerten sich schlicht, dem Ergebnis Glauben zu schenken. Slava Mukhanov* wettete mit mir, dass sich der Nachweis einer Kosmologischen Konstante bald in Luft auflösen werde. Es galt eine Flasche Bordeaux. Als Mukhanov später den Wein beibrachte, genossen wir ihn gemeinsam; die Existenz der Kosmologischen Konstante hat das Bouquet anscheinend nicht beeinträchtigt.

Auch wurden Vorschläge laut, die Helligkeit einer Supernova werde womöglich von anderen Faktoren als der Entfernung beeinflusst. Eine Streuung des Lichts einer Supernova durch Staubpartikel im intergalaktischen Raum beispielsweise könne die Supernova weniger hell erscheinen lassen und uns vorgaukeln, sie läge weiter entfernt. Diese Zweifel zerstreuten sich wenige Jahre später, als Adam Riess vom Space Telescope Science Institute in Baltimore die zum damaligen Zeitpunkt fernste bekannte Supernova SN1997ff untersuchte. Wäre eine geringere Helligkeit auf Staubpartikel zurückzuführen, müsste sich diese Wirkung mit zunehmender Entfernung verstärken. Diese Supernova aber erschien *heller* und nicht dunkler, als in einem „leerlaufenden" Universum, das sich weder beschleunigt noch verlangsamt, zu erwarten wäre. Dies erklärte sich aus dem Umstand, dass sie 3 Milliarden Jahre n. U.

* Derselbe Slava Mukhanov hatte erstmals die Dichteschwankungen infolge von Quantenprozessen während der Inflation berechnet. (Foto s. S. 72)

und damit in einem Zeitalter explodiert war, bevor die Vakuumenergie die Herrschaft übernahm und die beschleunigte Expansion einsetzte.

Als sich die Indizien für eine kosmische Beschleunigung verdichteten, wurde den Kosmologen rasch klar, dass die Rückkehr der Kosmologischen Konstante unter gewissen Gesichtspunkten doch keine so schlechte Sache war. Erstens steuerte sie, wie wir in Kapitel 9 bereits gesehen haben, die fehlende Massendichte bei, mit dem die Gesamtdichte des Universums den kritischen Wert erreichte. Zweitens löste sie die quälende Diskrepanz im Alter des Universums. Ohne eine Kosmologische Konstante ergibt sich ein geringeres Alter des Universums als das der ältesten Sterne. Nimmt die Expansionsrate des Universums hingegen zu, verlief die Ausdehnung früher langsamer, sodass das Universum mehr Zeit brauchte, um auf seine derzeitige Größe zu expandieren.* Durch die Kosmologische Konstante wird das Universum also älter und das Problem der Altersabweichung ist gelöst.[9]

Bereits wenige Jahre nach der Entdeckung der kosmischen Beschleunigung war somit nur noch schwer vorstellbar, wie wir je ohne sie hatten leben können. Die Debatte wandte sich nun der Frage zu, was sie eigentlich zu bedeuten habe.

BEGRÜNDUNG DES ZUFALLS

Der gemessene Wert der Vakuumenergiedichte in Höhe einer rund dreifachen durchschnittlichen Materiedichte lag im Bereich der drei Jahre zuvor aus dem Prinzip der Mittelmäßigkeit vorausgesagten Werte. Eine erfolgreiche Voraussage gilt in der Physik normalerweise als stichhaltiger Beweis für eine Theorie. Im gegebenen Falle jedoch beeilte man sich nicht, einer Anthropischen Beweisführung Glauben zu schenken. Über Jahre nach der Entdeckung bemühten sich zahlreiche Physiker die beschleunigte Expansion ohne Zuhilfenahme der Anthropie zu erklären.

* Der Begriff „Universum" wird hier im Sinne von „beobachtbares Universum" verwendet, und das „Alter des Universums" ist mit dem „Zeitraum seit dem Urknall in unserer Lokalen Region" gleichzusetzen.

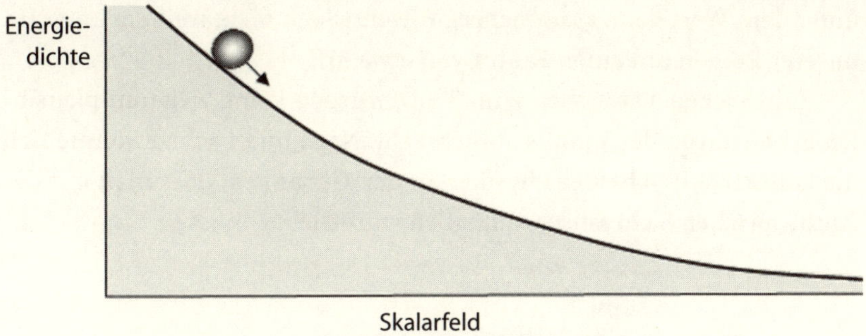

Abbildung 37: Energielandschaft des Quintessenz-Modells

Der bekannteste Versuch war dabei das von Paul Steinhardt und seinen Mitarbeitern entwickelte *Quintessenz*-Modell.[10]

Das Quintessenz-Modell baut auf dem Gedanken auf, dass die Vakuumenergie kein konstanter Wert ist, sondern mit der Expansion des Universums allmählich nachlässt. Ihr heutiger niedriger Wert wird auf das hohe Alter des Universums zurückgeführt. Genauer ausgedrückt beschreibt das Quintessenz-Modell ein Skalarfeld mit einer Energielandschaft, die wie geschaffen scheint für einen Abfahrtslauf (Abbildung 37). Dabei wird angenommen, dass das Feld ganz oben auf dem Hügel im frühen Universum einsetzt und mittlerweile geringere Höhen erreicht hat – also niedrige Energiedichtewerte des Vakuums.

Problematisch an diesem Modell ist allerdings, dass das Rätsel des Zufalls ungelöst bleibt: warum nämlich die derzeitige Energiedichte des Vakuums wie zufällig mit der Materiedichte vergleichbar ist (siehe Kapitel 12). Wohl ließe sich die Form des Hügels entsprechend angleichen, dies käme jedoch einem Zurechtbiegen der Daten gleich und nicht deren Auslegung.[11]

Mit der Anthropischen Beweisführung hingegen löst sich das Rätsel wie von selbst. Nach dem Prinzip der Mittelmäßigkeit bewohnen die Beobachter mehrheitlich Regionen, in denen die Kosmologische Konstante die Materiedichte ungefähr im Zeitalter der Galaxienbildung eingeholt hat. Die Entstehung riesiger Spiralgalaxien wie der unseren war in der vergleichsweise jüngeren kosmologischen Vergangenheit, einige Milliarden n. U., abgeschlossen.[12] Seitdem liegt die Materiedichte unter dem Wert der Vakuumenergie, wenn auch nicht weit darunter (in unserer Region um einen Faktor von etwa 3).[13]

Zahlreichen Versuchen zum Trotz wurden keine weiteren plausiblen Erklärungen des Zufalls vorgebracht. Nach und nach gewöhnte sich die kollektive Psyche der Physiker an den Gedanken, dass man mit der Anthropischen Sichtweise womöglich würde leben müssen.

FÜR UND WIDER

Der Widerwille, mit dem viele Physiker sich mit der Anthropischen Deutung abfanden, ist leicht nachvollziehbar. Der Exaktheitsanspruch in der Physik ist sehr hoch; man könnte ihn unbegrenzt hoch nennen. Auf eindrückliche Weise wird dies in der Berechnung des magnetischen Moments des Elektrons deutlich. Ein Elektron lässt sich mit einem winzigen Magnet vergleichen. Sein magnetisches Moment, das die Kraft des Magneten beschreibt, wurde erstmals in den 1930er-Jahren von Paul Dirac berechnet. Das Ergebnis von Diracs Kalkulationen stimmte sehr gut mit experimentellen Daten überein, doch wurde Physikern rasch klar, dass sein Wert einer geringfügigen Korrektur bedurfte, die sich aus den Quantenfluktuationen des Vakuums ergab. Mit dieser Feststellung begann ein Wettlauf zwischen Teilchentheoretikern und Experimentalphysikern, bei dem die einen mit immer genaueren Berechnungen und die anderen mit immer präziseren Messungen des magnetischen Moments aufwarteten. Die jüngste Messung ergab einen Korrektionsfaktor von 1,001 159 652 188 mit einem gewissen Unsicherheitsgrad in der letzten Ziffer. Das Ergebnis der theoretischen Berechnung ist sogar noch exakter. Erstaunlicherweise stimmen beide Werte bis zur elften Dezimalstelle überein. Eine mangelnde Übereinstimmung auf dieser Ebene wäre allerdings auch alarmierend, da jegliche Abweichung, selbst in der elften Nachkommastelle, auf eine Lücke in unserem Wissen um das Elektron hindeuten würde.

Anthropische Voraussagen sind da anders. Als Ergebnis unserer Berechnungen haben wir bestenfalls die statistische Normalverteilung einer Glockenkurve zu erhoffen. Selbst eine sehr präzise Ableitung dieser

Kurve wird uns nicht mehr erlauben als die Voraussage eines bestimmten Wertebereichs mit einer definierten statistischen Sicherheit. Liegt der gemessene Wert innerhalb des vorausgesagten Bereichs, werden sich letzte Zweifel nicht ausräumen lassen, dass dies auf schieres Glück zurückzuführen ist. Liegt er außerhalb, wird man sich fragen, ob die Theorie nicht vielleicht doch stimmt und wir womöglich rein zufällig zu dem geringen Prozentsatz der Beobachter in den äußeren Randbereichen der Glockenkurve gehören.

Es wundert daher kaum, dass die Physiker, vor die Wahl gestellt, nicht gewillt waren sich zugunsten der Anthropischen Selektion von ihrem alten Paradigma zu lösen. Die Natur jedoch hat ihre Wahl bereits getroffen. Wir müssen lediglich herausfinden, welche. Wenn die Naturkonstanten in verschiedenen Teilen des Universums variieren, sind statistische Voraussagen auf der Basis des Prinzips der Mittelmäßigkeit unsere beste Option, ob uns das gefällt oder nicht.

Der gemessene Wert der Kosmologischen Konstante ist ein deutlicher Hinweis auf die tatsächliche Existenz eines riesigen Multiversums dort draußen. Er liegt innerhalb des anhand Anthropischer Erwägungen vorausgesagten Wertebereichs, und plausible Alternativen scheint es nicht zu geben. Wir haben es hier mit einem Indizienfall zu tun, bei dem wir weder Augenzeugenberichte zu hören noch die Tatwaffe zu Gesicht bekommen werden. Wenn wir jedoch mit ein wenig Glück weitere erfolgreiche Voraussagen treffen, wird es uns möglicherweise doch noch gelingen, das Verfahren auf der Grundlage hinreichender Beweismittel zu gewinnen.

15

Eine Theorie von Allem

*Was mich eigentlich interessiert, ist, ob Gott die Welt hätte anders machen können; das heißt, ob die Forderung der logischen Einfachheit überhaupt eine Freiheit lässt.**

Albert Einstein

AUF DER SUCHE NACH DER ENDGÜLTIGEN THEORIE

Das Anthropische Weltbild steht und fällt mit der Annahme, dass die Naturkonstanten örtlich variabel sind. Doch sind sie das wirklich? Diese Frage betrifft die Allumfassende Theorie der Natur: Wird sie einen einzelnen Formelsatz hervorbringen oder eine große Vielfalt an Möglichkeiten eröffnen?

Wir wissen nicht, wie die Allumfassende Theorie lautet, und können nicht einmal sicher sein, dass es sie tatsächlich gibt; dennoch motiviert die Suche nach der Endgültigen, Einheitlichen Theorie einen Großteil der derzeitigen teilchenphysikalischen Forschung. Hinter der Vielfalt der Teilchen und den Unterschieden zwischen den vier Grundkräften hofft man ein einzelnes mathematisches Gesetz zu entdecken, dem alle elementaren Phänomene unterworfen sind. Aus einem solchen Gesetz würden sich sämtliche Teilcheneigenschaften und die Gesetze der Schwerkraft, des Elektromagnetismus und der Starken und Schwachen Wechselwirkungen ableiten lassen, ähnlich wie sich aus den fünf Euklidischen Postulaten alle Theoreme der Geometrie ergeben.

Welche Erklärung der Teilcheneigenschaften die Physiker in der Endgültigen Theorie zu finden hoffen, lässt sich anhand der quantenme-

* Aufgezeichnet von Einsteins Assistenten Ernst Gabor Straus, in Carl Seelig: Helle Zeit – dunkle Zeit; Zürich 1956

chanischen Erklärung für die chemischen Eigenschaften der Elemente gut veranschaulichen. Zu Beginn des letzten Jahrhunderts hielt man die Atome für die kleinsten Bausteine der Materie. Jede Atomsorte stellt ein chemisches Element dar und über die Eigenschaften der Elemente und deren Interaktionen hatten Chemiker ganze Datenberge zusammengetragen. Damals zählte man 92 verschiedene Elemente – ein wenig zu viele, als dass sie sich als Grundbausteine hätten eignen können, möchte man meinen. Glücklicherweise entdeckte der russische Chemiker Dmitrij Mendeleev Ende des 19. Jahrhunderts eine gewisse Regelmäßigkeit in diesem Datenberg. In einer Tabelle ordnete Mendeleev die Elemente nach ihrem Atomgewicht und erkannte dabei, dass Elemente mit ähnlichen chemischen Eigenschaften sich darin regelmäßig verteilten.* Warum sie diesem periodischen Muster folgten, konnte allerdings niemand erklären.

Dass letztlich doch nicht die Atome die kleinsten Bausteine waren, stellte sich 1911 heraus. Damals zeigte Ernest Rutherford auf, dass sich ein Atom aus einem Schwarm von Elektronen zusammensetzt, die um einen kleinen, schweren Kern kreisen. Eine quantitative Beschreibung der Atomstruktur gelang in den 1920er-Jahren mit der Entwicklung der Quantenmechanik. Vereinfacht ausgedrückt erwies sich, dass die Elektronenhülle um den Atomkern aus mehreren konzentrischen Schalen besteht. Jede dieser Schalen kann nur eine bestimmte Anzahl von Elektronen aufnehmen. Mit zunehmender Elektronenzahl füllt sich also Schale um Schale. Die chemischen Eigenschaften eines Atoms werden überwiegend von der Anzahl der Elektronen in der äußersten besetzten Schale bestimmt. In dem Maße, wie die Elektronenzahl in einer neuen Schale zunimmt, folgen die Eigenschaften der Elemente denen der vorhergehenden Schale.** Dies erklärt die Periodizität der Mendeleev'schen tabellarischen Anordnung.

* Einen weiteren wichtigen historischen Beitrag Mendeleevs bildet dessen Verbesserung der Rezeptur des russischen Wodkas.

** Mit anderen Worten: Zwei beliebige Atome mit einer unterschiedlichen Anzahl besetzter Schalen, die in ihrer äußersten Schale jedoch beide gleich viele Elektronen haben, werden ein ähnliches chemisches Verhalten zeigen.

Einige wenige Jahre lang schien es, als wäre die Grundstruktur der Materie endlich erklärt. Paul Dirac, einer der Begründer der Quantenmechanik, verkündete 1929 in einem Artikel: „Die zugrunde liegenden physikalischen Gesetze für die mathematische Theorie eines Großteils der Physik und der gesamten Chemie sind demzufolge bekannt." Doch dann tauchte ein neues „Elementar"-Teilchen um das andere auf.

Als Erstes stellte sich heraus, dass Atomkerne eine Zusammensetzung aus Protonen und Neutronen darstellen, die durch die Starke Kernkraft zusammengehalten werden. Dann wurde zuerst das Positron und anschließend das Myon entdeckt.* Protonenkollisionen in Teilchenbeschleunigern brachten neue kurzlebige Teilchenarten hervor. Dies musste jedoch nicht bedeuten, dass die Protonen aus diesen Teilchen bestanden. Wenn wir zwei Fernseher ineinanderkrachen lassen, können wir mit Sicherheit davon ausgehen, dass die umherfliegenden Überreste genau jene Bestandteile sind, aus denen die Geräte ursprünglich montiert wurden. Bei der Protonenkollision hingegen entstanden mitunter Teilchen, die schwerer waren als die Protonen, wobei die zusätzliche Masse aus der kinetischen Energie der Protonen stammte. Anstatt neue Erkenntnisse über die innere Struktur des Protons an den Tag zu bringen, erweiterten diese Kollisionsexperimente also lediglich den Teilchenzoo. Ende der 1950er-Jahre hatte die Anzahl der Teilchen die der bekannten chemischen Elemente überschritten.** Enrico Fermi, der zu den Pionieren der Teilchenphysik gehört, erklärte, er „hätte Botaniker sein müssen, um die Namen all dieser Partikeln zu behalten".[1]

Den Durchbruch, der Ordnung in diesen wilden Teilchenhaufen brachte, schafften Anfang der 1960er-Jahre unabhängig voneinander Murray Gell-Mann vom California Institute of Technology und Yuval Ne'eman, der sich von seinem Dienst als Offizier der israelischen Armee hatte beurlauben lassen, um seine Doktorarbeit in Physik fertigzustellen. Beide entdeckten, dass sich stark interagierende Teilchen sämtlich in ein bestimmtes symmetrisches Muster einordneten. Später

* Positronen sind die Antiteilchen der Elektronen. Myonen sind instabile Teilchen, die den Elektronen sehr ähneln, aber um ein 200-Faches schwerer sind als diese.

** Ein Großteil dieser neuen Teilchen ist instabil und zerfällt bereits nach kurzer Zeit in die bekannten, stabilen Teilchen.

zeigten Gell-Mann und, in eigener Arbeit, George Zweig von der Europäischen Organisation für Kernforschung CERN auf, dass sich dieses Muster lückenlos erklären ließ, wenn man all diese Teilchen als aus noch kleineren Bausteinen zusammengesetzt definierte, denen Gell-Mann den Namen *Quarks* gab. Die Gesamtzahl der Elementarteilchen reduzierte sich dadurch, wenn auch nicht wesentlich: Ein Quark kann drei verschiedene „Farbladungen" und sechs „Flavors" (dt.: Geschmacksrichtungen) haben; also gibt es 18 verschiedene Quarks und ebensoviele Antiquarks. Für die Entdeckung der Symmetrie stark interagierender Teilchen wurde Gell-Mann 1969 mit dem Nobelpreis ausgezeichnet.

Parallel zu dieser Entwicklung wurde eine ähnliche Symmetrie der stark und elektromagnetisch interagierenden Teilchen entdeckt. Maßgeblich an der Formulierung dieser Elektroschwachen Theorie beteiligt waren die Harvard-Physiker Sheldon Glashow und Steven Weinberg sowie der pakistanische Physiker Abdus Salam. Für ihre Arbeiten erhielten sie 1979 gemeinsam den Nobelpreis. Die Klassifikation der Teilchen nach Symmetrien war vergleichbar mit der Entdeckung des Periodensystems in der Chemie. Zudem wurden drei Arten so genannter „Austausch"-Teilchen identifiziert, die die drei grundlegenden Wechselwirkungen vermitteln: Photonen für die Elektromagnetische Kraft, W- und Z-Bosonen für die Schwache Kraft und acht *Gluonen* für die Starke Kraft. Zusammengefasst lieferten diese Bestandteile eine Grundlage für das *Standardmodell* der Teilchenphysik.

Die Entwicklung des Standardmodells wurde in den 1970er-Jahren abgeschlossen. Die daraus resultierende Theorie lieferte einen präzisen mathematischen Plan, anhand dessen sich die Ergebnisse der Kollision jeglicher der bekannten Teilchen vorherbestimmen lassen. Diese Theorie wurde in zahllosen Beschleuniger-Experimenten getestet und fand sich bislang durch alle Daten bestätigt. Darüber hinaus sagte das Standardmodell Existenz und Eigenschaften der W- und Z-Bosonen sowie eines weiteren Quarks voraus – die später sämtlich entdeckt wurden. Angesichts all dessen ist die Theorie ein phänomenaler Erfolg.

Dennoch – als Endgültige Theorie der Natur ist das Standardmodell sicherlich zu sperrig. Über 60 Elementarteilchen sind in ihm aufgelistet – eine wesentliche Verbesserung gegenüber der Zahl der chemischen Elemente in Mendeleevs Periodensystem ist das nicht. Das Standardmodell umfasst 19 freie Parameter, die experimentell bestimmt werden mussten, für die Theorie jedoch völlig unerheblich sind. Außerdem bleibt in diesem Modell eine wichtige Wechselwirkung – die Gravitation – außen vor.[2] Der Erfolg des Standardmodells ist ein Anzeichen, dass wir uns auf dem richtigen Weg befinden, seine Mängel jedoch signalisieren gleichzeitig, dass die Suche weitergehen sollte.[3]

DAS PROBLEM MIT DER SCHWERKRAFT

Dass die Gravitation im Standardmodell nicht berücksichtigt wird, ist nicht einfach auf Unachtsamkeit zurückzuführen. Äußerlich scheint diese Kraft dem Elektromagnetismus zu gleichen. Bei Newton zum Beispiel folgt die Gravitation dem gleichen Abstandsgesetz wie Coulombs Kraft zwischen elektrischen Ladungen. Dennoch warf jedweder Versuch, entlang der Argumentationslinie der Theorie des Elektromagnetismus eine Quantentheorie der Gravitation zu entwickeln, gewaltige Probleme auf.

Die elektrische Kraft zwischen zwei geladenen Teilchen ist Folge eines konstanten Photonenaustauschs. Das Verhalten der Teilchen ist dabei mit dem zweier Basketballspieler vergleichbar, die einander auf ihrem Weg zum Korb unaufhörlich den Ball zuwerfen. Auf ähnliche Weise lässt sich die Wechselwirkung der Gravitation als ein Austausch gravitativer Feldquanten oder *Gravitonen* vorstellen. Tatsächlich passt diese Beschreibung recht gut, solange die interagierenden Teilchen weit auseinander liegen. In diesem Fall nämlich ist die Gravitationskraft schwach und die Raumzeit nahezu flach. (Wir erinnern uns an den Zusammenhang zwischen Schwerkraft und Krümmung der Raumzeit.) Die Gravitonen springen dabei auf diesem flachen Hintergrund wie kleine Höcker zwischen den Teilchen hin und her.

Bei sehr geringen Distanzen jedoch stellt sich die Situation vollkommen anders dar. Wie wir in Kapitel 12 gesehen haben, geben Quantenfluktuationen bei geringen Entfernungen der Raumzeit-Geometrie eine schaumartige Struktur (siehe Abbildung 31, S. 147). Wie sich Teilchen in einer solchen chaotischen Umgebung bewegen und wie sie miteinander interagieren, wissen wir nicht einmal im Ansatz zu beschreiben. Das Bild von Teilchen, die auf ihrem Weg durch eine glatte Raumzeit Gravitonen aufeinander abschießen, lässt sich auf diese Situation eindeutig nicht übertragen.

Die Auswirkungen der Quantengravitation werden erst bei Distanzen von weniger als einer Planck-Länge bedeutsam – einer unvorstellbar geringen Länge, die um ein 10^{25}-Faches unter der Größe eines Atoms liegt. Um solche Abstände im Experiment zu testen, müssen Teilchen unter einem Energieaufwand aufeinander abgeschossen werden, der die Leistungsfähigkeit der stärksten Beschleuniger bei Weitem überschreitet. Auf deutlich größeren Skalen, die der Beobachtung zugänglich sind, mitteln sich die Quantenfluktuationen der Raumzeitgeometrie aus, sodass wir die Quantengravitation ohne Bedenken vernachlässigen können. Nicht ignorieren dürfen wir in unserer Suche nach den letztgültigen Naturgesetzen hingegen den Konflikt zwischen Einsteins Allgemeiner Relativitätstheorie und der Quantenmechanik. Die Endgültige Theorie muss sowohl die Gravitation als auch Quantenphänomene berücksichtigen. Ein Ausklammern der Schwerkraft kommt demnach nicht in Frage.

DIE HARMONIE DER STRINGS

Die Mehrheit der Physiker setzt ihre Hoffnung heute auf einen vollkommen neuen Ansatz in der Quantengravitation – die String-Theorie. Diese Theorie liefert eine vereinheitlichte Beschreibung aller Teilchen und deren sämtlicher Wechselwirkungen. Sie ist der aussichtsreichste Kandidat, den wir für die Theorie von allen grundlegenden Wechselwirkungen der Natur je hatten.

Die String-Theorie betrachtet Teilchen wie Elektronen oder Quarks, die punktförmig scheinen und als kleinstmögliche Einheit angesehen wurden, nunmehr als winzige vibrierende ringförmige Schleifen oder Ringe. Ein String (dt.: Saite) ist unendlich dünn und seine Länge entspricht ungefähr der Planck-Länge. Da diese so minimal ist, erscheinen die Teilchen als strukturlose Punkte.

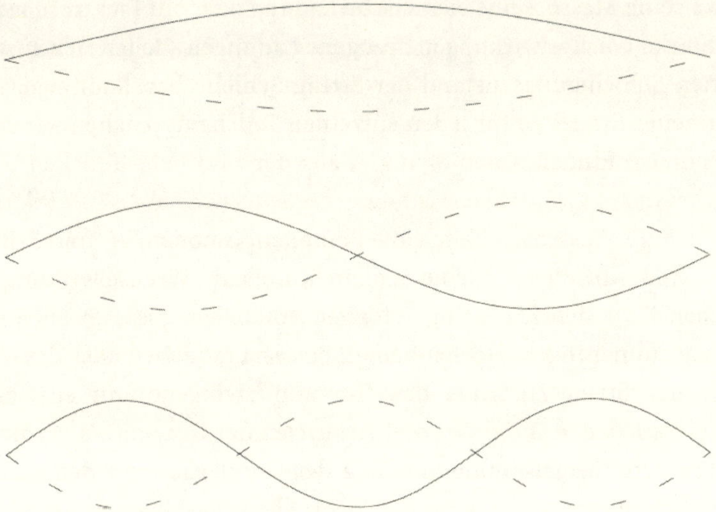

Abbildung 38: Schwingungsmuster eines offenen Strings

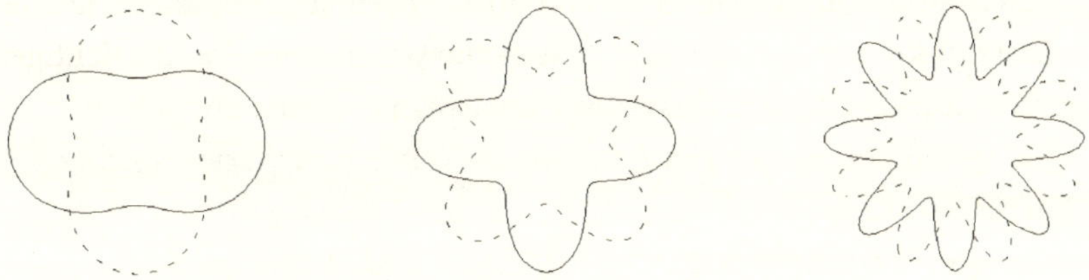

Abbildung 39: Schwingungsmuster einer String-Schleife in schematischer Darstellung

Der ringförmig geschlossene String ist stark gespannt, wodurch die Schleifen wie Geigen- oder Klaviersaiten in Schwingung versetzt werden. Abbildung 38 zeigt unterschiedliche Schwingungsmuster eines offenen Strings. In diesen Mustern, die verschiedenen Noten in der Musik entsprechen, hat der String eine Wellenform, wobei in seine Länge mehrere vollständige Halbwellen passen. Je mehr Halbwellen er umfasst, desto höher ist die Note. Die Schwingungsmuster geschlossener Strings sind ähnlich (Abbildung 39), nur dass hier jedes Muster nicht einer Note, sondern einem Teilchentyp entspricht. Die Eigenschaften eines Teilchens

– etwa seine Masse, seine elektrische Ladung oder auf Elektroschwache und Starke Wechselwirkungen bezogene Ladungen – leiten sich aus dem exakten Schwingungszustand der String-Schleife her. Statt eigenständiger neuer Einheiten für jeden einzelnen Teilchentyp haben wir damit eine einzige Einheit – den String –, aus der sämtliche Teilchen bestehen.

Auch die Austausch-Teilchen – Photonen, Gluonen, W- und Z-Bosonen – sind vibrierende kleine Schleifen, und die Wechselwirkung von Teilchen lässt sich als String-Schleifen vorstellen, die sich aufspalten und zusammenfügen. Höchst bemerkenswert ist dabei, dass die Bandbreite der String-Zustände das Graviton zwingend mit einschließt – jenes Teilchen, das die Wechselwirkungen der Gravitation vermittelt. Die theoretische Zusammenführung der Gravitation mit den anderen Grundkräften stellt in der String-Theorie kein Problem dar, im Gegenteil: Ohne die Gravitation ist die Theorie nicht denkbar.

Auch der Konflikt zwischen Gravitation und Quantenmechanik hat sich in Luft aufgelöst. Wie oben erläutert entstand er aufgrund von Quantenfluktuationen in der Raumzeit-Geometrie. Wenn Teilchen mathematische Punkte darstellen, spielen die Fluktuationen in ihrer Nähe verrückt und das glatte Raumzeit-Kontinuum verwandelt sich in chaotischen Raumzeitschaum. In der String-Theorie wird die Größe der kleinen String-Schleifen durch die Planck-Länge begrenzt. Exakt unterhalb dieser Entfernung geraten Quantenfluktuationen außer Kontrolle. Die Schleifen jedoch sind gegen diese wild gewordenen Fluktuationen gefeit: Der Raumzeitschaum wird akkurat in dem Moment gebändigt, da er sich anschickt, Schwierigkeiten zu machen. Damit verfügen wir erstmals über eine schlüssige Quantentheorie der Gravitation.

Der Gedanke, Teilchen könnten eigentlich Strings sein, wurde 1970 von Yoichiro Nambu an der University of Chicago, Holger Nielsen am dänischen Niels-Bohr-Institut und Leonard Susskind, damals an der Yeshiva University, aufgebracht. Zunächst als eine Theorie der Starken Wechselwirkungen konzipiert führte die String-Theorie bald zur Voraussage eines masselosen Bosons, zu dem sich unter den stark interagierenden Teilchen kein Antiteilchen finden ließ. Zu der entscheidenden Erkenntnis, dass dieses masselose Boson sämtliche Eigenschaften des Gravitons in sich vereinte, kamen 1974 John Schwarz vom California Institute of Technology und Joël Scherk von der École Normale Supérieure in Paris. In Zusammenarbeit mit Michael Green vom Queen Mary College in London verbrachte Schwarz geschlagene zehn weitere Jahre mit der Klärung einiger mathematischer Feinheiten, bis er aufzeigen konnte, dass die Theorie wirklich schlüssig war.

Die String-Theorie enthält keinerlei zufällige Konstanten und verbietet daher jegliches Herumbasteln oder Korrigieren. Wir können lediglich ihren rechnerischen Aufbau erschließen und überprüfen, ob sie mit der realen Welt übereinstimmt. Bedauerlicherweise sind die Berechnungen der Theorie unfassbar komplex. Noch heute, nachdem Hunderte begabter Physiker und Mathematiker zwei Jahrzehnte lang mit ihnen gerungen haben, sind wir weit davon entfernt, die Theorie bis ins Letzte zu erfassen. Gleichzeitig jedoch haben diese Forschungsarbeiten eine mathematische Struktur von staunenswertem Reichtum und Schönheit zutage gefördert. Mehr als alles andere nehmen Physiker dies als Hinweis, dass sie sich wohl auf dem richtigen Weg befinden.[4]

DIE LANDSCHAFT

Wie soeben bemerkt gibt es in der String-Theorie keine freien Parameter. Und das ist keine Übertreibung: Nicht ein einziger der Parameter ist veränderbar. Selbst die Anzahl der Raumdimensionen ist in der Theorie strikt festgelegt. Problematisch ist dabei nur, dass sie zum falschen Ergebnis kommt: Die Theorie setzt die Existenz von neun Dimensionen statt dreier voraus.

Das klingt nach einem peinlichen Versehen: Warum sollten wir eine Theorie auch nur in Erwägung ziehen, die in einem derart himmelschreienden Widerspruch zur Realität steht? Der Widerspruch löst sich jedoch, wenn die überzähligen sechs Dimensionen aufgerollt oder, wie Physiker es nennen, *kompaktifiziert* sind. Ein einfaches Beispiel einer solchen Kompaktifizierung bietet der Strohhalm: Er besitzt eine große Dimension in der Länge und eine zweite, zu einem Kreis aufgerollte. Aus der Entfernung erscheint der Halm wie eine eindimensionale Linie, bei näherer Betrachtung jedoch stellen wir fest, dass seine Oberfläche in Wahrheit einen zweidimensionalen Zylinder bildet (siehe Abbildung 40). Gleichermaßen sind auch die kompakten zusätzlichen Dimensionen unsichtbar, so sie nur klein genug sind. Die String-Theorie schätzt ihre Größe auf wenig mehr als eine Planck-Länge.[5]

Das größte Problem bei den zusätzlichen Dimensionen ist die nur unzureichend geklärte Frage, wie sie zu kompaktifizieren sind. Eine einzige Extradimension ließe sich nur auf eine Weise kompaktifizieren: zu einer Ringform. Bei zwei Extradimensionen wäre die Bildung einer Sphäre denkbar, eines Kringels oder einer komplizierteren Oberfläche mit mehreren „Henkeln" (Abbildung 41). In höheren Dimensionen steigt die Anzahl möglicher Formen um ein Vielfaches. Die Schwingungszustände der Strings werden von Größe und Form der zusätzlichen

Abbildung 40: Ein Strohhalm hat eine zweidimensionale zylindrische Oberfläche. Eine große Dimension des Halms erstreckt sich über seine Länge, eine kleine ist zu einem Kreis aufgerollt.

Abbildung 41: Unterschiedliche Varianten der Kompaktifizierung zweier zusätzlicher Dimensionen. Die großen, nicht kompakten Dimensionen sind hier nicht dargestellt.

Dimensionen bestimmt; jede neue Kompaktifizierung entspricht somit einem neuen Vakuum mit anderen Teilchentypen, die andere Massenwerte und andere Wechselwirkungen aufweisen.

Die String-Theoretiker hofften, die Theorie werde irgendwann eine einzige Kompaktifizierung hervorbringen, die unsere Welt beschriebe und uns endlich eine Erklärung für die gemessene Werte aller teilchenphysikalischen Parameter liefern würde.[6] Auf der Welle der Erregung, die einige bahnbrechende mathematische Entdeckungen in den 1980er-Jahren ausgelöst hatten, schien dieses Ziel zum Greifen nah und die String-Theorie wurde bereits als die angehende „Theorie von Allem", als die Weltformel gepriesen – ziemlich hoch gegriffen für eine Theorie, die noch nicht eine einzige durch Beobachtung bestätigte Voraussage getroffen hatte! Mit der Zeit jedoch begann sich ein ganz anderes Bild abzuzeichnen: Die Theorie schien Tausende unterschiedlicher Kompaktifizierungen zuzulassen.

Damit nicht genug, machten einige unerwartete neue Entwicklungen in den 1990er-Jahren die Sache noch deutlich schlimmer. Als man die Berechnungen der String-Theorie besser verstehen lernte, kristallisierte sich heraus, dass es in der Theorie neben eindimensionalen Strings zweidimensionale Membranen und deren Entsprechungen in höheren Dimensionen geben musste. Diese Neuzugänge werden unter dem Oberbegriff der *Bran** zusammengefasst. Vibrierende kleine Branen dürften Teilchen gleichen, sind jedoch zu massereich, als dass man sie in Teilchenbeschleunigern erzeugen könnte.[7]

Branen haben eine unangenehme Nebenwirkung: Durch sie erhöht sich die Zahl möglicher Strukturen neuer Vakua dramatisch. Eine Bran kann wie ein Gummiband um einige der kompakten Dimensionen gewickelt sein. Jede neue stabile Branen-Konfiguration bedeutet ein neues Vakuum. Um jeden der Henkel des kompakten Raums können wir ein, zwei oder mehr Branen wickeln; eine große Anzahl von Henkeln eröffnet somit eine Fülle möglicher Kombinationen. Die Gleichungen der

* Die Theorie führt noch eine ganze Reihe weiterer Einheiten an (zum Beispiel Fluxe, dt.: Flüsse oder Flussschläuche, die Magnetfeldern gleichen), auf die ich hier jedoch nicht näher eingehen werde.

Abbildung 42: Zweidimensionale Darstellung einer Energielandschaft. Mit jeder Dimension (nicht zu verwechseln mit den Dimensionen des gewöhnlichen Raums) wird einer der Parameter dargestellt, die die Vakua der String-Theorie definieren. Die Höhe repräsentiert die Energiedichte.

Theorie haben damit zwar keine variablen Konstanten, ihre Lösungen jedoch, die unterschiedliche Vakua beschreiben, definieren sich über mehrere Hundert Parameter – die Größe der kompakten Dimensionen, die Aufenthaltsorte der Branen usw.

Mit nur einem Parameter hätten wir eine ähnliche Situation wie bei einem typischen teilchentheoretischen Skalarfeld. Wie wir in früheren Kapiteln gesehen haben, würde dieser eine Parameter wie eine kleine Kugel in der Energielandschaft zum nächstgelegenen Energiedichte-Minimum rollen. Zwei Parameter ergäben eine zweidimensionale Landschaft, wie Abbildung 42 sie zeigt. In dieser Landschaft gäbe es Maxima (Gipfel) und Minima (Täler), wobei die Minima die Vakuumzustände darstellten. Die Höhenlage eines jeweiligen Minimums gibt die entsprechende Vakuumenergiedichte (die Kosmologische Konstante) an.

Tatsächlich jedoch ist die Energielandschaft der String-Theorie

Abbildung 43: Im inflationär expandierenden hochenergetischen Vakuum bilden sich Blasen mit weniger energiereichen Vakua, in denen wiederum weitere, noch energieärmere Blasen entstehen.

sehr viel komplizierter, da sie deutlich mehr Parameter umfasst. Diese Landschaft lässt sich nicht zu Papier bringen: Um alle Parameter zu berücksichtigen, bräuchten wir einen Raum mit mehreren Hundert Dimensionen. Rechnerisch analysieren hingegen lässt die Landschaft sich durchaus. Nach einer ungefähren Schätzung enthält sie rund 10^{500} (ein Googol hoch 5!) verschiedene Vakua. Einige dieser Vakua gleichen dem unseren; bei anderen hingegen fallen die Werte der Naturkonstanten völlig anders aus. Wieder andere weichen noch stärker ab und weisen völlig andere Teilchen und Wechselwirkungen auf, oder sie besitzen mehr als drei große Dimensionen.

Mit der Entstehung dieses ungefähren Landschaftsbilds schmolzen die Hoffnungen, aus der String-Theorie ein einzelnes Vakuum ableiten zu können. Doch die Verfechter der Theorie stellten sich quer und waren nicht bereit das Handtuch zu werfen.

DAS BLASEN-UNIVERSUM

Die ersten Physiker, die sich aus der Herde lösten, waren Raphael Bousso, heute an der University of California in Berkeley, und Joseph Polchinski vom kalifornischen Kavli Institute for Theoretical Physics in Santa Barbara. Polchinski war jener String-Theoretiker, der sich so vehement gegen das Anthropische Prinzip gestemmt und die Physik hatte an den Nagel hängen wollen, wenn die Kosmologische Konstante entdeckt würde.* Glücklicherweise änderte er seine Meinung – hinsichtlich der Physik ebenso wie zum Anthropischen Prinzip.

Bousso und Polchinski verknüpften das Bild von der String-Theorie-Landschaft mit den Ideen der Kosmologie der Inflation und behaupteten, dass im Verlauf der Ewigen Inflation Regionen mit allen möglichen Vakua entstünden. Das Vakuum mit dem höchsten Energiewert bläht sich am schnellsten auf. Innerhalb dieser inflationär expandierenden Welt bilden sich Blasen mit niedrigeren Energiewerten und expandieren (wie in Guths ursprünglichem Inflationsszenario, das wir in den Kapiteln 5 und 6 kennen gelernt haben). Im Innern dieser Blasen verläuft die Inflation langsamer; gleichzeitig entstehen dort weitere Blasen mit noch niedrigeren Energiewerten (siehe Abbildung 43, S. 195).** Letztlich wird so die gesamte String-Theorie-Landschaft besiedelt: Zahllose Blasen entstehen, angefüllt mit jedem nur denkbaren Vakuum.[8]

Wir Menschen leben in einer dieser Blasen, wobei uns die Theorie nicht erklärt, in welcher. Nur in einem winzigen Bruchteil aller Blasen kann überhaupt Leben entstehen, und in einem dieser seltenen Exemplare befinden wir uns. Zur großen Bestürzung vieler String-Theoretiker deckt sich dieses Bild exakt mit den Annahmen des Anthropischen Prinzips. Sollte sich die String-Theorie tatsächlich als die letztgültige Theorie der Realität erweisen, scheint die Anthropische Weltsicht unausweichlich.

* Polchinski zeichnet maßgeblich für die Erkenntnis verantwortlich, dass die String-Theorie Branen unterschiedlicher Dimensionen enthalten muss.

** Die Entstehung von Blasen mit höherer Energiedichte ist ebenfalls möglich, wenn auch sehr viel weniger wahrscheinlich.

Es darf nicht unerwähnt bleiben, dass die Landschaft der String-Theorie von einer vollständigen Kartierung weit entfernt ist. Eine realistische Kosmologie setzt voraus, dass manche der Energiehügel sanft abfallen, damit die Inflation langsam ablaufen kann. Neuere Forschungsarbeiten deuten darauf hin, dass die Landschaft tatsächlich solche Regionen aufweist. Darüber hinaus müssen wir nach Hügeln mit einem noch geringeren Gefälle suchen, wie Lindes Skalarfeld-Modell einer variablen Kosmologischen „Konstante“ sie fordert (siehe Kapitel 13). Deren Entdeckung steht bislang noch aus. Bousso und Polchinski vermuten jedoch, dass Googols von Vakua in der Landschaft eine ausreichende Auswahl bieten.

Statt kontinuierlich ansteigender Dichtewerte der Vakuumenergie, wie Lindes Modell sie beschreibt, liefert die Landschaft einen diskreten Wertebereich. Normalerweise wäre dies problematisch, da nur ein winziger Bruchteil dieser Werte (etwa $1/10^{120}$) in den kleinen gemäß dem Anthropischen Prinzip zulässigen Bereich fällt. Läge die Anzahl der Vakua unter 10^{120}, bliebe dieser Bereich aller Wahrscheinlichkeit nach leer. Mit 10^{500} über die Landschaft verteilten Vakua jedoch ist der Wertebereich so dicht besetzt, dass er nahezu kontinuierlich ist und wir davon ausgehen können, dass die Kosmologische Konstante sich in Googols von Vakua innerhalb des anthropisch zulässigen Intervalls bewegt. Wie zuvor können wir dann das Prinzip der Mittelmäßigkeit anwenden, sodass die erfolgreiche Voraussage der gemessenen Kosmologischen Konstante unberührt bleibt.

EIN FORSCHUNGSPROGRAMM FÜR DAS 21. JAHRHUNDERT

Die Veröffentlichung des Artikels von Bousso und Polchinski im Jahre 2000 sorgte für Wirbel; ins Rollen kam die Lawine jedoch erst drei Jahre später, als sich den Wissenschaftlern mit Leonard Susskind von der Stanford University einer der Erfinder der String-Theorie anschloss. Susskind ist ein erbarmungslos unabhängiger Denker und gleichzeitig ein äußerst charmanter und charismatischer Mann. Sein mitreißendes Wesen ist einzigartig; einen solchen Menschen möchte man an seiner Seite haben.

Als Boussos und Polchinskis Artikel erschien, zeigte sich Susskind zunächst nicht überzeugt. Für ihn kam die Existenz einer Vielzahl von Vakua, von der die Wissenschaftler in ihrer Arbeit ausgingen, mehr einer Mutmaßung gleich als einer mathematischen Tatsache. Die Entwicklungen der folgenden Jahre zeigten jedoch, dass die Mutmaßungen im Grundsatz stichhaltig waren, und 2003 setzte sich Susskind mit vollem Elan öffentlich für „die Anthropische Landschaft der String-Theorie" ein. Zum ersten Mal, argumentierte er, liefere die Diversität der Vakua in der String-Theorie eine stabile wissenschaftliche Basis für eine Anthropische Argumentation. Vertreter der String-Theorie sollten sich das Anthropische Prinzip daher zu eigen machen, statt gegen es anzukämpfen.

Binnen Jahresfrist war „die Landschaft" in aller Munde. Die Zahl der Veröffentlichungen über vielfache Vakua und andere Fragen zum Anthropischen Prinzip stieg von vier im Jahre 2002 auf zweiunddreißig im Jahre 2004. Erwartungsgemäß wurde diese Wendung der Dinge nicht nur freudig aufgenommen. „Diese neue Idee mit der Landschaft ist mir zuwider", bemerkte Paul Steinhardt, „und ich hoffe, dass sie verschwinden wird."[9] David Gross, Nobelpreisträger des Jahres 2004, für den die Einbeziehung des Anthropischen Prinzips einem Verzicht auf das Ideal der Einzigartigkeit gleichkommt, erklärte in Anlehnung an Winston Churchill: „Niemals, niemals, niemals, niemals aufgeben!" Auf einer Konferenz in Cleveland beklagte er sich bei mir, das Anthropische Prinzip sei wie ein Virus: Einmal infiziert, sei man für die Gemeinschaft verloren. „Ed Witten* verabscheut diese Vorstellung zutiefst", beschreibt Susskind die Situation, „es heißt jedoch, er fürchte stark, dass sie stimmen könnte. Glücklich ist er darüber nicht, aber ich glaube, er weiß, dass die Dinge sich in diese Richtung bewegen."[10]

Wenn die Vorstellungen von der Landschaft zutreffend sind, wird es nicht leicht werden, die gemessenen Naturkonstanten zu erklären. Zunächst werden wir die Landschaft kartieren müssen. Welche Arten von Vakua gibt es darin und wie viele jeweils? Da eine detaillierte Dar-

* Edward Witten gehört zu den führenden String-Theoretikern und wurde 1990 mit der Fields-Medaille ausgezeichnet, die als Nobelpreis für Mathematik gilt.

stellung aller 10^{500} Vakua unrealistisch ist, werden wir auf eine statistische Beschreibung zurückgreifen müssen. Darüber hinaus werden wir die Wahrscheinlichkeiten einschätzen müssen, mit denen sich Blasen eines gegebenen Vakuums in einem anderen bilden. Anhand dieser Details werden wir ein Modell eines ewig inflationär expandierenden Universums mit Blasen innerhalb von Blasen innerhalb von Blasen entwickeln können, wie Abbildung 43 (S. 195) es zeigt. Innerhalb dieses Modells können wir dann über das Prinzip der Mittelmäßigkeit die Wahrscheinlichkeit bestimmen, mit der wir in diesem oder in jenem Vakuum leben.

Derzeit unternehmen wir die ersten vorsichtigen Schritte in diesem Programm und blicken gewaltigen Herausforderungen entgegen. „Aber“, schreibt Leonard Susskind, „ich möchte wetten, dass an der Schwelle zum 22. Jahrhundert Philosophen und Physiker wehmütig auf die Gegenwart zurückblicken und sich an ein goldenes Zeitalter erinnern werden, in dem die kleinbürgerlich enge Vorstellung vom Universum des 20. Jahrhunderts einem größeren und besseren Megaversum mit einer Landschaft von Schwindel erregenden Ausmaßen Platz machte.“ [11]

Vor dem Anfang

16

Hatte das Universum einen Anfang?

Von wannen diese Schöpfung sei gekommen, ... Der auf sie schaut im höchsten Himmelsraume, der weiß allein es, oder weiß ers auch nicht?

Rig-Veda

EIN PROBLEM MIT DEM KOSMISCHEN EI

In den Schöpfungsmythen der Vorzeit manifestiert sich ein fabelhafter Einfallsreichtum; auf der elementarsten Ebene jedoch hat jede dieser Geschichten nur zwei Varianten zur Auswahl: Entweder wurde das Universum vor einer endlichen Zeit erschaffen oder es hat schon ewig existiert.[1]

So wird in dem heiligen Buch der Hindus, den Upanishaden, unter anderem dieses Szenario beschrieben:

Diese Welt war zu Anfang nichtseiend; dieses [Nichtseiende] war das Seiende. Dasselbige entstand. Da entwickelte sich ein Ei. Das lag da, so lange wie ein Jahr ist. Darauf spaltete es sich... Was aber dabei geboren wurde, das ist die Sonne dort; als sie geboren war, erhob sich lärmendes Jauchzen hinter ihr her und alle Wesen und alle Wünsche.

Das klingt recht unkompliziert, doch leider birgt dieser Gedanke einen großen Fehler, den er mit jeder anderen Schöpfungsgeschichte gemein hat. Dass sich die Menschen der Vorzeit des Problems sehr wohl bewusst waren, zeigt ein Zitat des jainistischen Dichters Jinasana aus dem 9. Jahrhundert n. Chr.:

Aber die Lehre, die Welt sei geschaffen, ist töricht und muss zurückgewiesen werden.
Denn wenn Gott die Welt erschuf, wo war er dann vor der Schöpfung?...
Wie konnte Gott die Welt ohne Rohstoff schaffen?
Wer sagt, zuerst machte er den Rohstoff und dann die Welt, verstrickt sich in einer regressio ad infinitum...
So ist die Lehre, die Welt sei von Gott erschaffen,
Vollkommen unsinnig...
Wisse, dass die Welt unerschaffen ist, wie die Zeit selbst,
ohne Anfang und Ende,
Und dass sie auf Prinzipien beruht, dem Leben und dem Übrigen.[2]

Diese Kritik trifft ebenso gut auf jedes andere Szenario des kosmischen Ursprungs zu – auf göttliche Schöpfungsakte ebenso wie auf die Geschichte vom kosmischen Ei oder eine „natürliche" Entstehung wie das Urknall-Modell der modernen Kosmologie.[3]

Nach der Urknalltheorie entstand die gesamte uns umgebende Materie vor etwa 14 Milliarden Jahren in einem heißen kosmischen Feuerball. Nur woher stammte der Feuerball? In der Inflationstheorie wurde aufgezeigt, dass ein expandierender Feuerball aus einem winzigen Stück Falschen Vakuums entstehen konnte. Doch auch dies beantwortet die Frage nicht: Woher stammte jenes erste Stück? Was geschah vor der Inflation?

Die meisten Kosmologen waren keineswegs darauf erpicht, dieses heiße Eisen anzupacken. Tatsächlich schien es, als würde sich eine befriedigende Antwort nie finden lassen. Denn wie diese auch ausfallen mag, kann man doch immer aufs Neue fragen: „Und was geschah davor?" Das ist der unendliche zeitliche Regress, von dem Jinasana schreibt. Als jedoch in den 1980er-Jahren das Modell der Ewigen Inflation entwickelt wurde, schien sich damit eine interessante Alternative zu bieten.

Ein ewig sich aufblähendes Universum besteht aus einem expandierenden „Ozean" Falschen Vakuums, das unaufhörlich „Insel-Universen" wie das unsere hervorbringt. Die Inflation ist also ein endloser Prozess. In unserem Insel-Universum ist sie abgeschlossen, in anderen fernen Regionen jedoch wird sie sich unendlich fortsetzen. Wenn die Inflation nun aber in die unendliche Zukunft weiterläuft, hatte sie in der Vergangenheit womöglich keinen Anfang. Damit hätten wir ein ewig inflationär expandierendes Universum ohne Anfang und ohne Ende, und die verwirrenden Fragen nach dem Ursprung des Kosmos hätten sich erübrigt. Dieses Bild erinnert an die Steady-State-Kosmologie der 1940er- und 50er-Jahre. Manche fanden es sehr ansprechend.

EIN ZYKLISCHES UNIVERSUM

Neben dem gleichbleibenden Zustand des Steady-State-Modells existiert noch eine zweite Variante eines ewigen Universums. Auch diese Möglichkeit haben vor langer Zeit die Hindus erkannt. Der endlose Kreislauf von Schöpfung und Zerstörung drückt sich im Tanz des Gottes Shiva aus. „Er erhebt sich aus seiner Verzückung und sendet in seinem Tanz pulsierende Wellen erweckenden Klangs durch die träge Materie." Das Universum wird lebendig, doch dann, „wenn die Zeit gekommen ist, zerstört er, noch im Tanz, alle Formen und Namen durch Feuer und verleiht erneut Ruhe".[4]

Ein ähnliches Modell in der wissenschaftlichen Kosmologie beschreibt ein oszillierendes Universum, das einen Kreislauf aus Expansion und Kontraktion durchläuft. Nach vorübergehender Popularität in den 1930er-Jahren fiel dieser Gedanke aufgrund seines offensichtlichen Widerspruchs zum Zweiten Hauptsatz der Thermodynamik jedoch in Ungnade.

Nach dem Zweiten Hauptsatz muss die Entropie, ein Maß für die Unordnung eines Systems, mit jedem Kreislauf der kosmischen Evolution zunehmen. Sollte das Universum aber tatsächlich bereits unendlich viele Zyklen durchlaufen haben, hätte es den Zustand maximaler Entropie, oder thermischen Gleichgewichts, erreicht. In einem solchen Zustand befinden wir uns jedoch sicherlich nicht. Dies ist das in einem früheren Kapitel dieses Buchs erwähnte Problem des „Wärmetods".

Über ein halbes Jahrhundert lang blieb der Gedanke eines oszillierenden Universums unbeachtet, bis Paul Steinhardt von der Princeton University und Neil Turok von der Cambridge University es im Jahre 2002 in neuer Gestalt auferstehen ließen. Wie in früheren Modellen schlugen die Wissenschaftler vor, dass die Geschichte des Universums ein sich endlos wiederholender Kreislauf aus Expansion und Kontraktion sei: Jeder Zyklus beginnt mit einem heißen expandierenden Feuerball. Dieser expandiert und kühlt sich ab, Galaxien entstehen und bald darauf gewinnt die Vakuumenergie die Herrschaft über das Universum. Von diesem Moment an beginnt sich das Universum exponentiell auszudehnen und verdoppelt seine Größe etwa alle 10 Milliarden Jahre. Nach Billionen von Jahren dieser extrem langsamen Inflation ist das Universum sehr homogen, isotrop und flach. An einem bestimmten Punkt verlangsamt sich die Expansion und kehrt sich anschließend in Kontraktion um. Das Universum rekollabiert, um sofort wieder die Richtung zu wechseln und einen neuen Kreislauf zu beginnen. Aus einem Teil der beim Kollaps frei gewordenen Energie entsteht ein heißer Feuerball aus Materie.[5]

Laut Steinhardt und Turok stellt sich die Frage nach dem Anfang in ihrem Szenario nicht. Da das Universum stets den gleichen Zyklus durchlief, gab es keinen Anfang. Auch das Wärmetod-Problem wird umschifft, da das Maß der Expansion in einem Kreislauf jenes der Kontraktion übersteigt und folglich das Volumen des Universums mit jedem Zyklus zunimmt. Die Entropie unserer beobachtbaren Region ist heute ebenso groß wie die einer vergleichbaren Region im vorangegangenen Kreislauf; die Gesamtentropie des Universums hingegen ist aus dem einfachen Grund gestiegen, dass dessen Volumen heute größer ist. Mit der Zeit nehmen sowohl Entropie als auch Gesamtvolumen unbegrenzt zu. Der Zustand maximaler Entropie wird nie erreicht, da es eine maximale Entropie nicht gibt.

Anscheinend also haben wir zwei mögliche Modelle eines ewigen Universums ohne Anfang: Eines gründet auf dem Prinzip der Ewigen Inflation, das andere auf zyklischer Entwicklung. Wie sich zeigt, gibt jedoch keine der beiden Varianten eine umfassende Beschreibung des Universums her.

DE-SITTER-RAUM

Physiker, die einem Phänomen auf den Grund gehen wollen, werden dieses zuallererst so weit wie möglich vereinfachen, indem sie es auf das Allernotwendigste reduzieren. Im Fall der Ewigen Inflation können wir die Insel-Universen ausklammern und behalten nur den inflationär expandierenden Ozean. Darüber hinaus können wir voraussetzen, das Universum sei wie in Friedmanns Modellen homogen und isotrop. Derart vereinfacht lässt das inflationär expandierende Universum ohne Weiteres die Lösung der Einstein'schen Gleichungen zu.

Das vereinfachte Modell besitzt die Geometrie einer dreidimensionalen Sphäre, die sich, ausgehend von einem sehr großen Radius in weit zurückliegender Vergangenheit, zusammenzieht. Diese Kontraktion wird durch die abstoßende Kraft der Gravitation des Falschen Vakuums gebremst, bis die Sphäre kurz innehält und sich sodann erneut ausdehnt. Da die Gravitation nun in die Bewegungsrichtung wirkt, beschleunigt sich die Expansion der Sphäre. Ihr Radius wächst exponentiell an, wobei sich die Verdopplungszeit aus der Energiedichte des Falschen Vakuums ableitet.*

Das hier beschriebene Modell kennt man seit den frühen Tagen der Allgemeinen Relativitätstheorie unter der Bezeichnung de-Sitter-Raum, benannt nach dem niederländischen Astronomen Willem de Sitter, der ihn 1917 entdeckte. Abbildung 44 illustriert diese Raumzeit. Die Inflation setzt in einer de-Sitter-Raumzeit erst ein, nachdem das sphärische Universum seinen kleinsten Radius erreicht hat. Dann jedoch läuft die exponentielle Expansion bis in unendliche Zukunft weiter, sodass sich in diese Zeitrichtung eine Ewige Inflation ergibt.

Lassen wir in unserem Modell die Entstehung von Insel-Universen zu, so würden diese im kontrahierenden Abschnitt der Raumzeit kollidieren und fusionieren. Daraufhin würden die Inseln rasch den gesamten Raum ausfüllen, das Falsche Vakuum wäre restlos verschwunden und das Universum würde letztlich in einem Endknall kollabieren.

* Der minimale Radius der de-Sitter-Sphäre entspricht in etwa der Distanz, die Licht binnen einer Verdopplungszeit der Inflation zurücklegt.

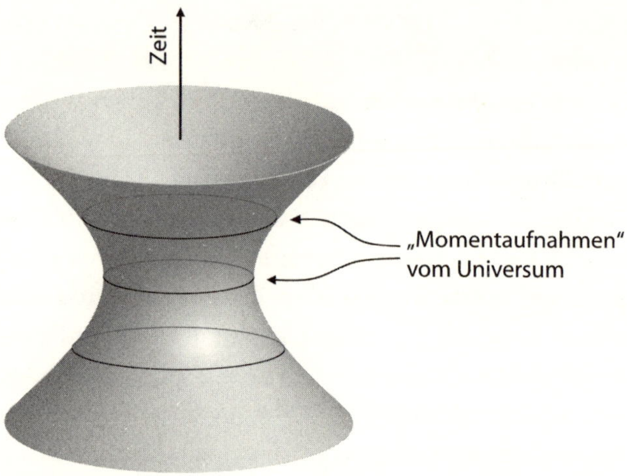

Abbildung 44: De-Sitter-Raumzeit in räumlich eindimensionaler Darstellung: Querschnitte der Raumzeit zeigen „Momentaufnahmen“ vom Universum zu unterschiedlichen Zeitpunkten. In einer vierdimensionalen Darstellung der Raumzeit würden die Schnitte als dreidimensionale sphärische Räume erscheinen.

Die Inflation kann sich folglich nicht in die unendliche Vergangenheit erstrecken. Sie muss eine Art Anfang gehabt haben.

Bei allem dürfen wir jedoch nicht vergessen, dass diese Schlussfolgerung auf einem maximal vereinfachten Modell der Inflation gründet, das von einem homogenen und isotropen Universum ausgeht. Tatsächlich jedoch ist das Universum in Größenordnungen, die den derzeitigen Horizont bei Weitem überschreiten, möglicherweise sehr unregelmäßig – inhomogen und anisotrop. Ist die Kontraktionsphase der de-Sitter-Raumzeit also vielleicht ein Kunstprodukt unserer vereinfachenden Annahmen? Lässt sich in einer umfassender definierten Raumzeit der Anfang umgehen?

JENSEITS ALLER ZWEIFEL

Diese Zweifel wurden erst kürzlich in einem Artikel ausgeräumt, den ich in Zusammenarbeit mit Arvind Borde von der Long Island University und Alan Guth schrieb. Das Theorem, das wir in diesem Artikel bewiesen, ist erstaunlich simpel. Die Beweisführung bewegt sich im Rahmen der Sekundarstufen-Mathematik; seine Auswirkungen auf den Anfang des Universums aber greifen sehr tief.

Borde, Guth und ich untersuchten ein expandierendes Universum aus dem Blickwinkel unterschiedlicher Beobachter. Dabei dachten wir uns Beobachter, die sich unter dem Einfluss von Gravitation und Trägheit durch das Universum bewegen und aufzeichnen, was sie sehen. In einem Universum ohne Anfang müssten die Aufzeichnungen aller dieser Beobachter in die unendliche Vergangenheit reichen. Wir zeigten auf, dass eine solche Annahme in einen Widerspruch mündet.

Um ein konkretes Bild vor Augen zu haben, nehmen wir an, in jeder Galaxie unserer lokalen Region befinde sich ein Beobachter. Da das Universum sich ausdehnt, sieht jeder dieser Beobachter die anderen sich von ihm entfernen. In einigen Regionen von Raum und Zeit mag es zwar keine Galaxien geben, dennoch können wir uns vorstellen, über das gesamte Universum seien Beobachter derart „verstreut", dass sie alle sich voneinander wegbewegen.* Um ihnen einen Namen zu geben, wollen wir diese Beobachter „Zuschauer" nennen.

Als Nächstes lernen wir einen weiteren Beobachter kennen, der sich relativ zu den Zuschauern bewegt. Ihn wollen wir den „Raumfahrer" nennen. Die Antriebssysteme seines Raumschiffs ausgeschaltet, bewegt er sich kraft seiner Trägheit vorwärts – seit ewigen Zeiten. Wenn er die Zuschauer passiert, registrieren diese seine Geschwindigkeit.

Da die Zuschauer sich voneinander wegbewegen, ist die relative Geschwindigkeit des Raumfahrers zu jedem folgenden Zuschauer geringer als seine relative Geschwindigkeit zum jeweils vorhergehenden. So können wir beispielsweise annehmen, der Raumfahrer habe soeben mit einer Geschwindigkeit von 100 000 Kilometern in der Sekunde die Erde passiert und sei nun zu einer etwa eine Milliarde Lichtjahre entfernten Galaxie unterwegs. Diese Galaxie bewegt sich mit einer Geschwindigkeit von 20 000 Kilometern pro Sekunde von uns weg. In dem Moment,

* Die Existenz einer solchen Klasse von Beobachtern kann als mögliche Definition eines expandierenden Universums gelten.

da der Raumfahrer sie erreicht, werden die Zuschauer dort dessen Geschwindigkeit auf 80 000 Kilometer pro Sekunde messen.

Wenn somit die Geschwindigkeit des Raumfahrers in Relation zu jener der Zuschauer in Zukunft immer geringer wird, so folgt daraus, dass sie umso stärker zunehmen müsste, je weiter wir seine Geschichte in die Vergangenheit zurückverfolgen. Letztlich müsste die Geschwindigkeit des Raumfahrers sich der Lichtgeschwindigkeit beliebig annähern.

Die entscheidende Beobachtung in meinem gemeinsam mit Borde und Guth verfassten Artikel ist folgende: Während wir immer weiter in die Vergangenheit zurückgehen und uns in der Zeitrechnung der Zuschauer der unendlichen Vergangenheit nähern, ist in der Zeitrechnung des Raumfahrers eine *endliche* Zeitspanne vergangen. Dies liegt in Einsteins Relativitätstheorie begründet, derzufolge eine sich bewegende Uhr langsamer tickt und umso langsamer gehen wird, je mehr wir uns der Lichtgeschwindigkeit annähern. Auf unserer Zeitreise in die Vergangenheit nähert sich die Geschwindigkeit des Raumfahrers der Lichtgeschwindigkeit und seine Uhr bleibt im Grunde stehen – zumindest aus der Perspektive des Zuschauers. Der Raumfahrer selbst bemerkt nichts Ungewöhnliches. Was die Zuschauer als einen Augenblick des Stillstands wahrnehmen, der sich in alle Ewigkeit erstreckt, ist für ihn ein Moment wie jeder andere, dem frühere vorausgegangen sein müssen. Ebenso wie die Geschichtsverläufe der Zuschauer müsste auch die Geschichte des Raumfahrers in die unendliche Vergangenheit zurückreichen.

Die Tatsache der Endlichkeit der vom Raumfahrer gemessenen Zeitspanne deutet darauf hin, dass wir nur einen Teil seiner Geschichte kennen. Ein Teil der früheren Geschichte des Universums fehlt also; sie wird im Modell nicht berücksichtigt. Die Annahme, dass die gesamte Raumzeit von einer expandierenden „Schicht" aus Beobachtern überzogen sein kann, hat so zu einem Widerspruch geführt und kann folglich nicht richtig sein.[6]

Bemerkenswert an diesem Theorem ist seine umfassende Allgemeingültigkeit. Es enthält keinerlei Annahmen über den materiellen Gehalt des Universums. Wir setzten nicht einmal voraus, dass die Gravitation durch Einsteins Gleichungen beschrieben sei. Selbst wenn also einige

Modifikationen an Einsteins Gravitationstheorie notwendig würden, bleibt unsere Schlussfolgerung nach wie vor gültig. Die einzige Voraussetzung, die wir formulierten, betraf die Expansionsrate des Universums, die zu keinem Zeitpunkt unter einen von null verschiedenen Wert sinken darf, wie gering dieser auch sein mag.[7] Ein inflationär expandierendes Falsches Vakuum dürfte dieser Forderung zweifellos genügen. In der Konsequenz ist eine ewig in die Vergangenheit zurückreichende Inflation ohne Anfang unmöglich.

Wie nun stellt sich die Lage bei einem Zyklischen Universum dar? In ihm wechseln sich Phasen der Expansion und der Kontraktion ab. Kann ein solches Universum aus den Fängen des Theorems entrinnen? Wie sich zeigt, ist die Antwort nein. Ein zentrales Merkmal des Zyklischen Universums, mit dessen Hilfe dieses das Wärmetod-Problem umgeht, ist der Anstieg des kosmischen Volumens mit jedem Kreislauf, was durchschnittlich gesehen einer Expansion des Universums gleichkommt. In meinem gemeinsam mit Borde und Guth verfassten Artikel zeigten wir auf, dass der Raumfahrer auf unserer Zeitreise in die Vergangenheit aufgrund dieser Expansion im Durchschnitt schneller wird und auch hier letztlich Lichtgeschwindigkeit erreicht. Somit gelten die gleichen Schlussfolgerungen wie zuvor.[8]

Es heißt, ein Argument überzeugt die Vernünftigen; um auch den Unvernünftigen zu überzeugen, bedarf es eines Beweises. Da der Beweis nun geführt ist, können sich die Kosmologen nicht länger hinter der Variante eines seit unendlichen Zeiten bestehenden Universums verstecken. Es führt kein Weg daran vorbei: Sie müssen sich dem Problem eines kosmischen Anfangs stellen.

Die Arbeit mit Alan Guth an einem Artikel war eine unvergessliche Erfahrung. Die Idee für die Beweisführung entstand in einer E-Mail-Korrespondenz zwischen Alan, Arvind und mir, und die Details wurden im August 2001 binnen zweier Stunden in meinem Büro an der Tufts University an der Tafel festgeklopft. Etwa einen Monat später hatten wir einen Artikel geschrieben und schickten ihn an das Magazin *Physical Review Letters*. Ich war bass erstaunt: Was war aus Alan und seiner legendären Zögerlichkeit geworden? Ich sollte jedoch nicht enttäuscht werden. Einige Monate später leitete der Herausgeber des Magazins den Bericht eines Gutachters an uns weiter, der um Klärung einiger Aspekte in der Beweisführung bat. Und hier kam der gute alte Alan in seiner ganzen Pracht wieder zum Vorschein. Seine E-Mails trafen in immer größeren Abständen ein, mit Betreffs wie „Gerade viel zu tun“ und „Noch nichts gemacht“. Als er endlich Zeit für den Artikel fand, verbrachte er einen Großteil davon offensichtlich mit Fragen wie: Sollten wir „einem anonymen Gutachter“ oder „dem anonymen Gutachter“ für seine oder ihre Anmerkungen Dank sagen? In detaillierten Ausführungen erwog er das Für und Wider beider Varianten. Möglicherweise ahnte Alan, dass sich seine Überarbeitung des Artikels ein wenig in die Länge zog; so schrieb er einmal: „Ich muss mich bei euch beiden dafür bedanken, dass ihr mich nicht erschießt.“ Der Gerechtigkeit halber sei vermerkt, dass er einen Teil der Zeit auch mit gehaltvolleren Fragen zubrachte und dass der verlängerte Überarbeitungsprozess zu einer wesentlichen Verbesserung des Artikels führte. Endgültig veröffentlicht wurde der Artikel im April 2003.[9]

EIN BEWEIS FÜR DIE EXISTENZ GOTTES?

Jeglicher Beweis für einen Anfang des Universums ist von Theologen häufig als Beweis für die Existenz Gottes begrüßt worden. In den 1950er-Jahren gab die zunehmende Beweislast für den Urknall in theologischen Kreisen sowie bei einigen religiös eingestellten Wissenschaftlern Anlass zur Freude. „Was die erste Ursache des Universums betrifft“, schrieb der britische Physiker Edward Milne, „so bleibt deren Ergänzung im Zusammenhang mit der Expansion dem Leser überlassen; ohne Ihn jedoch ist unser Bild unvollständig.“ [10] Die Urknall-Theorie erhielt sogar den offiziellen Segen der römisch-katholischen Kirche. In seiner Ansprache an die Päpstliche Akademie der Wissenschaften erklärte Papst Pius XII., die moderne Wissenschaft „… bestätigte … die begründete Schlussfolgerung, dass in jener Zeitepoche das Weltall aus der Hand des Schöpfers hervorging. Die Erschaffung also in der Zeit; und deshalb ein Schöpfer und folglich ein GOTT.“ [11]

Die nämlichen Ursachen, die die überschwängliche Freude des Papsts auslösten, führten bei Wissenschaftlern mehrheitlich zu einer instinktiven Ablehnung der Vorstellung von einem kosmischen Anfang. „Wer die unendliche Dauer der Zeit leugnet“, erklärte der deutsche Chemiker und Nobelpreisträger Walther Nernst, „verrät die Grundlagen der Wissenschaft.“ [12] Zu sehr roch der Anfang des Universums nach einem göttlichen Eingriff; ihn wissenschaftlich zu erklären schien unmöglich. Darin zumindest waren sich Wissenschaftler und Theologen anscheinend einig.

Was nun fangen wir mit einem Beweis an, dass ein Anfang unumgänglich ist? Ist er ein Beweis für die Existenz Gottes? Eine solche Sicht der Dinge wäre viel zu vereinfacht. Wer sich anschickt den Ursprung des Universums zu ergründen, muss bereit sein sich dessen logischen Widersprüchen zu stellen. In dieser Hinsicht erwächst dem Theologen aus dem von meinen Kollegen und mir bewiesenen Theorem nicht wirklich ein Vorteil gegenüber dem Wissenschaftler. Wie die Bemerkungen Jinasanas zu Beginn dieses Kapitels belegen, ist die Religion gegen die Paradoxien der Schöpfung nicht gefeit.

Vielleicht waren die Wissenschaftler auch zu rasch mit ihrer Aussage bei der Hand, dass sich der kosmische Anfang mit rein wissenschaftlichen Begriffen nicht beschreiben lasse. Natürlich ist nur schwer vorstellbar, wie dies zu bewerkstelligen sei. Doch scheinbar Unmögliches führt uns häufig lediglich die Grenzen unserer Vorstellungskraft vor Augen.

17

Entstehung von Universen aus dem Nichts

De nihilo nihil. – Aus nichts wird nichts.
Lukrez

INFLATION AM ENDE DES TUNNELS

1982 war die Inflation noch ein sehr neues Feld voller unerforschter Ideen und komplexer Fragen – eine Goldgrube für aufstrebende Nachwuchskosmologen. Die rätselhafteste und für den derzeitigen Zustand des Universums vielleicht am wenigsten relevante dieser Fragen betraf den Beginn der Inflation. Ein inflationär expandierendes Universum „vergisst" rasch, unter welchen Bedingungen es entstand, sodass sein Zustand zu Beginn der Inflation spätere Ereignisse nur geringfügig beeinflusst. Wer daher nach Möglichkeiten sucht, die Inflation anhand von Beobachtungen zu überprüfen, sollte sich nicht unnötig damit auseinandersetzen, wie sie begann. Dennoch stand das Rätsel des Anfangs unverändert und unausweichlich im Raum. Wie von einem Magneten fühlte ich mich zu ihm hingezogen.

Auf den ersten Blick stellte sich das Problem relativ einfach dar. Wie wir wissen, reicht eine kleine, mit Falschem Vakuum gefüllte Region aus, um die Inflation anzutreiben. Ich musste also lediglich herausfinden, auf welche Weise aus einem früheren Zustand des Universums eine solche Region hatte entstehen können.

Die vorherrschende Meinung der damaligen Zeit gründete auf dem Friedmann'schen Modell, in dem die Inflation des Universums aus einem singulären Zustand unendlicher Krümmung und unendlicher Materiedichte heraus begann. Geht man davon aus, dass das Universum mit einem hochenergetischen Falschen Vakuum angefüllt ist, wird jegliche anfänglich vorhandene Materie verdünnt, bis zu einem bestimmten Zeitpunkt die Vakuumenergie überwiegt. In diesem Moment übernimmt die abstoßende Kraft der Gravitation des Vakuums die Vorherrschaft und die Inflation setzt ein.

Soweit ginge das in Ordnung; nur warum eigentlich expandierte das Universum überhaupt? Zu den Verdiensten der Inflation zählte, dass sie die Expansion des Universums erklärte. Dennoch schien es, als bräuchten wir die Expansion, noch bevor die Inflation überhaupt einsetzte. Die anziehende Kraft der Graviation ist anfänglich viel stärker als die abstoßende Kraft des Vakuums; ohne das Postulat eines starken ersten Expansionsschubs also würde das Universum schlicht kollabieren und die Inflation würde niemals einsetzen.

Eine Zeitlang dachte ich über diese Argumentation nach, doch sie folgte einer simplen Logik und schien unausweichlich. Dann jedoch ging mir mit einem Schlag auf, dass das Universum, anstatt zu kollabieren, etwas sehr viel Interessanteres und Dramatischeres tun konnte... Nehmen wir an, wir hätten ein geschlossenes sphärisches Universum, das mit einem Falschen Vakuum gefüllt ist und eine bestimmte Menge gewöhnlicher Materie enthält. Nehmen wir weiter an, dieses Universum befände sich derzeit im Ruhezustand, würde also weder expandieren noch kontrahieren. Das Schicksal eines solchen Universums wird von seinem Radius bestimmt. Ist der Radius klein, wird die Materie auf eine hohe Dichte komprimiert und das Universum kollabiert zu einem Punkt. Ist der Radius hingegen groß, dominiert die Vakuumenergie und das Universum bläht sich auf. Zwischen kleinen und großen Radien liegt eine Energiebarriere, die sich nur in einem Universum mit hoher Expansionsrate überwinden lässt.

Was mir schlagartig klar wurde, war, dass der Kollaps eines kleinen Universums allein in der klassischen Physik eine unausweichliche Folge darstellte. In der Quantentheorie konnte das Universum die Energiebarriere durchtunneln und auf der anderen Seite wieder erscheinen – wie eines der Kernteilchen in Gamows Theorie des radioaktiven Zerfalls.

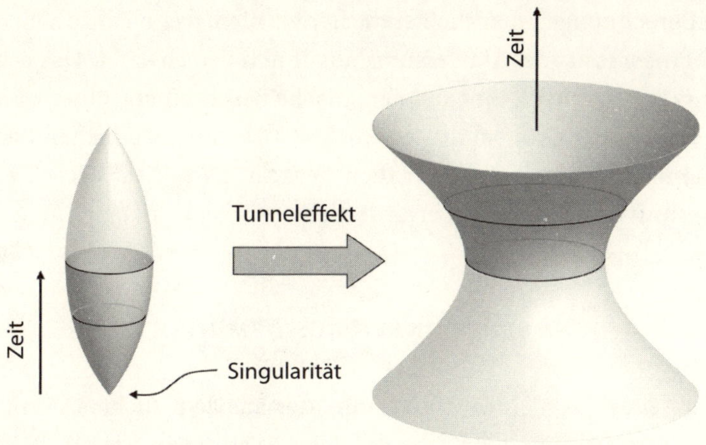

Abbildung 45: *Bild links*: Raumzeit-Diagramm eines geschlossenen Friedmann-Universums: Dieses expandiert aus einer Singularität, erreicht einen maximalen Radius und rekollabiert. Die Zeitfunktion verläuft in vertikaler Richtung, horizontale Linien markieren einzelne Momentaufnahmen des Universums. *Bild rechts*: Von Vakuumenergie dominiertes Universum: Dieses kontrahiert und expandiert erneut (de-Sitter-Raumzeit). Anstatt zu rekollabieren, kann das Universum links die Energiebarriere zu einem größeren Radius durchtunneln und sich auszudehnen beginnen. In diesem Fall setzt sich die Raumzeit-Geschichte des Universums ausschließlich aus den dunkel schattierten Teilbereichen beider Raumzeiten zusammen.

Dies schien mir eine saubere Lösung des Problems. Das Universum beginnt extrem klein und wird aller Wahrscheinlichkeit nach zu einer Singularität kollabieren. Jedoch besteht eine geringe Chance, dass es, anstatt zu kollabieren, die Barriere in einen größeren Radius durchtunnelt und sich aufzublähen beginnt (siehe Abbildung 45). In einem größeren Zusammenhang betrachtet gäbe es somit etliche misslungene Universen, die nur einen flüchtigen Augenblick lang existieren; einige jedoch kämen ganz groß heraus.

Im Gefühl, voranzukommen, ging ich einen Schritt weiter. Ist der geringen Größe des Anfangsuniversums irgendeine Grenze gesetzt? Was geschieht, wenn wir es immer kleiner werden lassen? Zu meiner Überraschung stellte ich fest, dass die Wahrscheinlichkeit eines quantenmechanischen Tunneleffekts selbst dann noch gegeben war, wenn ich die Anfangsgröße gegen null gehen ließ. Darüber hinaus bemerkte ich, dass meine Berechnungen merklich einfacher wurden, wenn ich zuließ, dass der Anfangsradius des Universums aus ihnen verschwand. Das schien nun wirklich verrückt: Eine mathematische Beschreibung eines Universums, das aus der Größe null – aus nichts! – zu einem endlichen Radius durchtunnelte und sich aufzublähen begann. Es schien, als wäre ein Anfangsuniversum gar nicht erforderlich!

QUANTENTUNNELN AUS DEM NICHTS

Der Vorstellung von einem Universum, das aus dem Nichts Gestalt annimmt, lässt sich nur sehr schwer folgen. Was genau ist mit „Nichts" gemeint? Und wenn dieses „Nichts" zu etwas durchtunneln konnte, was konnte den ersten Tunneleffekt verursacht haben? Und wie steht es mit dem Gebot der Energieerhaltung? Und doch – je länger ich darüber nachdachte, desto einleuchtender erschien mir die Idee.

Der Anfangszustand vor dem Tunneleffekt ist ein Universum mit einem verschwindenden Radius – also überhaupt kein Universum. In diesem Zustand gibt es weder Materie noch Raum. Auch Zeit existiert nicht. Zeit hat nur dann Bedeutung, wenn im Universum etwas geschieht. Wir messen die Zeit nach regelmäßig ablaufenden Prozessen wie der Rotation der Erde um ihre Achse oder deren Kreisbahn um die Sonne. Ohne Raum und Materie lässt sich Zeit nicht definieren.

Dennoch darf der Zustand des „Nichts" nicht mit einem *absoluten* Nichts gleichgesetzt werden. Da der Tunneleffekt mit den Gesetzen der Quantenmechanik beschrieben wird, muss das „Nichts" diesen Gesetzen unterliegen. Die Gesetze der Physik müssen demnach existiert haben, obwohl es kein Universum gab. Auf diesen Aspekt werde ich in Kapitel 19 näher eingehen.

Ausgelöst durch das Ereignis des Tunneleffekts entsteht aus dem Nirgendwo spontan ein mit einem Falschen Vakuum gefülltes Universum endlicher Größe und beginnt sich sofort aufzublähen. Der Radius des neu entstandenen Universums leitet sich von der Energiedichte des Vakuums ab: Je höher die Dichte, desto kleiner der Radius. Der Radius eines Großen Vereinheitlichten Vakuums liegt bei einem Hundertstel

Billionstel Zentimeter. Aufgrund der Inflation bläht sich dieses winzige Universum in Schwindel erregendem Tempo auf und ist binnen eines winzigen Sekundenbruchteils viel größer als unsere beobachtbare Region.

Wenn vor der spontanen Entstehung des Universums nichts existierte, was konnte dann den Tunneleffekt verursacht haben? Erstaunlicherweise bedarf dieser Prozess keiner Ursache. Während in der klassischen Physik aufeinanderfolgende Ereignisse dem Diktat der Kausalität unterliegen, ist das Verhalten physikalischer Objekte in der Quantenmechanik inhärent unvorhersehbar; manche Quantenprozesse haben keinerlei Ursache. Ein radioaktives Atom beispielsweise wird mit einem Grad an Wahrscheinlichkeit zerfallen, der zu jedem Zeitpunkt gleich ist. Irgendwann wird es zerfallen, ohne dass jedoch irgendetwas den Zerfall in genau diesem Moment ausgelöst hätte. Die spontane Entstehung des Universum ist ebenfalls ein Quantenprozess und erfordert keine Ursache.

Die meisten unserer Gedankengänge sind in Raum und Zeit verwurzelt, sodass wir uns ein spontan aus dem Nichts entstehendes Universum nur schwer vorstellen können. Ein Szenario, in dem wir im „Nichts" sitzen und auf die Materialisation eines Universums warten, ist undenkbar – denn weder gibt es dort einen Raum, in dem wir sitzen könnten, noch eine Zeit.

In einigen jüngeren auf der String-Theorie aufbauenden Modellen wird unser Raum als eine dreidimensionale Membran (Bran, auch: Brane) beschrieben, die in einem Raum aus mehr Dimensionen umhertreibt. In derartigen Modellen können wir uns einen höher dimensionalen Beobachter vorstellen, vor dessen Augen hier und da wie Dampfblasen in einem Topf kochenden Wassers spontan kleine Blasenuniversen – Branenwelten – entstehen. Auf einer dieser Blasen, einer expandierenden dreidimensionalen sphärischen Bran, leben wir. Für uns gibt es keinen Raum außerhalb dieser Bran. Wir können sie nicht verlassen und wissen nicht um die zusätzlichen Dimensionen. Verfolgen wir die Geschichte unseres Blasenuniversums zurück, landen wir letztlich beim Augenblick der spontanen Entstehung. Jenseits dieses Augenblicks verschwinden unser Raum und unsere Zeit.

Von diesem Bild ist es nur ein kleiner Schritt zu jenem, das ich anfangs zeichnete. Allein den höher dimensionalen Raum gilt es sich wegzudenken. An unserem internen Blickwinkel ändert dies nichts. Wir leben in einem geschlossenen, dreidimensionalen Raum, der jedoch nirgendwohin treibt. Ein zeitlicher Rückblick zeigt uns, dass unser Universum einen Anfang hatte. Jenseits dieses Anfangs gibt es keine Raumzeit.

Eine elegante mathematische Beschreibung des quantentheoretischen Tunneleffekts liefert die so genannte *Euklidische Zeit*. Diese Zeit lässt sich mit keiner Uhr messen. Sie wird in imaginären Zahlen wie der Quadratwurzel von –1 ausgedrückt und wird allein aus rechnerischen Gründen eingeführt. Die Zeit euklidisch zu machen hat eine eigentümliche Wirkung auf das Wesen der Raumzeit: Die Grenze zwischen der Zeit und den drei Raumdimensionen löst sich vollständig auf, sodass wir es statt mit einer Raumzeit nun mit einem vierdimensionalen Raum zu tun haben. Wäre ein Leben nach Euklidischer Zeit möglich, würden wir diese ebenso wie die Länge mit einem Lineal messen. So seltsam das anmuten mag – die euklidische Beschreibung der Zeit ist eine sehr nützliche Sache: Mit ihrer Hilfe können wir bequem die Wahrscheinlichkeit des Tunneleffekts und den Anfangszustand des entstehenden Universums bestimmen.

Grafisch lässt sich die Geburt des Universums mit dem Raumzeit-Diagramm in Abbildung 46 beschreiben. Die dunkle Halbkugel im unteren Teil der Abbildung entspricht dem Tunneleffekt (in diesem Teil der Raumzeit ist die Zeit Euklidisch). Die helle Fläche darüber stellt die Raumzeit des inflationär expandierenden Universums dar und die Grenze zwischen beiden Raumzeit-Regionen repräsentiert das Universum zum Zeitpunkt seiner spontanen Entstehung.

Eine bemerkenswerte Eigenschaft dieser Raumzeit ist, dass sie keine Singularitäten aufweist. Die Friedmann'sche Raumzeit beginnt mit einem singulären Punkt unendlicher Krümmung, an dem die Berechnungen von Einsteins Gleichungen ihre Gültigkeit verlieren. Dieser Punkt bildet die untere Spitze (mit „Singularität“ beschriftet) des linken Schaubilds in Abbildung 45 (S. 217). In der Euklidischen sphärischen Region hingegen gibt es solche Spitzen nicht; sie weist überall die gleiche endliche Krümmung auf. Erstmals wurde so in rechnerisch schlüssiger

Abbildung 46: Raumzeit-Diagramm des aus dem Nichts tunnelnden Universums

Form beschrieben, wie die Geburt des Universums aussehen könnte. Das Raumzeit-Diagramm in Abbildung 46, das in seiner Form einem Federball gleicht, ist heute Teil des Logos des Tufts Institute of Cosmology.

All dies fasste ich in einem kurzen Artikel mit dem Titel „Creation of Universes from Nothing“ – Entstehung von Universen aus dem Nichts – zusammen.[1] Bevor ich den Artikel bei einem Magazin einreichte, begab ich mich für einen Tag an die Princeton University, um diese Gedanken mit Malcolm Perry, einem bekannten Experten der Quantengravitationstheorie, zu besprechen. Nach einer Stunde an der Tafel sagte Malcolm: „Nun, vielleicht ist das gar nicht so verrückt... Warum bin ich nicht selbst darauf gekommen?“ Gibt es ein schöneres Kompliment von einem Physikerkollegen?

DAS UNIVERSUM ALS QUANTENFLUKTUATION

Mein Modell des aus dem Nichts tunnelnden Universums war keinesfalls aus dem Nichts hervorgegangen – es gab einige Vorläufer. Der erste Vorschlag in diese Richtung stammte von Edward Tryon am Hunter College der City University of New York. Er brachte den Gedanken auf, das Universum sei aus dem Vakuum infolge einer Quantenfluktuation entstanden.

Erstmals war ihm diese Idee 1970 während eines Physik-Kolloquiums gekommen. Tryon berichtet, sie sei wie ein Blitz auf ihn niedergefahren, als wäre ihm jählings eine profunde Wahrheit eröffnet worden. Als der Redner innehielt, um sich zu sammeln, platzte es aus Tryon heraus: „Vielleicht ist das Universum eine Quantenfluktuation!" Der Saal brüllte vor Lachen.[2]

Das Vakuum ist, wie wir bereits gesehen haben, alles andere als eintönig oder statisch; es ist vielmehr ein Schauplatz hektischer Betriebsamkeit. Auf subatomarer Ebene fluktuieren infolge von Quantenprozessen unaufhörlich elektrische, magnetische und andere Felder. Auch die Raumzeit-Geometrie ist infolge von Fluktuationen im Bereich der Planck-Länge ein wilder Raumzeitschaum. Darüber hinaus ist der Raum von *virtuellen* Teilchen bevölkert, die da und dort spontan entstehen und blitzartig wieder vergehen. Diese virtuellen Teilchen sind äußerst kurzlebig, da sie ihre Energie nur geliehen haben. Das Energiedarlehen müssen sie zurückzahlen, und dies nach der Heisenberg'schen Unschärferelation umso schneller, je mehr Energie sie sich vom Vakuum ausborgen. Virtuelle Elektronen und Positronen verschwinden normalerweise binnen etwa einer Billionstel Nanosekunde. Das Leben schwererer Teilchen ist sogar noch kürzer, da sie mehr Energie benötigen, um sich materialisieren zu können. Tryon nun schlug vor, dass unser gesamtes Universum mit seinen Unmengen an Materie eine einzige gigantische Quantenfluktuation sei, die sich aus unerfindlichen Gründen über mehr als 10 Milliarden Jahre gehalten habe. Alle hielten dies für einen äußerst gelungenen Scherz.

Doch Tryon hatte keinen Scherz machen wollen. Die Reaktion seiner Kollegen war für ihn derart niederschmetternd, dass er seine Idee vergaß und den Vorfall vollständig verdrängte. In seinem Hinterkopf jedoch arbeitete sie weiter und trat drei Jahre später erneut an die Oberfläche. Nun beschloss Tryon sie zu veröffentlichen. Sein Artikel erschien 1973 unter dem Titel „Is the Universe a Vacuum Fluctuation?" – Ist das Universum eine Vakuumfluktuation? – im britischen Wissenschaftsmagazin *Nature*.

Abbildung 47: Aus einer großen Region des Raums löst sich ein geschlossenes Universum.

Tryon gründete seinen Vorschlag auf einer bekannten mathematischen Tatsache: Die Energiebilanz eines geschlossenen Universums ist stets gleich null. Die Energie der Materie ist positiv, die Energie der Gravitation negativ, und in einem geschlossenen Universum heben beide einander restlos auf. Ein geschlossenes Universum, das als Quantenfluktuation entsteht, müsste demnach keine Energieanleihe beim Vakuum machen und die Lebensdauer der Fluktuation könnte beliebig lang sein.

Die Entstehung eines geschlossenen Universums aus dem Vakuum ist in Abbildung 47 dargestellt. Eine Region flachen Raums beginnt sich ballonförmig herauszustülpen. Gleichzeitig bildet sich in dieser Region spontan eine Unmenge an Teilchen. An einem gewissen Punkt löst sich der Ballon ab und – voilà! – wir haben ein mit Materie gefülltes, geschlossenes und vom ursprünglichen Raum vollständig losgelöstes Universum.[3] Tryon beschrieb diesen Vorgang als möglichen Ursprung unseres Universums und unterstrich, dass ein solches Ereignis nicht einmal einer Ursache bedürfte. „Als Antwort auf die Frage, warum dies passierte", schrieb er, „schlage ich in aller Bescheidenheit vor, dass unser Universum schlicht zu jenen Dingen gehört, die von Zeit zu Zeit geschehen."[4]

Das Hauptproblem in Tryons Gedankengang ist, dass er die Größe des Universums nicht erklärt. Aus jeder großen Region des Raums lösen sich unablässig geschlossene Baby-Universen, jedoch spielen sich diese Ereignisse sämtlich und ausschließlich im Größenbereich der Planck-Länge ab, wie das Bild des Raumzeitschaums in Abbildung 31 (S. 147) zeigt. Die Entstehung eines großen geschlossenen Universums ist grundsätzlich zwar möglich, als Ereignis aber noch um einiges weniger wahrscheinlich als ein Affe, der wahllos im Gesamtwortlaut Shakespeares „Hamlet" zu Papier bringt.

In seinem Artikel schreibt Tryon, dass die meisten der Universen wohl winzig seien, Beobachter jedoch könnten sich allein in einem großen Universum entwickeln, sodass nicht überraschen dürfe, dass wir in einem solchen leben. Eine Lösung des Problems bietet dieses Argument jedoch nicht, denn unser Universum ist viel größer, als für die Entwicklung von Leben erforderlich wäre.

Ein grundlegenderes Problem besteht darin, dass Tryons Szenario den Ursprung des Universums nicht wirklich erklärt. Eine Quantenfluktuation des Vakuums setzt die Existenz eines Vakuums in einem zuvor vorhandenen Raum voraus. Und wir wissen mittlerweile, dass „Vakuum" und „Nichts" zwei völlig verschiedene Dinge sind. Vakuum, oder leerer Raum, besitzt Energie und Spannung, es kann sich biegen und verzerren und ist somit definitiv *etwas*.[5] Wie Alan Guth schrieb: „Von diesem Standpunkt aus betrachtet scheint der Vorschlag, das Universum sei aus dem leeren Raum entstanden, nicht grundsätzlich verschieden zu sein von dem Vorschlag, das Universum sei aus einem Stück Gummi hervorgegangen. Das mag zwar richtig sein, aber man fragt sich immer noch, wo das Stück Gummi herkommt."[6]

Das Bild des Quantentunnelns aus dem Nichts wirft keines dieser Probleme auf. Unmittelbar nach diesem Prozess ist das Universum winzig; gleichzeitig jedoch ist es mit einem Falschen Vakuum gefüllt und beginnt sich sofort aufzublähen. Binnen eines Sekundenbruchteils ist es auf eine gigantische Größe angewachsen.

Vor dem Tunneleffekt existieren weder Raum noch Zeit; die Frage, was *vorher* geschah, wird damit bedeutungslos. *Nichts* – ein Zustand ohne Materie, ohne Raum und ohne Zeit – scheint der einzig zufriedenstellende Ausgangspunkt der Schöpfung zu sein.

Einige Jahre nach der Veröffentlichung meines Artikels über den Tunneleffekt aus dem Nichts stellte ich fest, dass ich einen wichtigen Autor zu erwähnen versäumt hatte. Im Normalfall wird einem dies anhand von Beschwerde-Mails der übergangenen Autoren deutlich früher klar.

Dieser eine Autor jedoch hatte mir aus einem gutem Grund nicht geschrieben: Seine Arbeiten entstanden vor über 1.500 Jahren. Die Rede ist vom Hl. Augustinus, dem Bischof von Hippo, einer der größten Städte im damaligen Nordafrika.

Augustinus rang mit der Frage, was Gott vor dem Schöpfungsakt tat – eine Suche, die er in seinen *Bekenntnissen* sprachgewandt beschreibt. „Wenn er sich Ruhe gönnte… und wenn er nichts bewirkte, warum denn dann nicht später und immer, so wie er sich auch vorher jedes Werkes enthielt?" Um seine Frage beantworten zu können, meinte Augustinus zunächst herausfinden zu müssen, was Zeit sei: „Was also ist die Zeit? Wenn niemand mich danach fragt, weiß ich es, wenn ich es jemandem auf seine Frage hin erklären soll, weiß ich es nicht." Über eine scharfsinnige Analyse gelangte er zu der Erkenntnis, dass sich Zeit ausschließlich über Bewegung messen lasse und folglich vor dem Universum nicht habe existieren können. Im letzten Schluss stellte Augustinus fest, die Welt sei mit der Zeit, nicht in der Zeit erschaffen worden, „und es konnten keine Zeiten vorüber gehen, bevor du die Zeiten gemacht hast." Demnach sei die Frage, was Gott damals gemacht habe, sinnlos, „[d]enn es gab kein Damals, wo noch keine Zeit war."[7] Das kommt der Begründung meines Szenarios vom Quantentunneln aus dem Nichts sehr nahe.

Von den Überlegungen Augustinus' erfuhr ich per Zufall während eines Gesprächs mit meiner Kollegin am Tufts Institute Kathryn McCarthy. Daraufhin las ich die *Bekenntnisse* und zititerte Augustinus in meinem nächsten Artikel.[8]

VIELE WELTEN

Das aus dem Tunneleffekt entstehende Universum muss nicht vollkommen sphärisch sein. Es kann vielfältige unterschiedliche Formen annehmen, ebenso wie es mit verschiedenen Arten Falschen Vakuums gefüllt sein kann. Wie stets in der Quantentheorie lässt sich nicht feststellen, welche dieser Möglichkeiten Realität wurde; wir können lediglich ihre Wahrscheinlichkeiten berechnen. Gibt es also möglicherweise eine Vielzahl anderer Universen, die anders begannen als unseres?

Diese Frage steht in einem engen Zusammenhang mit der heiklen Frage nach der Interpretation der Wahrscheinlichkeitswerte von Quantenprozessen. In Kapitel 11 haben wir gesehen, dass es hierfür im Wesentlichen zwei Möglichkeiten gibt. Nach der Kopenhagener Deutung ordnet die Quantenmechanik jedem denkbaren Ergebnis eines Experiments einen Wahrscheinlichkeitswert zu, wobei jedoch nur eines dieser Ergebnisse tatsächlich eintrifft. Die Everett-Deutung hingegen besagt, dass in voneinander getrennten „parallelen" Universen sämtliche möglichen Ergebnisse eintreffen.

Folgen wir der Kopenhagener Deutung, stand am Anfang ein einmaliges Ereignis, bei dem ein einziges Universum aus dem Nichts entstand. Dies wirft jedoch ein Problem auf. Mit der größten Wahrscheinlichkeit entsteht aus dem Nichts ein winziges Universum Planck'scher Größe, das keinen Tunneleffekt durchlaufen, sondern umgehend kollabieren und verschwinden würde. Ein quantenmechanisches Durchtunneln zu einem größeren Volumen hat einen niedrigen Wahrscheinlichkeitswert und erfordert daher zahlreiche Anläufe. Es scheint daher nur mit der Everett-Deutung vereinbar.

Die Everett-Deutung zeichnet das Bild eines Ensembles aus Universen in allen denkbaren Anfangszuständen. In deren überwiegender Zahl handelt es sich dabei um „aufflackernde" Universen von Planck'scher Größe, die nur einen Sekundenbruchteil lang aufblitzen. Daneben gibt es jedoch einige Universen, die zu einem größeren Volumen durchtunneln und sich aufblähen. Der entscheidende Unterschied zur Kopenhagener Deutung ist dabei, dass all diese Universen nicht nur möglich, sondern real sind.[9] Da sich Beobachter in den „aufflackernden" Universen nicht entwickeln können, werden ausschließlich große Universen beobachtet.

Sämtliche der Universen im Ensemble existieren vollkommen getrennt voneinander. Jedes besitzt einen eigenen Raum und eine eigene Zeit. Am größten ist Berechnungen zufolge die Wahrscheinlichkeit – und damit die Anzahl – jener Tunneleffekt-Universen, die mit dem kleinsten Anfangsradius und der höchsten Energiedichte des Falschen Vakuums entstehen. Die beste uns mögliche Einschätzung lautet daher, dass auch unser Universum auf diese Weise ins Dasein kam.

In Skalarfeld-Modellen der Inflation liegt die höchste Vakuumenergiedichte auf dem Gipfel des Energiehügels; die meisten Universen entstehen somit, wenn ihr Skalarfeld sich in Gipfelnähe befindet. Dies ist der günstigste Ausgangspunkt für eine Inflation. Zuvor hatte ich zu erklären versprochen, wie das Feld auf den Gipfel des Hügels gelangt: Im Szenario des Quantentunnelns aus dem Nichts bildet dieser Punkt den Moment der Entstehung des Universums.

Die spontane Entstehung des Universums ist im Grunde eine Quantenfluktuation; seine Wahrscheinlichkeit reduziert sich rapide mit dem Volumen, das es umfasst. Universen mit einem größeren Anfangsradius sind weniger wahrscheinlich, und im Grenzwert eines unendlichen Halbmessers wird die Wahrscheinlichkeit verschwindend gering. Da die Wahrscheinlichkeit der spontanen Entstehung eines unendlichen, offenen Universums definitiv bei null liegt, müssen alle Universen im Gefüge geschlossen sein.

DER HAWKING-FAKTOR

Im Juli 1983 versammelten sich mehrere Hundert Physiker aus aller Welt im italienischen Padova zur zehnten Internationalen Konferenz über Allgemeine Relativität und Gravitation. Veranstaltungsort der Konferenz war der im 13. Jahrhundert erbaute Palazzo della Ragione, der frühere Gerichtssaal im Herzen Padovas. Im Erdgeschoss des Palazzo befindet sich der berühmte städtische Markt, der sich nach draußen auf die angrenzende Piazza ergießt. Das Obergeschoss nimmt ein geräumiger Saal ein, dessen Wände ringsum mit einem Fresko bedeckt sind, auf dem die Sternzeichen zu sehen sind. Hier fanden die Vorträge statt. Den Höhepunkt des Programms bildete der Vortrag von Stephen Hawking unter dem Titel „The Quantum State of the Universe“ – Der Quantenzustand des Universums. Zum Vortragssaal führte eine lange Treppe, und Hawking mit seinem Rollstuhl hinaufzutragen war kein leichtes Unterfangen. Glücklicherweise war ich frühzeitig gekommen, denn als Hawking schließlich auf der Bühne erschien, war der Saal bis auf den letzten Platz besetzt.

In seinem Vortrag enthüllte Hawking ein neues Bild vom Quantenursprung des Universums, das auf seiner Arbeit mit James Hartle von der University of California in Santa Barbara aufbaute.[10] Statt sich auf die frühen Augenblicke der Entstehung zu konzentrieren, formulierte Hawking eine allgemeinere Frage: Wie lässt sich die Quantenwahrscheinlichkeit eines Universums für einen bestimmten Zustand berechnen? Die Vorgeschichte zu diesem Zustand des Universums kann einer Vielzahl möglicher Pfade folgen, deren einzelne Beiträge zur Wahrscheinlichkeit wir mithilfe der Regeln der Quantenmechanik errechnen können.* Der letztlich errechnete Wahrscheinlichkeitswert richtet sich nach der Art der Geschichtsverläufe, die in die Kalkulation einbezogen werden. Hartles und Hawkings Vorschlag bezog ausschließlich Geschichtsverläufe ein, die durch Raumzeiten ohne Grenzen in der Vergangenheit dargestellt werden.

Ein Raum ohne Grenzen ist leicht nachvollziehbar: Gemeint ist damit schlicht ein geschlossenes Universum. Hartle und Hawking jedoch forderten, dass die Raumzeit auch im zeitlichen Rückblick keine Grenze, keinen Rand haben dürfte. In allen vier Dimensionen müsse sie mit Ausnahme der Grenze, die dem derzeitigen Augenblick entspricht, geschlossen sein (siehe Abbildung 48).

Eine Grenze im Raum würde bedeuten, dass es ein Jenseits des Universums gäbe und somit etwas über die Grenze herein- und hinausgelangen könnte. Eine Grenze in der Zeit entspräche dem Beginn des Universums, für den es gewisse Anfangsbedingungen festzulegen gälte. Eine derartige Grenze des Universums schließt der Vorschlag von Hartle und Hawking aus; das Universum ist „vollkommen in sich geschlossen und wird von nichts außerhalb seiner selbst beeinflusst“. Dies klang sehr einfach und ansprechend. Das einzige Problem war jedoch, dass es gegen die Vergangenheit abgeschlossene Raumzeiten, wie Abbildung 48 sie zeigt, nicht gibt. Jeder Punkt der Raumzeit müsste drei raumartige und eine zeitartige Richtung aufweisen, in einer geschlossenen Raum-

* Genauer formuliert errechnet sich die als Wellenfunktion bezeichnete Größe aus der Summe der Beiträge einzelner Geschichtsverläufe. Das Quadrat der Wellenfunktion gibt die Wahrscheinlichkeit an.

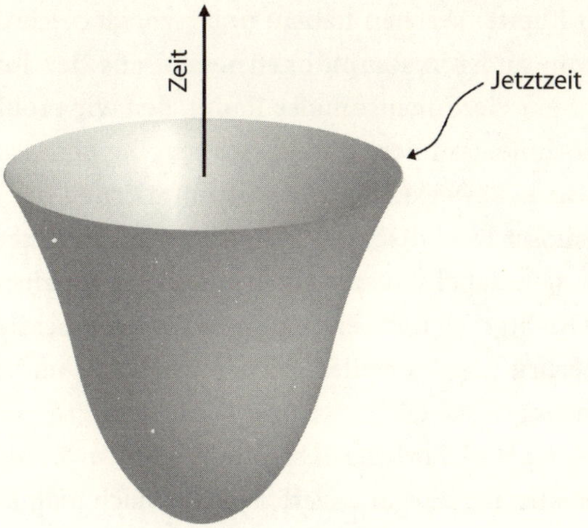

Abbildung 48: Zweidimensionale Raumzeit ohne Grenze in der Vergangenheit

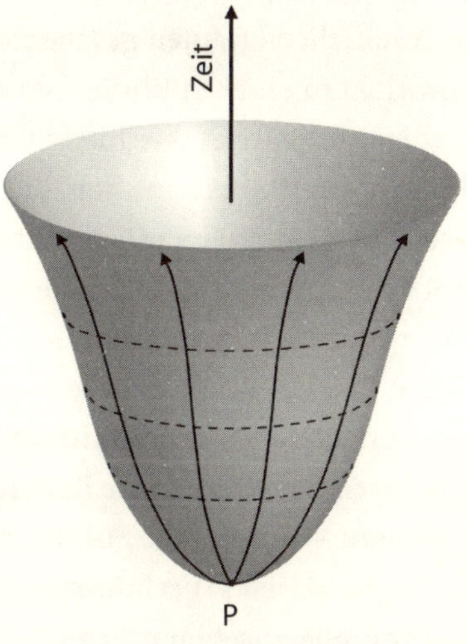

Abbildung 49: Wie in Abbildung 47; *durchgezogene Linien*: zeitartige Richtung, *gestrichelte Linien*: raumartige Richtung. Neuralgisch ist Punkt P, da hier sämtliche Richtungen zeitartig sind.

zeit jedoch gibt es diverse neuralgische Punkte mit mehr als einer zeitartigen Richtung (siehe Abbildung 49).

Um dieses Problem zu lösen, schlugen Hartle und Hawking vor, von der realen in die Euklidische Zeit zu wechseln. Wie wir zuvor in diesem Kapitel gesehen haben, unterscheidet sich die Euklidische Zeit nicht von anderen Raumdimensionen; aus der Raumzeit wird somit schlicht ein vierdimensionaler Raum, den wir problemlos als geschlossen annehmen können. Der Vorschlag ging demnach dahin, die Wahrscheinlichkeitswerte über die Aufsummierung der Beiträge sämtlicher grenzenloser Euklidischer Raumzeiten zu berechnen. Hawking betonte, dass es sich dabei nur um einen Vorschlag handelte. Einen Beweis für dessen Richtigkeit hatte er nicht vorzuweisen, dies ließe sich allein durch die Überprüfung feststellen, ob der Vorschlag vernünftige Voraussagen hervorbringt.

Die Hartle-Hawking-Hypothese entbehrte nicht einer gewissen mathematischen Eleganz, verlor jedoch nach meinem Empfinden durch den Wechsel in die Euklidische Zeit einen Großteil seines intuitiven Reizes. Statt tatsächlich mögliche Pfade des Universums aufzusummieren, soll dies nun mit Geschichtsverläufen geschehen, die mit Sicherheit unmöglich sind, da wir nicht in einer Euklidischen Zeit leben. Ohne das Gerüst der ursprünglichen Motivation aber bleibt uns eine recht formale Anleitung zur Berechnung von Wahrscheinlichkeitswerten.[11]

Im Schlussteil seines Vortrags erläuterte Hawking die Auswirkungen der neuen Hypothese auf das inflationär expandierende Universum: Der maßgebliche Beitrag zu den gleichgewichtigen Geschichtsverläufen entstamme der Euklidischen Raumzeit, die die Form einer Halbkugel habe – gleich der in meinen Tunneleffekt-Kalkulationen –, und die folgende Entwicklung stelle sich durch die inflationäre Expansion in der gewöhnlichen Zeit dar. (Der erneute Wechsel von Euklidischer in gewöhnliche Zeit wurde durch ein kompliziertes Verfahren vollzogen, von dessen Erläuterung ich an dieser Stelle absehen möchte.) Insgesamt ergab sich der gleiche Raumzeit-Pfad wie in meiner Abbildung 47 (S. 223), jedoch hergeleitet aus einer ganz anderen Anfangsbedingung.

Ich hatte erwartet, dass Hawking meine Arbeit über quantentheoretische Tunneleffekte aus dem Nichts erwähnen würde und war enttäuscht, als er dies nicht tat. Gleichzeitig war ich sicher, dass nun, da Hawking auf den Plan getreten war, das Thema der Quantenkosmologie allgemein und meine Arbeit im Besonderen sehr viel mehr Beachtung finden würden als zuvor.

VIEL LÄRM UM NICHTS

Ein wichtiger Unterschied zwischen der Hypothese des „Quantentunnelns aus dem Nichts" und der „No boundary"- oder „Keine-Grenzen"-Hypothese besteht darin, dass sie sehr unterschiedliche und in gewisser Weise gegensätzliche Voraussagen hinsichtlich der Wahrscheinlichkeiten machen. Der Tunneleffekt-Vorschlag favorisiert eine Entstehung aus der höchsten Vakuumenergie und dem kleinsten Universum. Im Gegensatz dazu hält der „No boundary"-Vorschlag ein Universum für am wahrscheinlichsten, das die geringstmögliche Vakuumenergie und die maximal denkbare Größe besitzt. Das wahrscheinlichste Produkt der spontanen Entstehung aus dem Nichts wäre demnach ein unendlicher, leerer und flacher Raum. Es fällt mir schwer, das zu glauben!

Der Konflikt zwischen beiden Ansätzen wurde erst nach einer anfänglichen Verwirrung deutlich. Mein Artikel von 1982 schrieb als Ergebnis größeren Universen eine *höhere* Entstehungswahrscheinlichkeit zu, sodass es schien, als stimmten beide Vorschläge überein. Immer wieder kehrte ich zu meinen Berechnungen zurück – zu sehr widersprach das Ergebnis dem intuitiven Empfinden. 1984 entdeckte ich einen Fehler, der die Wahrscheinlichkeitstendenz umgekehrt hatte. Zum damaligen Zeitpunkt besuchte Hawking die Harvard University und ich suchte ihn eilends auf, um ihm meine neue Erkenntnis mitzuteilen. Stephen zeigte sich jedoch nicht überzeugt und hielt meine erste Berechnung für richtig.*

Hawking ist eine Legende in Physikerkreisen und weit darüber hinaus. Ich bewundere seine wissenschaftliche Arbeit ebenso sehr wie seinen Elan, und jede Gelegenheit zu einem Gespräch mit ihm bedeutet mir viel. Da es ihn so viel Mühe kostet, sich verständlich zu machen, scheuen sich viele ihn anzusprechen. Es hat eine ganze Weile gedauert, bis mir klar wurde, dass Stephen das Gespräch genießt und auch nichts gegen den einen oder anderen Scherz einzuwenden hat. Dass unsere

* Den Fehler in der ursprünglichen Fassung meines Artikels fanden und korrigierten unabhängig voneinander Andrei Linde, Valery Rubakov sowie Yakov Zel'dovich und Alexei Starobinski.

Meinungen über Ewige Inflation und Quantenkosmologie weit auseinandergehen, macht dabei die Diskussion nur interessanter.

1988 verlagerte ich die Auseinandersetzung auf Hawkings Territorium und hielt vor seiner Forschungsgruppe an der Cambridge University einen Vortrag, in dem ich die Vorzüge meines Ansatzes hervorhob. Im Anschluss an den Vortrag kam Hawking in seinem Rollstuhl auf mich zu. Ich machte mich auf kritische Bemerkungen gefasst; stattdessen jedoch lud er mich zum Abendessen ein. Nach Ente mit Kartoffeln und einem Pflaumenkuchen, die Stephens Mutter zubereitet hatte, sprachen wir über die Verwendung von Wurmlöchern – tunnelförmigen Abkürzungen durch die Raumzeit – für intergalaktisches Reisen. Unter Physikern entspricht dies der Vorstellung von einer zwanglosen Unterhaltung nach dem Essen. Hinsichtlich des Keine-Grenzen-Vorschlags änderte Stephen seine Meinung nicht.

Der Disput zwischen Anhängern beider Ansätze läuft weiter. Auf dem internationalen Cosmo-98-Workshop im kalifornischen Monterey wurde sogar eine „offizielle" Diskussion veranstaltet, bei der Hawking das Keine-Grenzen-Modell verteidigte und Andrei Linde und ich als Vertreter des Tunneleffekt-Modells auftraten.* Eine richtige Diskussion entstand dabei letztlich nicht. Da Hawking sich über seinen Sprachcomputer nur sehr langsam verständigen kann, kamen wir kaum über die vorbereiteten Statements hinaus.

Der Konflikt ließe sich durch die Entwicklung eines Experiments lösen, über welches wir die beiden Vorschläge voneinander abgrenzen könnten. Aufgrund der Ewigen Inflation erscheint dies jedoch recht unwahrscheinlich. Die Quantenkosmologie formuliert Voraussagen über den Anfangszustand des Universums, im Verlauf der Ewigen Inflation jedoch werden jegliche Auswirkungen der Anfangsbedingungen restlos eliminiert. Nehmen wir beispielsweise die bereits beschriebene String-Theorie-Landschaft. Ob wir in nun diesem oder in jenem inflationär expandierenden Vakuum beginnen – unweigerlich werden sich

* Am darauffolgenden Tag reiste Hawking zu einem weiteren wichtigen Termin: In Hollywood wurde seine elektronische Stimme für eine Sonderfolge der Zeichentrickserie The Simpsons aufgezeichnet.

Abbildung 50: Quantenkosmologische Diskussion mit Hawking; v. l. n. r.: der Autor, Bill Unruh von der University of British Columbia und Stephen Hawking (beim Teetrinken von seiner Krankenschwester unterstützt). (Foto: © Anna N. Zytkow)

Blasen anderer Vakua bilden, sodass letztlich die gesamte Landschaft ausgeschritten wird. Wie die Inflation beginnt, hat auf die Eigenschaften des daraus resultierenden Multiversums keinerlei Einfluss.[12]

Die Quantenkosmologie steht also nicht im Begriff, sich zu einer experimentellen Wissenschaft zu entwickeln. Der Konflikt zwischen den unterschiedlichen Ansätzen wird voraussichtlich anhand theoretischer Erwägungen gelöst werden und nicht auf Grundlage beobachteter Daten. Der Quantenzustand des Universums etwa könnte einem neuen, bislang noch verborgenen Prinzip der String-Theorie unterliegen. Ebenso gut natürlich könnte dieses Prinzip sich auch von beiden derzeitig vertretenen Modellen unterscheiden. Bis diese Frage geklärt ist, wird wohl noch eine gewisse Zeit vergehen.

18

Das Ende der Welt

Die einen sagen, diese Welt endge ein Brand,
Die anderen, das Eis.
Robert Frost, *Feuer und Eis**

Mein Zustandsbericht des Universums wäre unvollständig ohne eine Beschreibung des Endes der Welt. Das Universum als Ganzes wird nach der Theorie der Inflation ewig fortbestehen, unsere lokale Region jedoch – das beobachtbare Universum – könnte sehr wohl dereinst untergehen. Diese Frage stand über einen Großteil des vergangenen Jahrhunderts im Zentrum der kosmologischen Forschung und unser Bild vom Ende hat sich in diesem Zeitraum mehrfach gewandelt. Ich werde nun einen Überblick über die jüngere Geschichte dieses Themas geben und anschließend über den neuesten Stand der kosmischen Eschatologie berichten.

Düstere Aussichten

Nachdem Einstein Anfang der 1930er-Jahre die Kosmologische Konstante widerrufen hatte, klangen die Voraussagen in Friedmanns homogenen und isotropen Modellen einfach und unmissverständlich: Das Universum wird in einem Endknall kollabieren, wenn seine Dichte über dem kritischen Wert liegt, oder bis in ewige Zeiten weiter expandieren, wenn das Gegenteil der Fall ist. Um das Schicksal des Universums vor-

* Übertr. v. Wilhelm Lehmann in R. Frost: Gedichte; Kessler, Mannheim 1952

zuzeichnen, mussten wir lediglich die durchschnittliche Materiedichte exakt messen und schauen, ob sie den kritischen Wert übersteige. Ist dies der Fall, wird sich die Expansion des Universums allmählich verlangsamen und in eine Kontraktion übergehen. Nach einer langsamen Anlaufphase wird die Kontraktion sich später beschleunigen. Galaxien nähern sich einander immer mehr und verschmelzen schließlich zu einem riesigen Sternenkonglomerat. Der Himmel wird heller, doch nicht aufgrund der Sterne – die bis dahin höchstwahrscheinlich sämtlich tot sein werden –, sondern infolge der erhöhten Intensität der Kosmischen Hintergrundstrahlung. Unter dem Einfluss der Strahlung werden sich die Überreste von Sternen und Planeten auf äußerst unangenehme Temperaturen aufheizen und jegliche Lebewesen, die bis dahin haben überleben können, beschließen ihr Dasein wie der Hummer im Kochtopf.

Die Sterne werden letztlich in Sternenkollisionen auseinandergerissen oder in der intensiven Strahlungshitze verdampft. Der daraus resultierende heiße Feuerball wird dem des frühen Universums gleichen, nur dass er nun kontrahiert, statt zu expandieren. Ein weiterer Unterschied zum Urknall besteht darin, dass der kontrahierende Feuerball ziemlich inhomogen ist. Dichtere Regionen kollabieren zunächst zu Schwarzen Löchern, die anschließend zu größeren Schwarzen Löchern fusionieren, bis sie samt und sonders im Endknall, dem „Big Crunch“, miteinander verschmelzen.

Liegt die Materiedichte im entgegengesetzten Fall hingegen unter dem kritischen Wert, ist die anziehende Kraft der Gravitation zu schwach, um die Expansion in ihr Gegenteil zu verkehren. Das Universum wird dann bis in alle Ewigkeit expandieren. In weniger als einer Billion Jahre werden alle Sterne ihren Nuklearbrennstoff verbraucht haben. Galaxien werden sich in Schwärme kalter Sternenreste verwandeln – in Weiße Zwerge, in Neutronensterne und in Schwarze Löcher. Das Universum wird vollkommen dunkel sein – mit gespenstischen Galaxien, die in der expandierenden Leere auseinandertreiben.

Dieser Zustand wird mindestens 10^{31} Jahre andauern; irgendwann jedoch zerfallen die Nukleonen, aus denen die Sternenreste bestehen, in kleinere Teilchen – Positronen, Elektronen und Neutrinos. Elektronen und Positronen annihilieren einander zu Photonen, und die toten Sterne beginnen sich langsam aufzulösen. Selbst Schwarze Löcher existieren nicht ewig. Hawkings berühmte Erkenntnis, dass ein Schwarzes Loch Strahlenquanten abgibt, bedeutet, dass es allmählich seine gesamte Masse verliert oder, wie die Physiker sagen, „verdampft". Auf welchem Wege auch immer: In weniger als einem Googol Jahren werden sämtliche bekannten Strukturen im Universum verschwunden sein. Sterne, Galaxien und Haufen werden sich spurlos auflösen und ein immer dünner werdendes Gemisch aus Neutrinos und Strahlung zurücklassen.[1]

Das Schicksal des Universums ist in einem Parameter festgeschrieben: Dieser Wert Omega ist definiert als die durchschnittliche Dichte des Universums geteilt durch die kritische Dichte. Ist Omega größer als 1, wird das Universum in Brand und in einem Endknall endigen; ist es kleiner als 1, blicken wir Eis und einer langsamen Auflösung entgegen. Im Grenzfall von Omega gleich 1 verlangsamt sich die Expansion zusehends, kommt jedoch nie zum Stillstand. Das Universum entrinnt knapp dem Endknall, um sich in einen tiefgefrorenen Friedhof zu verwandeln.

Über ein halbes Jahrhundert lang mühten sich die Astronomen den Wert von Omega zu messen. Doch die Natur war nicht gewillt ihre langfristigen Pläne zu offenbaren. Omega lag sehr nahe bei 1, doch die Exaktheit der Messungen reichte nicht aus, um festzustellen, ob oberhalb oder unterhalb dieses Werts.

INFLATIONÄRE WENDUNG

Unser Bild vom Ende wandelte sich in den 1980er-Jahren, als der Gedanke der Inflation auf den Plan trat. Zuvor waren Endknall und unbegrenzte Expansion gleichermaßen wahrscheinlich erschienen; die Theorie der Inflation jedoch traf eine sehr eindeutige Voraussage.

Im Verlauf der Inflation rückt die Dichte des Universums äußerst nah an den kritischen Wert heran. Je nach den Quantenfluktuationen des Skalarfelds liegt die Dichte in manchen Regionen über, in anderen unter dem kritischen Wert; im Durchschnitt jedoch ist ihr Wert nahezu exakt kritisch. Wer in Alptraumnächten binnen weniger Billionen Jahre das mögliche Ende des Universums in einem Endknall hatte herannahen sehen, konnte nun aufatmen: Das Ende wird langsam und unspektakulär ausfallen, da die kalten Überreste unserer Sonne Äonen brauchen werden, bis all ihre Nukleonen zerfallen sind.

Ein charakteristisches Merkmal des Universums mit kritischer Dichte bildet die sich über eine ungeheuer große Zeitspanne hinziehende Entstehung von Strukturen, wobei größere Strukturen noch länger brauchen, um sich zu formieren. Zunächst entstehen Galaxien, die sich später zu Haufen zusammenballen; noch später ballen diese sich zu Superhaufen zusammen. Liegt die durchschnittliche Dichte in unserer beobachtbaren Region über dem kritischen Wert, wird diese ganze Region sich in etwa einhundert Billionen Jahren in einen riesigen „Superduper"-Haufen verwandeln. Bis dahin werden alle Sterne bereits tot sein und jegliche Beobachter wahrscheinlich ausgestorben; die Entstehung von Strukturen jedoch wird weitergehen und immer größere Entfernungen erfassen. Dieser Prozess wird erst zum Stillstand kommen, wenn sich die kosmischen Strukturen infolge von Nukleonenzerfall und Verdampfung Schwarzer Löcher aufgelöst haben werden.

Eine weitere Wendung, welche die Geschichte durch die Inflationstheorie nahm, betrifft das nun fehlende Ende des Universums. Inflation setzt sich ewig fort. In anderen Teilen der inflationär expandierenden Raumzeit werden zahllose Regionen entstehen, die der unseren gleichen und deren Bewohner mühevoll zu begreifen suchen, wie alles begann und wie es enden wird.

GALAKTISCHE EINSAMKEIT

Friedmanns Verknüpfung der Dichte des Universums mit dessen letztlichem Schicksal greift nur, wenn die Energiedichte des Vakuums (die Kosmologische Konstante) gleich null ist. Davon war man bis 1998 allgemein ausgegangen; als jedoch Hinweise entdeckt wurden, die für das Gegenteil sprachen, galt es sämtliche bis dahin formulierten Prophezeiungen über die Zukunft des Universums zu revidieren. Die zentrale Voraussage, dass die Welt (lokal) eher in Eis als in Brand endigen werde, blieb bestehen, doch einige Details mussten modifiziert werden.

Wie wir zuvor gesehen haben, beginnt sich die Expansion des Universums zu beschleunigen, sobald die Materiedichte unter den Dichtewert des Vakuums sinkt. Von diesem Augenblick an kommt jegliche Zusammenballung durch die Kraft der Gravitation zum Stillstand. Galaxienhaufen, die bereits von Gravitationskräften zusammengehalten werden, überleben, lockerere Zusammenschlüsse hingegen werden von der abstoßenden Kraft der Gravitation des Vakuums auseinandergetrieben.

Unsere Milchstraße ist an die Lokale Gruppe gebunden, der außerdem die Riesenspirale des Andromedanebels sowie etwa zwanzig Zwerggalaxien angehören. Andromeda befindet sich auf Kollisionskurs in Richtung Milchstraße; sie beide werden in weniger als 10 Milliarden Jahren völlig miteinander verschmelzen. Galaxien jenseits der Lokalen Gruppe werden sämtlich mit wachsender Geschwindigkeit davonjagen. Eine nach der anderen werden sie über unseren Horizont hinwegziehen und aus dem Blickfeld entschwinden. Dieser Prozess wird in einigen Hundert Milliarden Jahren abgeschlossen sein. Die Astronomie wird in jenem fernen Zeitalter ein sehr langweiliges Fachgebiet vorstellen: Abgesehen von der Riesengalaxie, dem Ergebnis unserer Vereinigung mit Andromeda und deren Zwergsatelliten, wird der Himmel völlig leer sein.[2] Wir sollten das Spektakel daher genießen, solange es noch andauert!

DER URTEILSSPRUCH

Unsere Voraussage über das Universum wäre heute lückenlos, wenn die Kosmologische Konstante tatsächlich eine Konstante wäre. Wie wir wissen, spricht jedoch einiges dafür, dass sich die Energiedichte des Vakuums über einen sehr großen Wertebereich verteilt und in verschiedenen Teilen des Universums unterschiedliche Werte annimmt. In manchen Regionen ist dieser Wert groß und positiv, in anderen groß und negativ, doch nur in den wenigen Regionen, in denen er nahe null liegt, wird es Lebewesen geben, die sich über sein Wesen Gedanken machen.

Daraus folgt, dass der von uns hier gemessene Wert nicht die niedrigstmögliche Energiedichte darstellt; diese wird sich vielmehr in Zukunft verringern. Betrachten wir beispielsweise Lindes Modell, in dem sich die Vakuumenergie aus einem Skalarfeld mit einer sehr sanft abfallenden Energielandschaft ergibt (Abbildung 33, S. 163). Das Gefälle ist so gering, dass sich das Feld in den 14 Milliarden Jahren seit dem Urknall nur wenig verändert hat. Irgendwann jedoch wird es den Hügel hinabzurollen beginnen und die Beschleunigung des Universums wird sich allmählich verlangsamen. An einem bestimmten Punkt wird das Feld unter null und damit in negative Energiedichtewerte rollen. Da ein Vakuum mit negativem Energiewert anziehende Gravitationskraft besitzt, wird die Expansion des Universums früher oder später zum Stillstand kommen, woraufhin die Kontraktion einsetzt.

Ein alternatives Landschaftsszenario, das sich aus der String-Theorie ergibt, beschreibt unser Vakuum als grundsätzlich stabil und mit einer konstanten Energiedichte ausgestattet, eröffnet jedoch die Möglichkeit eines quantenmechanischen Zerfalls durch spontane Blasenbildung. Gelegentlich werden Blasen negativ-energetischen Vakuums entstehen und sich in einem Tempo ausdehnen, das sich rasch der Lichtgeschwindigkeit annähert. Womöglich rast gerade in diesem Augenblick eine Blasenwand auf uns zu. Wir werden sie nicht kommen sehen: Sie ist derart schnell, dass das Licht uns kaum vor ihr erreichen wird. In dem Moment, da diese Wand uns erreicht, wird unsere Welt vollständig vernichtet sein. Die Teilchen, aus denen sich Sterne, Planeten und unsere Körper zusammensetzen, werden in dem neu entstandenen Vakuum nicht einmal mehr existieren. Sämtliche uns bekannten Objekte werden sich augenblicklich aufgelöst und in Klumpen fremdartiger Materieformen verwandelt haben.

Was auch immer letztendlich geschehen wird – irgendwann wird die Vakuumenergie in unserer lokalen Region negativ werden. Die Region wird sich dann zusammenzuziehen beginnen und in einem Endknall kollabieren.[3] Wann genau dies der Fall sein wird, ist schwer vorauszusagen. Die spontane Blasenbildung kann extrem langsam ablaufen, sodass möglicherweise Googols von Jahren vergehen werden, bevor unsere Nachbarschaft von einer Blasenwand getroffen wird. In Skalarfeld-Modellen jedoch, in denen der Zeitpunkt der Apokalypse vom Gefälle des Energiehügels abhängt, kann das Ende unserer Welt bereits in 20 Milliarden Jahren kommen.

19

Feuer in den Gleichungen

Wer bläst den Gleichungen den Odem ein und erschafft ihnen ein Universum, das sie beschreiben können?
Stephen Hawking*

ALFONSOS RAT

König Alfonso X., genannt der Weise, begegnete der Astronomie mit großer Hochachtung. Der Herrscher über Kastilien im 13. Jahrhundert tat dies aus einem sehr praktischen Grund: Für die Erstellung exakter Horoskope war die Kenntnis der exakten Planetenpositionen am Firmament unerlässlich. Um deren Genauigkeit zu verbessern, gab Alfonso neue astronomische Tafeln in Auftrag, die auf dem ptolemäischen Modell des Universums gründeten – damals das letzte Wort in der Kosmologie. Als man ihm jedoch die Feinheiten des ptolemäischen Systems erklärte, zeigte sich Alfonso recht skeptisch: „Hätte der Allmächtige mich befragt, bevor Er die Schöpfung in Angriff nahm, ich hätte Ihm etwas Einfacheres nahegelegt.“ [1]

Eine ganz ähnliche Bemerkung hätte König Alfonso vielleicht über das Weltbild gemacht, das ich in diesem Buch beschrieben habe. Es behauptet die Existenz eines unendlichen Ensembles aus Universen, deren jedes einzelne einen bunten Teppich aus Regionen mit unterschiedlichen teilchenphysikalischen Eigenschaften enthält. Regionen,

* Übs. v. Hainer Kober in Stephen Hawking: Eine kurze Geschichte der Zeit; Rowohlt, Reinbek bei Hamburg 2006[26]

in denen es bewusste Lebewesen geben kann, sind selten und durch enorme Entfernungen voneinander getrennt. Noch seltener sind vollständig identische Regionen, und doch gibt es sie in unendlicher Zahl. Welch eine Verschwendung von Raum, Materie und Universen!

Über die Anzahl von Universen sollte man sich jedoch nicht unnötig den Kopf zerbrechen. Das neue Weltbild rettet ein wertvolleres Gut: Es reduziert die Anzahl beliebiger Annahmen, die wir hinsichtlich des Universums formulieren müssen, um ein Beträchtliches. Und die beste Theorie erklärt die Welt mit den wenigsten und einfachsten Annahmen.

Frühere kosmologische Modelle sahen einen Schöpfer vor, der das Universum mit peinlicher Sorgfalt entwirft und justiert. Jedes Detail der Teilchenphysik, jede Naturkonstante und sämtliche anfänglichen Inhomogenitäten galt es auf den exakt richtigen Wert abzustimmen. Wie viele Bände muss die Bedienungsanleitung umfasst haben, die der Schöpfer seinen Assistenten an die Hand gab! Die neue Sicht auf die Welt zeichnet ein anderes Bild vom Schöpfer. Nach reiflicher Überlegung präsentiert er eine Reihe von Gleichungen für die Endgültige Theorie der Naturkräfte. Dies setzt den Prozess der galoppierenden Schöpfung in Gang. Weiterer Anweisungen bedarf es nicht: Die Theorie beschreibt *ad infinitum* die quantenmechanische spontane Entstehung von Universen aus dem Nichts, den Ablauf der Ewigen Inflation und die Entstehung von Regionen mit jeder erdenklichen Art teilchenphysikalischer Eigenschaften. Jeder einzelne Bestandteil dieses Universengefüges ist unvorstellbar kompliziert und ließe sich nur durch eine gigantische Informationsmenge beschreiben. Das Gefüge als Ganzes jedoch lässt sich in eine relativ einfache Gleichungsreihe fassen.[2]

GOTT ALS MATHEMATIKER

Woher wissen wir, welches Porträt des Schöpfers eher der Wahrheit entspricht? War er bemüht, den Verbrauch von „Ressourcen“ wie Raum und Materie zu optimieren oder ging es ihm mehr um eine bündige mathematische Beschreibung der Natur? Leider gibt der Schöpfer keine

Interviews; sein Produkt jedoch – das Universum – lässt wenig Zweifel an seinem Wesen aufkommen.

Ein flüchtiger Blick auf das Universum zeigt, dass Raum und Materie dort mit großer Hingabe verschwendet werden. Über immense Entfernungen in einem nahezu leeren Raum sind zahllose Galaxien verstreut. Die Galaxien teilen sich in einige wenige unterschiedliche Klassen auf, spiralförmige und elliptische, Zwerg- und Riesengalaxien. Davon abgesehen jedoch gleichen sie einander sehr. Der Schöpfer macht keinen Hehl daraus, dass er sich endloser Wiederholungen nicht schämt.

Bei genauerem Hinsehen zeigt sich, dass der Schöpfer eine obsessive Vorliebe für die Mathematik hat. Wahrscheinlich als Erster sah im 6. Jahrhundert v. Chr. Pythagoras mathematische Beziehungen im Zentrum aller physikalischen Phänomene. Jahrhunderte wissenschaftlicher Forschung bestätigten seine Erkenntnis, und heute gehen wir ganz selbstverständlich davon aus, dass die Natur präzisen mathematischen Gesetzen folgt. Denkt man jedoch einmal darüber nach, erscheint diese Tatsache äußerst merkwürdig.

Dem Anschein nach ist die Mathematik ein reines Gedankenprodukt und hat nur sehr wenig mit der Praxis zu tun. Doch warum eignet sie sich dann so hervorragend zur Beschreibung des physikalischen Universums? Der Physiker Eugene Wigner beschrieb diesen Umstand als „die erstaunliche Effizienz der Mathematik in den Naturwissenschaften“. Nehmen wir das einfache Beispiel der *Ellipse*. Die alten Griechen kannten sie als die Kurve, die sich ergibt, wenn man einen Kegel in einem schrägen Winkel schneidet. Aus reinem Interesse an der Geometrie hatten Archimedes und andere griechische Mathematiker die Eigenschaften der Ellipse untersucht. Fast zweitausend Jahre später entdeckte Johannes Kepler, dass die Planeten auf ihrer Reise um die Sonne mit erstaunlicher Präzision einer elliptischen Bahn folgen. Doch was verbindet die Bewegung von Venus und Mars mit der Ebene eines Kegels?

In jüngerer Zeit, in den 1960er-Jahren, untersuchte mein Freund und Mathematiker Victor Kac eine Klasse komplizierter mathematischer Strukturen, die man heute unter der Bezeichnung Kac-Moody-Algebren kennt. Sein einziger Beweggrund war sein Gespür, das ihm sagte, dass diese Strukturen Interessantes versprachen und ästhetisch ansprechende Berechnungen hervorbringen könnten. Kein Mensch hätte damals vorhersehen können, dass diese Algebren einige Jahrzehnte später eine zentrale Rolle in der String-Theorie spielen würden.

Diese Beispiele sind keineswegs Ausnahmen. In den meisten Fällen entdecken Physiker, dass die Berechnungen, die sie zur Beschreibung einer neuen Klasse von Phänomenen benötigen, zuvor bereits von Mathematikern untersucht wurden, die dabei ganz andere Dinge als die fraglichen Phänomene im Sinn hatten. Es scheint, als hätte der Schöpfer mit den Mathematikern den Sinn für Schönheit gemein. Viele Physiker nutzen diese Eigenart als Leitfaden bei ihrer Suche nach neuen Theorien. Paul Dirac, einer der Pioniere der Quantenmechanik, meint dazu: „Wichtiger ist eher, dass Gleichungen schön sind als dass sie genau auf ein Experiment passen … Unstimmigkeiten mögen auf unwesentlichere Faktoren zurückzuführen sein …, die sich mit der Weiterentwicklung der Theorie aufklären werden.“ [3]

Mathematische Schönheit lässt sich ebenso schwer definieren wie Schönheit in der Kunst.[4] Als schön empfinden Mathematiker beispielsweise die so genannte *Euler'sche Formel* $e^{i\pi} + 1 = 0$. Ein Schönheitskriterium ist die Einfachheit, doch Einfachheit allein reicht nicht aus. Die Gleichung $1 + 1 = 2$ ist zwar einfach, aber nicht besonders schön, denn sie ist banal. Die Euler'sche Formel dagegen verdeutlicht eine recht unerwartete Verbindung zwischen drei anscheinend zusammenhanglosen Zahlen: der Zahl e, die „natürliche“ Logarithmen beschreibt, der „imaginären“ Zahl i, also der Zahl, die mit sich selbst multipliziert -1 ergibt, und der Zahl π, dem Verhältnis des Kreisumfangs zum Kreisdurchmesser. Diese Eigenschaft lässt sich als „Tiefe“ bezeichnen. Schöne Mathematik verbindet Einfachheit mit Tiefe.[5]

Wenn der Schöpfer tatsächlich den Geist eines Mathematikers besitzt, müssten die Gleichungen der Grundlegenden Theorie der Naturkräfte wunderbar einfach und unglaublich tief sein. Manche Menschen sehen in der Theorie der Strings, die wir derzeit entdecken, diese Endgültige Theorie. Diese Theorie ist fraglos sehr tief. Einfach erscheint sie nicht, doch ihre Einfachheit mag sich offenbaren, wenn sie einmal besser verstanden wird.

MATHEMATISCHE DEMOKRATIE

Sollten wir je die Endgültige Theorie der Naturkräfte entdecken, wird eine Frage dennoch unbeantwortet bleiben: Warum gerade diese Theorie? Mathematische Schönheit mag eine nützliche Orientierungshilfe sein, doch ist nur schwer vorstellbar, dass sie genügen wird, um aus der unendlichen Zahl der Möglichkeiten eine einzelne Theorie auszuwählen. Der Physiker Max Tegmark formulierte dies so: „Warum sollte eine und nur diese einzige mathematische Struktur aus all den zahllosen mathematischen Strukturen für die physikalische Existenz stehen?"[6] Tegmark, der heute am Massachusetts Institute of Technology arbeitet, schlug einen möglichen Ausweg aus der Sackgasse vor.

Sein Vorschlag ist so einfach wie radikal: Er behauptet, es müsse zu jeder einzelnen mathematischen Struktur ein Universum geben.[7] So postuliert er ein Newton'sches Universum, das den Gesetzen der Euklidischen Geometrie, der klassischen Mechanik und Newtons Gravitationstheorie unterliegt. In anderen Universen besitzt der Raum unendlich viele Dimensionen, wieder andere haben zwei Zeitdimensionen. Noch schwerer vorstellbar ist ein Universum, das von der Algebra der Quaternionen* beherrscht wird und in dem weder Raum noch Zeit existieren.

Für Tegmark sind all diese Universen „da draußen" real existent. Wir sind uns ihrer ebenso wenig bewusst, wie wir von anderen Universen wissen, die spontan aus dem Nichts entstehen. Die mathematischen Strukturen in manchen Universen sind ausreichend komplex, um die Entwicklung „selbst-bewusster Substrukturen" wie uns Menschen zuzulassen. Solche Universen sind selten, gleichzeitig aber natürlich die einzigen ihrer Art, die beobachtet werden können.

Für diese dramatische Erweiterung der Realität haben wir keinerlei Indizien. Wenn wir Universen mit anderen mathematischen Strukturen in den Rang des Existierenden erheben, tun wir dies allein, um nicht erklären zu müssen, warum es sie nicht gibt. Diese Erklärung mag manche Philosophen befriedigen; Physiker hingegen fordern ein überzeu-

* Ein Quaternion ist eine Verallgemeinerung der bekannteren komplexen Zahl. Es besteht aus einer reellen und drei imaginären Zahlen.

genderes Argument. Im Geist des Prinzips der Mittelmäßigkeit könnte man aufzuzeigen versuchen, dass die Grundlegende Theorie unseres Universums in gewisser Weise typisch für all jene Theorien ist, die reich genug sind, um Beobachter zu beherbergen. Dies würde Tegmarks Modell eines erweiterten Multiversums untermauern.

Im Erfolgsfall würde diese Argumentation den Schöpfer gänzlich von der Bildfläche verdrängen. Nachdem die Inflation ihm die Arbeit abnahm, die Ausgangsbedingungen des Urknalls festzulegen, und die Quantentheorie ihn der Aufgabe enthob, Raum und Zeit zu erschaffen, wird ihm nun auch seine letzte Zuflucht noch genommen – die Auswahl der Grundlegenden Theorie der Naturkräfte.

In Tegmarks Vorschlag steckt jedoch ein gewaltiges Problem. Mit der Komplexität nimmt auch die Anzahl mathematischer Strukturen zu – ein Hinweis darauf, dass die „typischen" Strukturen furchtbar groß und unhandlich sein müssten. Dies scheint mit der Einfachheit und Schönheit der Theorien zur Beschreibung unserer Welt in Widerspruch zu stehen.[8] Der Arbeitsplatz des Schöpfers ist also offensichtlich nicht unmittelbar gefährdet.

DIE WELT DER VIELEN WELTEN

Seit Jahrhunderten schon streiten sich Philosophen und Theologen, ob das Universum endlich oder unendlich sei, stationär oder dynamisch, ewig oder vergänglich. Man mag meinen, alle denkbaren Antworten auf diese Fragen seien bereits vorausgesagt worden. Das Weltbild jedoch, das sich nach den jüngeren Entwicklungen in der Kosmologie abzeichnet, hatte niemand vorausgesehen. Statt zwischen einander widersprechenden Möglichkeiten eine Wahl zu treffen, scheint es jeder dieser Möglichkeiten ein Körnchen Wahrheit zuzusprechen.

Im Zentrum der neuen Sicht der Welt steht das Bild eines ewig inflationär expandierenden Universums. Dieses besteht aus isolierten „Insel-Universen", in denen die Inflation abgeschlossen ist, inmitten eines Ozeans aus Falschem Vakuum. Die Grenzen dieser post-inflationären Inseln dehnen sich rasch aus; noch schneller jedoch vergrößern sich ihre

Zwischenräume. Auf diese Weise entsteht ständig neuer Raum für weitere Insel-Universen, deren Zahl ins Unermessliche steigt.

Von innen betrachtet bildet jede Insel ein in sich geschlossenes unendliches Universum. In einem dieser Insel-Universen leben wir Menschen, und unsere beobachtbare Region ist eine der unzähligen O-Regionen, welche diese Insel umfasst. Es ist denkbar, dass in Milliarden von Jahren unsere Nachkommen in andere O-Regionen der Zukunft reisen werden; eine Reise zu einer anderen Insel jedoch ist nicht einmal vom Ansatz her möglich. Wie weit und wie schnell wir uns auch fortbewegen mögen – wir sind bis in alle Ewigkeit auf unser eigenes Insel-Universum beschränkt.

Die Gesamtheit der ewig inflationär expandierenden Raumzeit hat ihren Ursprung in einem winzigen geschlossenen Universum, das auf quantenmechanischem Weg aus dem Nichts hervortunnelte und sofort in die endlose Raserei der Inflation stürzte. Das Universum ist somit ewig, doch es hatte einen Anfang.

Durch die Inflation wird das Universum auf eine gigantische Größe aufgebläht, doch aus der globalen Perspektive wird es stets geschlossen und endlich erscheinen. Gleichzeitig aber enthält es aufgrund der besonderen Struktur der Raumzeit eine unbegrenzte Zahl unendlicher Insel-Universen.

In anderen Insel-Universen weisen die Naturkonstanten, die das Wesen unserer Welt bestimmen, andere Werte auf. Die meisten dieser Universen unterscheiden sich krass von dem unseren, und nur in einem winzigen Bruchteil von ihnen kann es Leben geben.[9] Die Beobachter in jeder bewohnbaren Insel werden feststellen, dass ihr Universum sich von einem Urknall auf einen Endknall zubewegt. Aus der globalen Perspektive betrachtet sind jedoch gleichzeitig alle Insel-Universen jeglicher Art in sämtlichen Entwicklungsstadien vorhanden. Diese Situation lässt sich mit der menschlichen Bevölkerung auf der Erde vergleichen: Jeder Mensch kommt als Säugling zur Welt und altert mit der Zeit; in der Gesamtbevölkerung jedoch sind zu jedem beliebigen Zeitpunkt Menschen aller Altersstufen anzutreffen. Obwohl das Gesamtvolumen des Universums mit der Zeit anwächst, bleibt der Bruchteil des Raums, den jeder Insel-Universum-Typus einnimmt, unverändert. In diesem Sinne ist das ewig inflationär expandierende Universum stationär.

Ein bemerkenswertes Merkmal des neuen Weltbilds ist die Existenz einer Vielzahl „anderer Welten“ jenseits unserer beobachtbaren Region. Die Existenz mancher dieser Welten ist weitgehend unumstritten. Kaum jemand würde beispielsweise die reale Existenz anderer O-Regionen in Frage stellen, obwohl sie sich unserer Beobachtung entziehen. Einige Indizien weisen auf die Existenz vielzähliger Insel-Universen mit unterschiedlichen Eigenschaften hin. Wie hingegen die Existenz anderer, abgetrennter Raumzeiten, die spontan aus dem Nichts hervorgehen, anhand von Beobachtungen zu überprüfen wäre, davon haben wir keinerlei Vorstellung.

Das Bild des Quantentunnelns aus dem Nichts stellt uns vor ein weiteres Rätsel. Dieser Prozess unterliegt den gleichen fundamentalen Gesetzen wie die anschließende Entwicklung des Universums. Daraus folgt, dass die Gesetze schon vor dem Universum selbst „da“ gewesen sein müssten. Bedeutet dies, dass die Gesetze mehr sind als reine Beschreibungen der Wirklichkeit, dass sie eine unabhängige, eigene Existenz besitzen können? Auf welchen Tafeln könnten sie geschrieben stehen, ohne Raum, Zeit und Materie? Die Gesetze finden ihren Ausdruck in Form mathematischer Gleichungen. Wenn die Mathematik über den Geist vermittelt wird, bedeutet dies, dass vor dem Universum der Geist steht?

Diese Fragen tragen uns weit in das Unbekannte hinaus, bis an den Abgrund zum großen Mysterium. Es ist schwer vorstellbar, wie wir jemals über diesen Punkt hinausgelangen sollen. Doch vielleicht spiegeln sich darin wiederum lediglich die Grenzen unserer Vorstellungskraft.

Epilog

An: Galaktischer Rat
Von: WSX-23EDJ

Seid gegrüßt!

Gemäß dem Protokoll habe ich meine Inspektion des Planeten Erde, Sektor S-16 in der peripheren Zone der Galaxie, abgeschlossen. Die menschliche Spezies, die diesen Planeten bewohnt, hat in den 1 000 Erdenjahren seit der letzten Inspektion gute Fortschritte gemacht. Ich habe ihren Status von „im Anfangsstadium" auf „technisch minderbegabt" aufgewertet.

Es wird Euch belustigen, zu hören, dass die Menschen sich der Entdeckung der Endgültigen Theorie des Universums nahe wähnen. Ich beneide sie um ihren jugendlichen Enthusiasmus … In gewissen Fragen sind sie den richtigen Antworten nicht mehr fern – erstaunlich, würde ich sagen, für eine primitive Zivilisation wie die ihre. In anderen Bereichen sind sie jedoch ziemlich rückständig. Sie haben nicht einmal die richtigen Fragen gefunden.

Insgesamt ist diese Spezies noch recht unreif. Eine Aufnahme in die Galaktische Union halte ich zum gegenwärtigen Zeitpunkt für nicht empfehlenswert. Weitere Einzelheiten folgen in meinem regulären Bericht.

Mit respektvollen Grüßen
WSX-23EDJ

Anmerkungen

1. Der Urknall – was knallte, wie es knallte und weshalb

1 A. H. Guth: The Inflationary Universe; Addison-Wesley, Reading/Mass. 1997, S. 2; Übs. v. G. Ingold u. M. Sonntag: Die Geburt des Kosmos aus dem Nichts; Droemer, München (1999) 2002, S. 22

2. Aufstieg und Fall der abstossenden Gravitation

1 Einstein an Ehrenfest, 16. Januar 1916 (A. Pais: Subtle is the Lord; Oxford University Press, Oxford 1982; Übs. v. R. U. Sexl, H. Kühnelt, E. Streeruwitz: Raffiniert ist der Herrgott; Spektrum, Heidelberg 2000)

2 Einstein an Sommerfeld, 8. Februar 1916, nachgedruckt in den „Collected Papers of Albert Einstein“; Princeton University Press, Princeton 1998, Bd. 8A, S. 261

3 Wie sich später herausstellte, war Einsteins Modell des statischen Universums auch rein theoretisch nicht haltbar, da das Gleichgewicht zwischen anziehender und abstoßender Gravitation hier instabil ist. Eine beliebig verursachte geringfügige Vergrößerung des Universums führt zu einem Rückgang der Materiedichte (infolge des zunehmenden Abstands zwischen einzelnen Galaxien) bei gleichbleibender Vakuumenergiedichte infolge der Kosmologischen Konstante. Dies führt dazu, dass die abstoßende Kraft des Vakuums nun die anziehende Kraft der Materie übersteigt und das Universum sich ausdehnt. In der Folge steigt das Volumen weiter an und das Ungleichgewicht zwischen Anziehungs- und Abstoßungskräften wächst. Damit beginnt das Universum immer schneller zu expandieren. Eine geringfügige Verkleinerung des Einstein'schen statischen Universums verursacht ein Überwiegen der anziehenden Kraft der Materie gegenüber der Abstoßungskraft des Vakuums, worauf das Universum zu einem Punkt kollabiert. Nach der Quantentheorie sind jedoch geringe Fluktuationen in der Größe des Universums unvermeidlich – demnach kann Einsteins Universum nicht unendlich lang im Gleichgewicht bleiben.

3. Die Schöpfung und ihre Mängel

1 Zitiert in E. A. Tropp, V. J. Frenkel' und A. D. Černin: Aleksandr Aleksandrovič Fridman; Nauka, Moskau 1988, S. 133

2 Friedmann erwog die Möglichkeit eines räumlich flachen Universums nicht. Sie wurde 1932 von Einstein und Willem de Sitter untersucht.

3 Eine achtenswerte Ausnahme bildete Einsteins Reaktion auf Friedmanns Arbeit. Einstein glaubte zunächst, Friedmann habe einen Fehler begangen, und sandte

der Zeitschrift eine Notiz, in der er auf den vermeintlichen Irrtum hinwies. Binnen Jahresfrist jedoch musste er die Kritik nach einem Gespräch mit Friedmanns Freund Yuri Krutkov zurücknehmen. Krutkov erstattete zu Hause Bericht, er habe in einem Disput mit Einstein Recht behalten, und „Petrograds Ehre ist gerettet!". Einstein jedoch, obwohl er Friedmanns Berechnungen zustimmte, glaubte weiterhin an ein statisches Universum und hielt Friedmanns Arbeit daher nur aus formalen Gründen für interessant. In einer zweiten Notiz an die Zeitschrift schrieb er, er sei „überzeugt, dass Herrn Friedmanns Ergebnisse sowohl korrekt als auch erhellend sind". In einem ersten Entwurf hatte er dem hinzugefügt, dass die Ergebnisse kaum von physikalischem Interesse sein dürften. Dann jedoch strich er diese Bemerkung, vielleicht weil ihm klar wurde, dass sie eher auf seiner eigenen philosophischen Voreingenommenheit gründete als auf belegten Fakten. (Engl. Zitate aus Helge Kragh: Cosmology and Controversy; Princeton University Press, Princeton, New Jersey 1996)

4 Anders als heute wusste man zur Zeit Helmholtz' nicht, woher die Sterne ihre Energie nehmen. Sie verbrennen nuklearen Treibstoff, indem sie Wasserstoff zunächst in Helium und anschließend in schweren Wasserstoff verwandeln. Parallel zu diesem irreversiblen Vorgang wächst die Entropie, bis den Sternen letztlich der nukleare Treibstoff ausgeht. Manche Sterne schalten ihre nuklearbetriebenen Motoren relativ unspektakulär aus und kühlen allmählich ab; andere wiederum schleudern in einer Explosion ihren Gasbestand in den interstellaren Raum und lassen einen kompakten Rest zurück (einen Neutronenstern oder ein Schwarzes Loch). Das ausgestoßene Gas kann zur Bildung neuer Sterne verdichtet werden; irgendwann jedoch ist der Gasvorrat erschöpft, weil immer mehr davon in kalten Sternenresten landet. In einer Billion Jahre werden die Galaxien voraussichtlich schwächer leuchten als heute. Das allmähliche Nachlassen der Leuchtkraft mag recht verzögert verlaufen, dennoch ist eines sicher: Das Universum, wie wie es kennen, kann nicht ewig existiert haben.

5 Boltzmanns Fluktuationsgedanke ist wahrscheinlich das erste Beispiel dessen, was man später Anthropische Argumente nennen sollte (s. Kapitel 13).

6 Das erste stichhaltige Indiz für die Entwicklung der Galaxien fand in den 1950er-Jahren der Astronom Martin Ryle von der Cambridge University. Er stellte fest, dass Galaxien vor einigen Jahrmilliarden deutlich häufiger intensive Radiowellen ausstrahlten als heute.

7 Arthur Conan Doyle: The Sign of [the] Four; dt. Übs.: Das Zeichen der Vier

4. Die moderne Geschichte der Genese

1 Engl. Zitat von R. H. Stuewer in: E. Ullmann-Margalit (Hrsg.): The Kaleidoscope of Science; Reidel, Dordrecht, NL 1986, S. 147

2 Die Schilderung von Gamows Leben in diesem Abschnitt gründet überwiegend auf seiner unvollendeten Autobiografie: My World Line; Viking Press, New York 1970.

3 Atome bestehen aus kleinen, positiv geladenen Kernen und negativ geladenen Elektronen, die sie „umkreisen". (Das Wort „umkreisen" steht hier in Anfüh-

rungszeichen, da im Atom Quantenunschärfen eine wichtige Rolle spielen und wir uns die Bewegung der Elektronen daher besser nicht wie die Planetenbahnen um die Sonne als geordnete Kreisbewegung auf Umlaufbahnen vorzustellen haben, sondern als um das Atom herum „verschmiert".) Die Kerne setzen sich aus zwei verschiedenen subatomaren Teilchen zusammen: aus Protonen, die positiv geladen sind, und elektrisch neutralen Neutronen. Die chemischen Eigenschaften eines Atoms werden ausschließlich von der Anzahl der Elektronen bestimmt (die der Anzahl der Protonen entspricht, sodass das Atom elektrisch neutral ist).

4 Der Ursprung dieses Ungleichgewichts zwischen Materie und Antimaterie ist ein Bereich der aktiven Forschung in der modernen Kosmologie. Eine Erörterung gibt A. H. Guth in: The Inflationary Universe; Addison-Wesley, Reading (Mass.) 1997; dt. Übs.: Die Geburt des Kosmos aus dem Nichts; Droemer, München 1997.

5 Eine detailliertere Erörterung des heißen Feuerballs und der Entstehung der Elemente bietet Steven Weinbergs Klassiker: The First Three Minutes; Bantam, New York 1977; dt. Übs.: Die ersten drei Minuten; Piper, München 1977.

6 M. J. Rees: Before the Beginning; Addison-Wesley, Reading (Mass.) 1997, S. 17; dt. Übs.: Vor dem Anfang; S. Fischer, Frankfurt 19982, S. 34

7 S. Weinberg: ebd., S. 123

5. Inflation des Universums

1 Die Irrungen und Wirrungen auf seinem Weg zur Entdeckung der Inflationstheorie beschreibt Guth in seinem herausragenden Buch: The Inflationary Universe: The Quest for a New Theory of Cosmic Origins; Addison-Wesley, Reading (Mass.) 1997; dt. Übs.: Die Geburt des Kosmos aus dem Nichts: Die Theorie des inflationären Universums; Droemer, München 1997.

2 Es ist denkbar, dass unser Vakuum doch nicht das mit der niedrigsten Energie ist. Die String-Theorie, derzeit aussichtsreichster Kandidat für die Weltformel, legt die Existenz von Vakua mit negativer Energie nahe. Sollte es diese tatsächlich geben, wird unser Vakuum möglicherweise irgendwann zerfallen, mit katastrophalen Auswirkungen auf sämtliche in ihm enthaltenen materiellen Objekte. Die String-Theorie wird in Kapitel 15 und die Möglichkeit eines Zerfalls unseres Vakuums in Kapitel 18 vorgestellt. Bis dahin jedoch setzen wir voraus, dass wir in einem Echten Vakuum leben.

3 Aus einfachen energetischen Erwägungen ist diese Schlussfolgerung unschwer nachzuvollziehen. Die Kraft eines physikalischen Objekts ist stets bemüht, dessen Energie zu reduzieren (genauer, dessen potenzielle Energie, das heißt den Teil der Energie, der nicht mit Bewegung verbunden ist). Die Schwerkraft beispielsweise zieht Objekte nach unten, wodurch deren Energie reduziert wird. (Mit zunehmender Entfernung vom Boden nimmt die Gravitationsenergie zu.) Bei einem Falschen Vakuum verhält sich die Energie proportional zum Volumen, welches sie ausfüllt, und lässt sich somit nur über eine Verringerung des Volumens reduzieren. Es muss demnach eine Kraft geben, die das Vakuum veranlasst, kleiner zu werden. Dies ist die Kraft der Spannung.

6. Zu gut, um falsch zu sein

1 A. H. Guth: The inflationary universe: A possible solution to the horizon and flatness problems; Physical Review, Bd. D23, S. 347 (1981)

2 Das Starobinsky-Modell gründet auf einer modifizierten Form von Einsteins Feldgleichungen der Gravitation. Die Modifikation gewinnt erst dann an Bedeutung, wenn die Krümmung der Raumzeit sehr stark wird. Die Stärke der Krümmung übernimmt in dieser Theorie die Rolle eines Skalarfelds.

3 Dem russischen Stil getreu schrieben Mukhanov und Chibisov ihren Artikel „für Landau"und nannten ihr Ergebnis, ohne allzu detailliert zu erläutern, wie sie zu diesem gelangt waren. Manche der Teilnehmer des Nuffield-Workshops behaupten, in der Herleitung fehle ein wichtiger Schritt und Mukhanov und Chibisov gebühre daher nicht die volle Anerkennung für das Ergebnis. Meiner Meinung nach gebührt sie ihnen durchaus.

8. Galoppierende Inflation

1 A. Vilenkin: The birth of inflationary universes; Physical Review, Bd. D27, S. 2848 (1983). Dieser Artikel behandelt die Quantenkosmologie; die Theorie der Ewigen Inflation wird in den Abschnitten IV und V erörtert.

2 Eine exponentiell expandierende Region würde rasch den gesamten Bildschirm ausfüllen, sodass wir die Simulation stoppen müssten. Dieses Problem lösten wir, indem wir einen expandierenden Entfernungsmaßstab zugrunde legten, der sich im gleichen Maß vergrößerte wie die inflationär expandierenden Regionen. Das Volumen des mit diesem expandierenden Lineal gemessenen inflationär expandierenden Falschen Vakuums bleibt im zeitlichen Verlauf unverändert und nimmt auf dem Bildschirm daher stets einen festgelegten Bereich ein. Bei der Inflation in der Wirtschaft, die wir in Kapitel 5 als Vergleich heranzogen, entspricht dieses Messverfahren der Preisdarstellung in „realen Dollars", bei der die Auswirkung der Inflation herausgerechnet wird.

3 M. Aryal und A. Vilenkin: The fractal dimension of the inflationary universe; Physics Letters, Bd. B199, S. 351 (1987)

4 A. D. Linde: Eternally existing self-reproducing chaotic inflationary universe; Physics Letters, Bd. B175, S. 395 (1986). Linde führte in diesem Artikel den Begriff „Ewige Inflation" ein.

9. Der Himmel hat gesprochen

1 Die beschleunigte Expansion des Universums wurde vom „High-Redshift Supernova"-Forschungsteam um den Harvard-Astronomen Robert Kirshner und Brian Schmidt vom australischen Siding-Springs-Observatorium sowie vom „Supernova Cosmology Project" unter der Leitung von Saul Perlmutter entdeckt. Einen geistreichen Augenzeugenbericht von dieser Entdeckung liefert Robert Kirshner in: The Extravagant Universe: Exploding Stars, Dark

Energy, and the Accelerating Cosmos; Princeton University Press, Princeton, New Jersey 2004.

2 Die Inflationstheorie lässt sich mit einer Dichte unterhalb der kritischen Grenze nur um den Preis vereinbaren, dass die Theorie komplizierter und weniger ansprechend wird. Dazu bedarf es eines bestimmten Aufbaus der Energielandschaft des Skalarfelds. Wie in Guths erstem Modell (siehe Abbildung 12, S. 68) benötigt sie eine Barriere. Anstelle eines steilen Gefälles in Richtung Minimum muss jenseits dieser Barriere jedoch ein sehr sanfter Abhang folgen. Das so entstehende Modell verknüpft die Merkmale von Guths altem Inflationsszenario mit dem verbesserten Modell von Linde und anderen Wissenschaftlern. Das Feld durchtunnelt die Barriere in einer Blase und beendet seine Reise ins Minimum, indem es in Einzelblasen langsam den Hügel hinabrollt. Sidney Coleman hat in seiner Analyse von Vakuumblasen aufgezeigt, dass diese von innen betrachtet offenen Friedmann'schen Universen mit einer Dichte unterhalb des kritischen Werts gleichen. Durch sorgfältige Anpassung von Höhe und Neigung des Hügels lässt sich die Dichte gerade nahe genug an den kritischen Wert heranführen. Physiker empfinden solche Feinabstimmungen als äußerst unästhetisch, daher hofft man, dass es auch ohne sie gehen wird.
Wenn jedoch Beobachtungen auf eine Dichte hindeuten, die um mehr als 1/100 000 über dem kritischen Wert liegt, wäre das Universum in der Schlussfolgerung eine relativ kleine dreidimensionale Sphäre, nicht viel größer als der derzeitige Horizont. Dies würde die Inflationstheorie vor ein ernsthaftes Problem stellen.

3 Der Ursprung der Gravitationswellen ist mit dem der Dichteschwankungen (siehe Kapitel 6) vergleichbar. Sie entstehen als Quantenfluktuationen während der Inflation, wobei ihre Amplituden von der jeweiligen Wellenlänge unabhängig sind. Die Voraussage der Gravitationswellen ergibt sich aus der Arbeit, die Alexei Starobinsky im Jahre 1980 veröffentlichte, bevor Guth seine Inflationstheorie vorstellte.

4 Clover wird 2008 seinen Betrieb aufnehmen. Das Observatorium wird Gravitationswellen aufzeichnen können, wenn die Energieskala des Falschen Vakuums in der Größenordnung der Großen Vereinheitlichten Theorien liegt. Für ein Vakuum mit geringerer Energie wird ein empfindlicheres Gerät nötig sein.

10. Unendliche Inseln

1 A. D. Linde: Life after Inflation; Physics Letters, Bd. B211, S. 29 (1988)

2 In der flachen Raumzeit wird das Quadrat des Intervalls zwischen zwei Ereignissen definiert als (zeitlicher Abstand)^2 – (räumlicher Abstand)^2. Mit Ausnahme des Minuszeichens ist diese Größe der quadrierten Länge im Satz des Pythagoras sehr ähnlich. Damit das Intervall berechnet werden kann, müssen zeitlicher und räumlicher Abstand in vergleichbaren Größeneinheiten ausgedrückt sein. Wird beispielsweise die Zeit in Jahren angegeben, ist die Strecke in Lichtjahren zu messen. Ein zeitartiges Intervall ergibt sich aus einem positiven Quadrat, ein raumartiges Intervall aus einem negativen. Im Falle der im Text genannten Ereignisse Klassentreffen und Superball-Spiel liegt der zeit-

liche Abstand bei 3 Jahren und der räumliche bei 4 Lichtjahren; das Quadrat des Intervalls beträgt also $3^2 - 4^2 = -7$. Das Intervall ist somit raumartig.

11. Der King lebt!

1 J. Garriga und A. Vilenkin: Many worlds in one; Physical Review, Bd. D64, S. 043511 (2001)

2 A. D. Sakharov: Alarm and Hope; Knopf, New York 1978

3 G. F. R. Ellis und G. B. Brundrit: Life in the infinite universe; Quarterly Journal of the Royal Astronomical Society, Bd. 20, S. 37 (1979)

4 Eine anregende Erörterung der Viele-Welten-Interpretation bietet David Deutsch in: The Fabric of Reality; Penguin, New York 1997.

5 Zitiert in G. Edelman: Bright Air, Brilliant Fire: On the Matter of the Mind; Penguin, New York 1992, S. 216; Übs. v. Anita Ehlers: Göttliche Luft, vernichtendes Feuer. Wie der Geist im Gehirn entsteht; Piper, München 1992, S. 310

6 Dieser Ausspruch stammt von David Mermin; zitiert in Physics Today, April 1989, S. 9.

7 Präsident Bill Clinton in seiner Aussage vor dem Großen Geschworenengericht am 17. August 1998

8 Eine Energielandschaft, in der die Ewige Inflation umgangen wird, zeigt die Abbildung unten (s. a. Abbildung 14, S. 71).
An die Stelle des für die Ewige Inflation verantwortlichen flachen Gipfelbereich des Hügels tritt ein steil ansteigender Gipfel. Das flache Gefälle des Hügels muss dabei jedoch erhalten bleiben, da anderenfalls keinerlei Inflation stattfände. Solche Landschaften werden aus der Teilchenphysik kaum entstehen: Praktisch alle bislang entwickelten Modelle gehen von einer Ewigen Inflation aus.

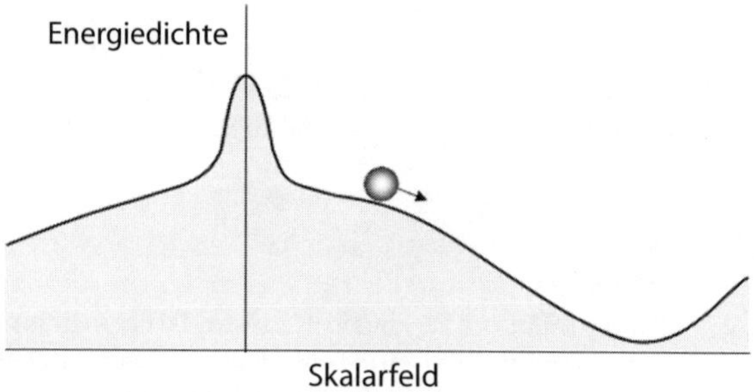

9 Diverse ethische Aspekte des neuen Weltbilds erläutert ein Artikel, den ich mit dem Philosophen Joshua Knobe und meinem Kollegen an der Tufts University Ken Olum schrieb: „Philosophical implications of inflationary cosmology"; The British Journal for the Philosophy of Science, März 2006 (57), S. 47–67.

12. Das Problem der Kosmologischen Konstante

1 Die erste überzeugende Messung elektromagnetischer Vakuumfluktuationen ließ bis Ende der 1990er-Jahre auf sich warten und machte sich eine Jahrzehnte zuvor geäußerte Idee des niederländischen Physikers Hendrik Casimir zunutze. Dabei werden zwei Metallplatten parallel zueinander in ein Vakuum platziert. Da elektromagnetische Oszillationen in Metall unterdrückt werden, führt dies zu einer Reduzierung der Vakuumfluktuationen im Plattenzwischenraum. Der Druck, den die fluktuierenden Felder auf die Außenflächen der Platten ausüben, ist somit größer als der von innen wirkende Druck, sodass in der Summe die Platten zusammengepresst werden. Die Kraft, mit der dies geschieht, ist sehr gering und nimmt mit zunehmender Distanz der beiden Platten rapide ab. Die Messung wurde bei einem Plattenabstand von etwa 1 Mikrometer (einem Millionstel Meter) durchgeführt.

2 Genau dies geschieht in Teilchentheorien mit einer besonderen Symmetrie, der so genannten Supersymmetrie. Bosonen und Fermionen treten in diesen Theorien paarweise auf, sodass jedem Bose-Teilchen ein fermionischer „Partner" zugeteilt ist und umgekehrt. Beide Teilchen eines Paars besitzen die gleiche Masse, und die Vakuumenergiewerte von Fermionen und Bosonen heben einander vollständig auf. Die Gesamtenergiedichte des Vakuums liegt somit bei null.
Dies klingt nach einer sauberen Lösung für das Problem der Kosmologischen Konstante; leider aber ist unsere Welt definitiv nicht supersymmetrisch. Anderenfalls könnten wir in Beschleuniger-Experimenten der Entstehung zahlreicher Partner von Elektronen, Quarks und Photonen zusehen. Keines dieser Partnerteilchen wurde jedoch je beobachtet. Zudem funktioniert die Aufhebung der Kosmologischen Konstante selbst in einer supersymmetrischen Welt nur in Abwesenheit einer Gravitationskraft. Unter Berücksichtigung der Gravitation steigt die Vakuumenergie und wird negativ.

13. Anthropische Fehden

1 C. J. Hogan: Quarks, electrons and atoms in closely related universes; in B. J. Carr (Hrsg.): Universe or Multiverse; Cambridge University Press, Cambridge 2007

2 Zahlreiche Beispiele der offensichtlichen Feinabstimmung der Naturkonstanten beschreiben der Artikel von Bernard J. Carr und Martin J. Rees in Nature, Bd. 278, S. 605 (1979), sowie die Bücher von Paul C. W. Davies: The Accidental Universe; Cambridge University Press, Cambridge 1982; John D. Barrow und Frank J. Tipler: The Anthropic Cosmological Principle; Oxford University Press, Oxford 1986; und John Leslie: Universes; Routledge, London 1989. Eine anschauliche populärwissenschaftliche Darstellung geben die Bücher von Martin Rees: Before the Beginning: Our Universe and Others; Addison-Wesley, Reading 1997 (dt. Übs.: Vor dem Anfang. Eine Geschichte des Universums, Fischer TB, Frankfurt/M. 1999) und: Just Six Numbers; Basic Books, New York 2001.

3 B. Carter: Large number coincidences and the anthropic principle in cosmology; in M. S. Longair (Hrsg.): Confrontation of Cosmological Theories with Observational Data; Reidel, Boston 1974, S. 132

4 Weniger massereiche Sterne als die Sonne haben eine längere Lebensdauer. Sie sind jedoch eher instabil und können explodieren, wodurch das Leben auf den Planeten ausgelöscht würde. Wir gehen davon aus, dass Planeten in der Umlaufbahn solcher Sterne als potenzielle Heimstätte für Beobachter nicht in Frage kommen.

5 Dicke reagierte mit diesem Argument 1961 auf die faszinierende Hypothese des berühmten britischen Physikers Paul Dirac. Dirac verblüffte die geringe Kraft der Gravitation, die um ein 1040-Faches unter der der Elektromagnetischen Kraft liegt. Darüber hinaus vermerkte er, dass das beobachtbare Universum um ein 1040-Faches größer ist als das Proton. Dirac meinte, dies könne unmöglich reiner Zufall sein, und vermutete eine Verbindung zwischen beiden Zahlen. Das beobachtbare Universum wächst jedoch mit der Zeit, sodass das Verhältnis seiner Größe zu der des Protons später größer ausfallen wird. Diese Erkenntnis führte Dirac zu dem Schluss, dass die zweite Zahl, die die Schwäche der Gravitation beschreibt, ebenfalls anwachsen müsste: Die Schwerkraft müsse allmählich abnehmen.

Dickes Argumentation beleuchtete die zufällige Übereinstimmung der großen Zahlen aus einer vollkommen anderen Perspektive. Wir beobachten das Universum nicht in einem willkürlich gewählten Zeitalter; vielmehr entspricht das Alter des Universums ungefähr der Lebensdauer eines Sterns. Dicke zeigte auf, dass Diracs große Zahlen zu diesem Zeitpunkt tatsächlich dicht beieinanderliegen. (Dies ist kein Zufall: Das beobachtbare Universum ist groß, weil die Lebensdauer der Sterne lang ist, und die lange Lebensdauer der Sterne steht ihrerseits mit der Schwäche der Gravitation in Zusammenhang, was die Verbindung zwischen den beiden großen Zahlen herstellt.) Die Übereinstimmung erklärt sich also automatisch aus der Zeit, in der Beobachter existieren können, wodurch die Notwendigkeit einer Abschwächung der Gravitation entfällt. Präzise astronomische Messungen ergaben später, dass die Kraft der Gravitation mit einem sehr hohen Genauigkeitsgrad konstant bleibt. Jegliche Veränderung dürfte den Wert von 1 zu 10^{11} jährlich nicht überschreiten – der weit unter dem in Diracs Hypothese geforderten Wert liegt.

6 N. Bostrom: Anthropic Bias; Routledge, New York 2002

7 Zitat aus A. L. Macay: A Dictionary of Scientific Quotations; Institute of Physics Publishing, Bristol 1991, S. 244

8 David Gross, zitiert in: Zillions of universes? Or did ours get lucky?; Dennis Overbye in The New York Times, 28. Oktober 2003

9 Paul Steinhardt, zitiert in: Out in the cold; Marcus Chown in New Scientist, 10. Juni 2000

14. Mittelmässigkeit als Prinzip

1 Das „Doomsday“-Argument ist ein faszinierendes und umstrittenes Thema. Eine anregende Erörterung bieten die Bücher von John Leslie: The End of the World; Routledge, London 1996, und J. Richard Gott: Time Travel in Einstein's Universe; Houghton Mifflin Company, Boston 2001; dt. Übs.: Zeitreisen in Einsteins Universum; Rowohlt Taschenbuch, Reinbek/Hamburg 2003[2].

2 In einem unendlichen Universum lässt sich der Volumenfaktor als der Anteil eines Volumens definieren, den Regionen eines gegebenen Typs ausfüllen. Diese Definition kann jedoch zu Mehrdeutigkeiten führen. Zur Illustration dieses Problems stellen wir uns die Frage, welchen Anteil die ungeraden Zahlen an der Menge aller ganzen Zahlen haben. Da sich gerade und ungerade Ganzzahlen in der Reihe 1, 2, 3, 4, 5,… abwechseln, lautet die nächstliegende Antwort „die Hälfte". Nun lassen sich die ganzen Zahlen jedoch auch anders anordnen, zum Beispiel 1, 2, 4, 3, 6, 8,… Auch diese Reihe enthält sämtliche ganzen Zahlen, doch folgen hier auf jede ungerade zwei gerade Zahlen, sodass anscheinend nur ein Drittel aller Ganzzahlen ungerade ist. Eine ähnliche Ambiguität entsteht bei Berechnungen des Volumenfaktors in Modellen der Ewigen Inflation. Zum Umgang mit diesem Problem wurden einige interessante Vorschläge gemacht; eine Lösung steht jedoch noch aus.

3 Dies ist eine grobe Vereinfachung. Galaxien können unterschiedliche Größen haben, von Zwergen bis hin zu Riesen, mit sehr unterschiedlichen Mengen an Sternen und somit Beobachtern. Die überwiegende Mehrheit aller Sterne ist jedoch in Riesengalaxien wie der unseren zu finden. Das Problem lässt sich also lösen, wenn wir nur Riesengalaxien einbeziehen und den Rest außer Acht lassen.
Ein gravierenderes Problem liegt darin, dass sich die Materiedichte und andere Eigenschaften von Galaxien infolge einer Abweichung in den gegenüber dem Leben neutralen Konstanten verändern können. Vergrößert sich zum Beispiel der Parameter der Dichteschwankung Q, bilden sich zu einem früheren Zeitpunkt Galaxien mit einer höheren Materiedichte. Die Wahrscheinlichkeit von Sternkollisionen, die zu Veränderungen von Planetenumlaufbahnen und der Auslöschung von Leben führen können, nimmt zu. (Auf diesen Aspekt wiesen Max Tegmark und Martin Rees in ihrem 1998 in der Fachzeitschrift Astrophysical Journal veröffentlichten Artikel hin.) Selbst wenn die Planeten vom Zusammenprall der Sterne unberührt bleiben, wird möglicherweise der Kometenschwarm im äußeren Sternsystem gestört, sodass sich ein Kometenschauer den inneren Planeten nähert, der jedes Leben auslöscht. Eine weitere Gefahr bildet in einer dichteren Galaxie die potenziell zerstörerische Wirkung nahe gelegener Supernova-Explosionen. Die quantitative Beschreibung der Auswirkungen aller dieser Faktoren auf die Dichte bewohnbarer Sternsysteme ist eine ehrgeizige, aber nicht unlösbare Aufgabe. Zum gegenwärtigen Zeitpunkt allerdings ist über Schätzungen im Zehnerpotenzbereich schwer hinauszukommen.

4 A. Vilenkin: Predictions from quantum cosmology; Physical Review Letters, Bd. 74, S. 846 (1995)

5 Efstathious Ansatz unterschied sich von meinem. Er ging davon aus, dass wir nur unter den derzeit existierenden Beobachtern (Galaxien) als typisch gelten, wohingegen ich sämtliche Beobachter in meine Überlegungen einschloss – derzeitige, frühere und zukünftige. Wenn wir wirklich typisch sind und in einer Zeit leben, in der es die meisten Beobachter gibt, müssten beide Ansätze zu ähnlichen Ergebnissen führen – was sie tatsächlich auch tun. Die Wahl der Bezugsklasse von Beobachtern, innerhalb derer wir uns als typisch annehmen, ist allgemein eine wichtige Frage. Eingehend hat sie der Philosoph Nick Bostrom erörtert.

6 Tatsächlich sind in der Helligkeit von Supernovae vom Typ 1a gewisse Abweichungen zu beobachten, die vermutlich auf Unterschiede in der chemischen Zu-

sammensetzung der Weißen Zwerge zurückzuführen sind. Diese Abweichungen lassen sich jedoch über die Messung der Explosionsdauer berücksichtigen: Das Abhängigkeitsverhältnis von Helligkeit und Dauer ist gut untersucht.

7 Die Rotverschiebung beschreibt die Veränderung der Frequenz elektromagnetischer Wellen bei einer Relativbewegung von Lichtquelle und Beobachter. Je mehr man sich einer Lichtquelle nähert, desto höher steigt die Frequenz der Lichtwellen, wie ein Boot, gegen das häufiger eine Welle prallt, wenn es sich auf diese zubewegt. Der gleiche Effekt entsteht, wenn die Lichtquelle sich einem stationären Beobachter nähert: Ausschlaggebend ist allein die Relativbewegung von Beobachter und Quelle. In ganz ähnlicher Weise verringert sich die Frequenz des von einer Galaxie emittierten Lichts (das heißt, sie nähert sich dem roten Ende des Spektrums), wenn sich die Galaxie vom Beobachter entfernt.

8 Zitiert in R. Kirshner: The Extravagant Universe; Princeton University Press, Princeton, New Jersey 2002, S. 221

9 Die Möglichkeit einer Lösung der Altersdiskrepanz zwischen den ältesten Sternen und dem Universum durch eine Kosmologische Konstante befürwortete in den 1980er-Jahren Gerard de Vaucouleurs. Aktueller wurde sie zusammen mit weiteren potenziellen Nutzen einer Kosmologischen Konstante von Lawrence Krauss und Michael Turner in deren Artikel: The cosmological constant is back; General Relativity and Gravitation, Bd. 27, S. 1137 (1995) hervorgehoben.

10 Eine populärwissenschaftliche Kritik des Quintessenz-Gedankens bietet das Buch von Lawrence Krauss: Quintessence: The Mystery of the Missing Mass; Basic Books, New York 2000.

11 Ein weiteres Problem, welches das Quintessenz-Modell aufwirft, besteht in der Annahme einer Energiedichte von null für die flache Ebene am Fuß des Hügels. Dies kommt der Behauptung gleich, dass die Energiewerte der fluktuierenden Fermionen und Bosonen einander auf wundersame Weise aufheben (s. Kapitel 12).

12 Wahrscheinlich ist es kein Zufall, dass wir in der Scheibe einer Riesengalaxie leben. Die Entstehung von Galaxien folgt einem hierarchischen Verlauf, bei dem kleinere Objekte mit hoher Dichte zu größeren und weniger dichten verschmelzen. Aufgrund der in Fußnote 3 zu diesem Kapitel angeführten Ursachen sind frühe dichte Galaxien weniger geeignet Leben hervorzubringen.

13 Diese Erklärung des Zufalls wurde in einem Artikel veröffentlicht, den ich gemeinsam mit Jaume Garriga und Mario Livio verfasste: The cosmological constant and the time of its dominance; Physical Review, Bd. D61, S. 023503 (2000). Den gleichen Gedanken äußerte unabhängig Sidney Bludman in Nuclear Physics, Bd. A663, S. 865 (2000).

15. Eine Theorie von Allem

1 Zitiert in Nigel Calder: The Key to the Universe; Penguin Books, New York 1997, S. 69; Übs. v. Ingo Angres: Schlüssel zum Universum; Hoffmann und Campe, Hamburg 1981, S. 88

2 In den 1970er- und 80er-Jahren bemühten sich Physiker im Rahmen der Großen Vereinheitlichten Theorien um eine stärker vereinheitlichende Beschreibung

von Teilchen und deren Wechselwirkungen. Im ersten dieser Modelle führten die Harvard-Wissenschaftler Howard Georgi und Sheldon Glashow vor, dass sich das gesamte Standardmodell mit seinen separaten Symmetrien für Starke und Elektroschwache Wechselwirkungen auf elegante Weise in einer Theorie mit einer einzigen, wenngleich größeren Symmetrie zusammenführen ließ. Darüber hinaus gab das Modell eine vereinheitlichte Beschreibung der drei elementaren Wechselwirkungen. Die Große Vereinheitlichte Theorie (GUT) ist ein faszinierender Gedanke und die meisten Physiker glauben, dass sie als Teil der Endgültigen Theorie fortdauern wird. Dennoch weisen die Großen Vereinheitlichten Theorien weiterhin überwiegend die gleichen Mängel auf wie das Standardmodell. Insbesondere verlangen sie eine noch größere Anzahl variabler Parameter und klammern nach wie vor die Gravitation aus.

3 Zahlreiche unterschiedliche Fragen zur Existenz (oder Nicht-Existenz) einer Endgültigen Theorie der Natur erläutert Steven Weinberg in seinem Buch: Dreams of a Final Theory; Vintage, New York 1993; dt. Übs.: Der Traum von der Einheit des Universums; Goldmann, München 1995.

4 Eine interessante Möglichkeit, die String-Theorie anhand von Beobachtungen zu überprüfen, entstammt der Kosmologie. Infolge hochenergetischer Prozesse am Ende der Inflation könnten sich Strings von astronomischen Ausmaßen bilden. Ebenso wie „normale" kosmische Strings (siehe Kapitel 6) würden sich diese fundamentalen Strings dann beobachten lassen. Da Strings kein Licht ausstrahlen, sind sie nicht direkt zu erkennen; ihre Gravitationseffekte jedoch können ihre Anwesenheit verraten. Die Lichtstrahlen einer hinter einem langen String gelegenen fernen Galaxie werden durch dessen Gravitation abgelenkt, sodass wir nebeneinander zwei Abbilder der Galaxie erhalten, die durch die an beiden Seiten des Strings vorbeigesendeten Strahlen entstehen. Oszillierende String-Schleifen senden starke Gravitationswellen aus. Nach ihrem charakteristischen Signal werden vorhandene und zukünftige Gravitationswellen-Detektoren suchen.

5 Jüngere Arbeiten von Nima Arkani-Hamed aus Harvard, Gia Dvali von der New York University und Savas Dimopoulos aus Stanford deuten darauf hin, dass die kompakten Dimensionen womöglich größer sind, als bislang angenommen. Dies würde bedeuten, dass auch vibrierende String-Schleifen stark vergrößert wären. Die Leistungsfähigkeit der nächsten Generation von Teilchenbeschleunigern würde somit ausreichen, um das „string-artige" Wesen der Teilchen zu enthüllen.

6 Eine eloquente Darstellung der Philosophie des Autors und Einzelheiten der String-Theorie liefert das Buch von Brian Greene: The Elegant Universe; Vintage Books, New York 2000; dt. Übs.: Das elegante Universum; Siedler Verlag, Berlin 2000.

7 Sind Branen vorhanden, können Strings weiterhin in Form geschlossener Schleifen vorliegen oder aber offen sein; dann sind ihre Enden an den Branen befestigt. Derartige offene String-Segmente können sich an den Branen entlangbewegen, sich jedoch nie von ihnen lösen. Branen stehen im Zentrum kosmologischer Branenwelt-Modelle, die davon ausgehen, dass wir auf einer dreidimensionalen Bran leben, die in einem höher dimensionalen Raum umhertreibt. Die uns

bekannten Teilchen wie Elektronen und Quarks treten in diesen Modellen als offene, an unserer Bran befestigte Strings auf.

8 Die Raumzeit-Struktur expandierender Blasen gleicht der von Insel-Universen, wie sie in Kapitel 10 beschrieben werden. Von außen betrachtet sind die Blasen endlich, von innen gesehen hingegen erscheint jede Blase als in sich geschlossenes unendliches Universum. Eine Ewige Inflation mit blasenförmigen Insel-Universen stellte sich 1982 Richard Gott vor; ein realistischeres Modell beschrieb 1983 Paul Steinhardt.

9 Zitiert von Davide Castelvecchi in: The growth of inflation; Free Republic, Dezember 2004

10 Leonard Susskind in einem Interview mit John Brockmann, Edge, 2003

11 ebd.

16. Hatte das Universum einen Anfang?

1 Interessante Parallelen zwischen antiken Mythen und wissenschaftlicher Kosmologie erläutert das von Marcelo Gleiser herausgegebene Buch The Dancing Universe: From Creation Myths to the Big Bang; Dutton, New York 1997; dt. Übs.: Das tanzende Universum. Schöpfungsmythen und Urknall; Deuticke, Wien 1998.

2 A. Jinasana: Mahapurana; in Barbara C. Sproul: Schöpfungsmythen der östlichen Welt; Diederichs, München 1993, S. 229 ff.

3 In gleicher Weise kritisieren lässt sich die in Modellen der chaotischen Inflation formulierte Vorstellung von einem aus dem Chaos entstandenen Universum. Dieser Aspekt wird in einem von Timothy Ferris in dessen Buch The Whole Shebang (Simon & Schuster, New York 1997; Übs. v. Anita Ehlers: Chaos und Notwendigkeit; Droemer, München 2000) berichteten „Witz" deutlich. Darin behauptet ein Atheist, die Welt sei aus dem Chaos entstanden. Darauf der Fromme: „Ach so, aber wer hat das Chaos geschaffen?"

4 A. K. Coomaraswamy: Dance of Shiva; Farrar, Straus and Giroux, New York 1957

5 Zur Umsetzung dieses Szenarios führten Steinhard und Turok ein Skalarfeld mit einer sorgsam gestalteten Energielandschaft ein. Kosmologen begegnen diesem Modell allgemein mit Skepsis, da die Landschaft recht konstruiert scheint. Zudem wird der Wert der Vakuumenergiedichte, die im Modell eine zentrale Rolle spielt, einfach von Hand eingefügt, ohne dass ihr niedriger Wert erklärt oder aber begründet würde, warum sie im Universum ungefähr zur Zeit der Galaxienbildung dominiert.

6 Diese Methode zum Nachweis der Unvollständigkeit der Raumzeit, bei dem aufgezeigt wird, dass bestimmte in die Vergangenheit oder in die Zukunft gerichtete Geschichtsverläufe von endlicher Dauer sind, geht auf die Arbeit von Hawking und Penrose in den 1960er- und 70er-Jahren zurück.

7 Die Schlussfolgerung aus dem Theorem lässt sich durch die Annahme umgehen, dass die Expansionsrate umso geringer wird, je weiter wir in der Zeit zurückgehen, und das Universum somit in unendlicher Vergangenheit statisch wird. Ein

solches Szenario brachte 2004 George Ellis in Zusammenarbeit mit Kollegen vor. Sie gingen davon aus, dass das Universum als eine statische Einstein'sche Welt begann. Problematisch ist hierbei jedoch, dass Einsteins Universum instabil ist und nicht ewig hätte existieren können. (Vgl. Endnote 3 zu Kapitel 2)

8 Einen weiteren interessanten Versuch, den Anfang des Universums zu umgehen, unternahmen 1998 J. Richard Gott und Li-Xin Li von der Princeton University in ihrem Artikel Can the universe create itself?; Physical Review D, Bd. 58, S. 023501. Darin schlagen Gott und Li vor, das man auf der Zeitreise in die Vergangenheit in eine Zeitschleife gerät und dieselben Ereignisse wieder und wieder durchlebt. Prinzipiell lässt Einsteins Allgemeine Relativitätstheorie die Existenz geschlossener Zeitschleifen zu. (Eine unterhaltsame Darstellung gibt Richard Gott in seinem wunderbaren Buch: Time Travel in Einstein's Universe; dt. Übs.: Zeitreisen in Einsteins Universum.) Wie Gott und Li jedoch selbst anmerken, enthält ihre Raumzeit neben sich wiederholenden Geschichtsverläufen einige unvollständige Pfade wie die im Text beschriebene Geschichte des Raumfahrers. Dadurch wird die Raumzeit selbst hinsichtlich ihrer Vergangenheit unvollständig und bietet somit kein befriedigendes Modell eines Universums ohne Anfang.

9 A. Borde, A. H. Guth und A. Vilenkin: Inflationary spacetimes are not past-complete; Physical Review Letters, Bd. 90, S. 151301 (2003)

10 E. A. Milne: Modern Cosmology and the Christian Idea of God; Clarendon, Oxford, 1952

11 Ansprache Papst Pius' XII. an die Mitglieder der Päpstlichen Akademie der Wissenschaften am 22. November 1951; Morus, Berlin (o. A.), S. 15. Der päpstliche Enthusiasmus wurde nicht uneingeschränkt vom gesamten Klerus geteilt. Insbesondere Georges Lemaître, gleichzeitig katholischer Priester und renommierter Kosmologe, fand, die Religion sollte sich auf die geistige Welt beschränken und die Welt der Materie der Wissenschaft überlassen. Lemaître versuchte den Papst sogar davon abzubringen, den Urknall zu billigen. In späteren Jahren schien der Papst seine Bemerkungen in einem anderen Licht zu sehen. Weder er noch seine Nachfolger unternahmen je wieder den Versuch eines direkten Nachweises der Religion durch die Wissenschaft.

12 Zitiert in C. F. von Weizsäcker: Die Tragweite der Wissenschaft. Erster Band: Schöpfung und Weltentstehung; S. Hirzel, Stuttgart 1964, S. 166

17. Entstehung von Universen aus dem Nichts

1 A. Vilenkin: Creation of universes from nothing; Physics Letters, Bd. 117B, S. 25 (1982). Später erfuhr ich, dass etwa ein Jahr zuvor in Russland Leonid Grishchuk und Yakov Zel'dovich von der Moskauer Staatlichen Universität die Möglichkeit einer spontanen Entstehung des Universums aus dem Nichts erörtert hatten. Sie gaben jedoch keine mathematische Beschreibung des Entstehungsprozesses.

2 Von der Begebenheit, die ich hier beschreibe, berichtete mir Edward Tryon, als ich ihn im Oktober 1985 in New York besuchte.

3 Einen ganz ähnlichen Gedanken wie Tryon äußerte ungefähr zur selben Zeit in der Ukraine Piotr Fomin vom Kiewer Institut für Theoretische Physik. Tatsäch-

lich wurde die in Abbildung 47 (S. 223) dargestellte Ereignisabfolge von Tryon nicht deutlich beschrieben; sie tauchte vielmehr erstmals in Fomins Artikel auf. Leider gelang es Fomin nur schwer, ein Magazin zu finden, das seine Arbeit zu veröffentlichen bereit war. Der Artikel erschien schließlich 1975 in einem obskuren ukrainischen Physik-Journal.

4 E. P. Tryon: Is the universe a vacuum fluctuation?; Nature, Bd. 246, S. 396 (1973)

5 Ende der 1970er- und Anfang der 80er-Jahre wurden mehrere Versuche unternommen, mathematische Modelle der quantenmechanischen Entstehung aus dem Vakuum zu entwickeln. Robert Brout, François Englert sowie Edgard Gunzig von der Freien Universität Brüssel schlugen 1978 vor, superschwere Teilchen eines 1020-fachen Protonengewichts könnten spontan im Vakuum entstehen. Die Teilchen würden die Raumzeit krümmen, die zunehmende Krümmung würde die Entstehung weiterer Teilchen auslösen, und als expandierende Blase würde der Prozess eine immer größere Region erfassen. Im Innern der Blase würden die schweren Teilchen rasch zu leichten Teilchen und Strahlung zerfallen, sodass letztlich ein expandierendes und mit Materie gefülltes Universum vorliege. Dieses Modell wirft das gleiche Problem auf wie Tryons Szenario: Den Ursprung des Universums erklärt es letztlich nicht. Wäre der flache, leere Raum tatsächlich so instabil, würde er sich rasch mit expandierenden Blasen füllen. Ein derart instabiler Raum hätte nicht ewig existieren können und kann somit nicht als Anfangspunkt der Entstehung gelten.

David Atkatz und Heinz Pagels von der Rockefeller University stellten in einem 1982 verfassten Artikel die Hypothese auf, das Universum habe vor dem Urknall in Form eines kleinen sphärischen Raums voller exotischer, hochenergetischer Materie existiert – als eine Art „kosmisches Ei". Sie entwarfen ein Modell, in dem das „Ei" klassisch stabil war, jedoch zu einem größeren Radius durchtunneln und expandieren konnte. (Dies war meines Wissens die erstmalige Beschreibung einer Quantentunnelung des gesamten Universums.) Das Problem besteht hier erneut darin, dass das instabile „Ei" nicht ewig hätte existieren können und wir uns fragen müssen, wo es herkam.

6 A. H. Guth: The Inflationary Universe; Addison-Wesley, Reading, Massachusetts 1997, S. 273; Übs. v. Gerhard Ingold u. Martina Sonntag: Die Geburt des Kosmos aus dem Nichts; Droemer, München 1999, S. 434

7 Aurelius Augustinus: Bekenntnisse; Übs. v. Kurt Flasch, Ph. Reclam jun., Stuttgart 1989

8 A. Vilenkin: Quantum origin of the universe; Nuclear Physics, Bd. B252, S. 141 (1985)

9 Mein Dank gilt Ernan McMullin für seine Hervorhebung der Bedeutung der zwingenden Annahme, die Universen im Gefüge als tatsächlich existent und nicht lediglich möglich anzusehen.

10 J. B. Hartle und S. W. Hawking: The wave function of the universe; Physical Review, Bd. D28, S. 2960 (1983). Hawking hatte den Grundgedanken dieser Arbeit ungefähr ein Jahr zuvor umrissen in H. A. Bruck, G. V. Coyne, M. S. Longair (Hrsg.): Proceedings of the Study Week on Cosmology and Fundamental Physics; Pontifica Academia, Vatikan 1982. Damals nannte er jedoch keine mathematischen Details.

11 Eine Darstellung der Keine-Grenzen-Hypothese gibt der Autor selbst in seinem Bestseller: A Brief History of Time; Bantam, New York 1988, S. 136; dt. Übs: Eine kurze Geschichte der Zeit; Rowohlt Taschenbuch, Reinbek bei Hamburg 2006[26], S. 178.

12 Ein Vorbehalt lautet, dass die Landschaft der String-Theorie möglicherweise aus mehreren voneinander getrennten Domänen besteht, in denen die Blasen aus einer Domäne nicht in einer anderen spontan entstehen können. Während der Ewigen Inflation entstandene Blasen enthalten dann ausschließlich Vakua, die zur gleichen Domäne gehören wie das anfängliche Vakuum, das das Universum zum Zeitpunkt seiner Entstehung ausfüllte. In diesem Fall wird das Wesen des Multiversums doch vom Anfangszustand bestimmt und eine quantenkosmologische Überprüfung ist prinzipiell denkbar.

18. Das Ende der Welt

1 Physikalische Prozesse in der fernen Zukunft des Universums haben unter anderem Martin Rees und Don Page untersucht. Eine populärwissenschaftliche Übersicht gibt das Buch von Paul Davies: The Last Three Minutes: Conjectures about the Ultimate Fate of the Universe; Basic Books, New York 1994; dt. Übs.: Die letzten drei Minuten. Das Ende des Universums; Bertelsmann, München 1996[2].

2 Dieses Szenario basiert auf der Analyse von K. Nagamine und A. Loeb in: Future evolution of nearby large-scale structure in a universe dominated by a cosmological constant; New Astronomy, Bd. 8, S. 439 (2003).

3 Die Voraussage, dass die lokale Region des Universums in einem Endknall kollabieren wird, ist in einem Artikel formuliert, den ich gemeinsam mit Jaume Garriga schrieb: Testable anthropic predictions for dark energy; Physical Review, Bd. D67, S. 043503 (2003). Allerdings wiesen wir darin auch darauf hin, dass eine baldige Überprüfung dieser Voraussage unwahrscheinlich ist.

19. Feuer in den Gleichungen

1 Zitiert in Alan L. Mackay: A Dictionary of Scientific Quotations; Institute of Physics Publishing, Bristol, England 1991

2 Die Situation, dass ein unendliches Ensemble deutlich einfacher ist als eines seiner Bestandteile, kommt in der Mathematik häufig vor. Die Menge aller ganzen Zahlen etwa, das heißt 1, 2, 3, …, lässt sich in einem einfachen Computerprogramm aus wenigen Codezeilen generieren. Demgegenüber sind für die Beschreibung einer spezifischen großen ganzen Zahl ebenso viele oder möglicherweise auch sehr viel mehr Bits erforderlich als Ziffern für die binäre Codierung der Zahl.

3 P. A. M. Dirac: The evolution of the physicist's picture of nature; Scientific American, Mai 1963

4 Eine interessante Abhandlung über die Schönheit in wissenschaftlichen Theorien findet sich in Mario Livio: The Accelerating Universe: Infinite Expansion,

the Cosmological Constant, and the Beauty of the Cosmos; Wiley, New York 2000; dt. Übs.: Das beschleunigte Universum. Die Expansion des Alls und die Schönheit der Wissenschaft; Kosmos, Stuttgart 2001.

5 Natürlich sind „Einfachheit" und „Tiefe" fast ebenso schwer zu definieren wie „Schönheit".

6 M. Tegmark: Parallel universes; Scientific American, Mai 2003

7 Tegmark unterscheidet nicht zwischen mathematischen Strukturen und den Universen, welche sie beschreiben. Für ihn veranschaulichen mathematische Gleichungen sämtliche Aspekte der physikalischen Welt, sodass jedes physikalische Objekt einer Einheit in der Platon'schen Welt mathematischer Strukturen entspricht und umgekehrt. In diesem Sinne sind beide Welten einander gleichwertig. Tegmark vertritt die Ansicht, dass unser Universum eine mathematische Struktur ist.

8 Zur Lösung dieses Problems formulierte Tegmark die Hypothese, dass womöglich nicht alle mathematischen Strukturen gleich seien, dass sich ihnen vielmehr ein jeweils anderes „Gewicht" zuordnen lasse. Wenn sich dieses Gewicht mit zunehmender Komplexität verringert, sind die wahrscheinlichsten Strukturen womöglich die einfachsten, die noch Beobachter enthalten können. Die Einführung solcher Werte mag das Komplexitätsproblem lösen, doch stehen wir dann vor der Frage: Wer setzt die Gewichtswerte fest? Sollten wir den Schöpfer aus seinem Exil zurückholen? Oder sollten wir vielmehr vielleicht das Gefüge mathematischer Strukturen noch weiter vergrößern und alle denkbar zuzuordnenden Gewichtswerte mit einbeziehen? Ich bin nicht einmal sicher, ob die Vorstellung, dem gesamten mathematischen Strukturensatz solche Werte zuzuordnen, logisch schlüssig ist: Mir scheint, als würde durch sie eine weitere mathematische Struktur eingeführt, wobei doch sämtliche Strukturen in dem Satz bereits enthalten sein müssten.

9 In Abhängigkeit von der jeweiligen Grundlegenden Theorie können die Konstanten auch innerhalb einzelner Insel-Universen variieren. Unser eigenes Insel-Universum ist dann überwiegend öd und mit vereinzelten bewohnbaren Enklaven ausgestattet.

Danksagung

Meine Freunde und Kollegen, deren Meinung mir viel bedeutet, haben das Manuskript gelesen und mir freundlicherweise ihre Kritik und Anregungen vermittelt. Alan Guth, Steven Weinberg und Jaume Garriga verdanke ich ihren Rat und sehr wertvolle Anmerkungen zu Teilen des Buchs. Paul Shellard und Ken Olum gaben ausführliche Rückkoppelung zum gesamten Manuskript und klärten mich über einige wichtige wissenschaftliche Details auf. Ihnen allen bin ich zutiefst dankbar.

Mein besonderer Dank gilt Delia Schwartz-Perlov, die meine Zeichnungen in wundervolle Illustrationen verwandelte, einen Teil meiner Karikaturen verschönerte und zahlreiche Verbesserungsvorschläge zum Manuskript beisteuerte. Auch der anregende Schriftwechsel mit Frank McCormick und Max Tegmark kam mir zugute.

Dankbar bin ich meinem Agenten Joseph Wisnovsky für seine Begeisterung für das Projekt und die Unterstützung, die er mir während des gesamten Entstehungsprozesses dieses Buchs zuteil werden ließ. Sehr dankbar bin ich Vitaly Vanchurin, der stets bereitwillig half, wenn ich Probleme mit meinem Computer hatte, Marco Cavaglia und Xavier Siemens für historische Bezüge und Susan Mader für ihre Hilfe bei der Zusammenstellung der Fotografien. Susan Rabiner möchte ich zudem für ihren richtungweisenden Rat im Anfangsstadium dieser Arbeit danken.

Die Zusammenarbeit mit dem für die deutsche Ausgabe verantwortlichen Team verlief überaus angenehm. Angela Lahee vom Springer-Verlag in Heidelberg betreute das Projekt mit großem Engagement und einem Auge fürs Detail. Nicola Fischer, die das Buch ins Deutsche übersetzt hat, und Rüdiger Vaas als wissenschaftlicher Berater haben sich diesem Unternehmen mit weitaus mehr Umsicht und Einsatz gewidmet, als ihr Pflichtauftrag forderte. Ihnen allen gilt mein aufrichtiger Dank.

Im persönlicheren Bereich danke ich Joshua Knobe und meiner Tochter Alina für ihre wertvollen Anregungen, ihren Enthusiasmus und ihre Unterstützung sowie meiner Frau Inna, die mir Lektorin, Kritikerin und getreue Ratgeberin war.

Sachverzeichnis

A

Abstoßende Gravitation 9, 31, 104, 239, 251
- Anthropische Selektion und ~ 165 f.
- ~ eines Falschen Vakuums 56, 59, 81, 216
- ~ in de-Sitter-Raumzeit 207

Abstoßende Kraft eines Falschen Vakuums 90
Albrecht, Andreas 72, 75
Alchemie, 39 f.
Alfonso X. (der Weise), König 241
Allgemeine Relativitätstheorie *s.* Relativitätstheorie
Alpha Centauri 113
Alpher, Ralph 41, 45, 46
ALS (Amyotrophe Lateralsklerose) 76
Andromeda-Galaxie 91, 239
Anfangssingularitäten *s.* Singularitäten, Anfangs-
Anthropische Selektion 151, 158 ff., 178f., 180, 252
- Kosmologische Konstante und ~ 162ff., 173, 196
- String-Theorie und ~ 196ff.
- Voraussagen aus der ~ 167ff., 180

Antiquarks 186
Antischwerkraft 87ff., 91, 103, 153, 167
Antiteilchen 38, 39
Äquivalenz von Masse und Energie ($E=mc^2$) 10f., 14
Archimedes 243
Aristoteles 15
Arkani-Hamed, Nima 261
Aryal, Mukunda 99, 254
Astrophysical Journal 259
Atkatz, David 264
Atome 39, 138, 184, 252
- Atomkerne 34, 44, 57, 155, 185, 252
- Auswirkungen von Hitze auf ~ 37
- Entstehung der ~ 41ff., 43

Augustinus, Hl. 225, 264
Austausch-Teilchen 186, 190

B

Babson, Roger W. 87ff.
Bakterien, Vermehrung von 95
Barcelona, Universität 123
Bardeen, Jim 75
Barrow, John 257
Bekenntnisse (Hl. Augustinus) 225
Bekenstein, Jacob 130
Bell Telephone Laboratories 45
Berkeley, California, University of 196
Beschleunigung des Universums 177f., 254
Bethe, Hans 40
Bewegung, Planeten- 18, 243
Bewusstes Leben 173, 242
- Entwicklung von ~ 127

„Big Bang" (Urknall, *s. auch dort*) 31
Biologie 46
Blasenbildung, spontane 196ff., 218, 233, 240, 255, 262, 264
Bludman, Sidney 260
Bohr, Niels 3, 34, 35, 138
Boltzmann, Ludwig 28, 252
Bondi, Hermann 31f.
Borde, Arvind 208ff., 263
Börsencrash 1929 88
Bose, Satyendra 148
Bosonen 148, 163, 186, 257, 260
Bostrom, Nick 161, 258, 259
Bousso, Raphael 196, 197, 198
Branen 193, 219, 261
Brout, Robert 81, 264
Brundrit, G. B. 137, 256
Brüssel, Freie Universität 264
Bush, George W. 136

C

Calder, Nigel 260
California, University of Santa Barbara 196, 228

California Institute of Technology (Caltech) 185, 191
Cambridge University 31, 73ff., 158, 206, 232, 252
Carr, Bernard 257
Carter, Brandon 158, 160, 161, 171, 257
Cäsar, Julius 135
Casimir, Hendrik 257
CERN (Europäische Organisation für Kernforschung) 186
Chandrasekhar-Grenze 176
Chaotische Inflation 101ff., 262
Chibisov, Gennady (Čibisov, Gennadij) 78, 254
Chicago, University of 190
Churchill, Winston 198
Chvolson (Chvol'son), Orest 33
Clinton, Bill 139, 256
Clover-Observatorium 108, 255
COBE s. Cosmic Background Explorer
Coleman, Sidney 67, 98, 255
Computersimulation der Ewigen Inflation 99
Cosmic Background Explorer (COBE) 47, 50, 106
Cosmo-98-Workshop (Monterey) 232
Coulomb, Charles-Augustin de 187
Curie, Marie 35

D

„Doomsday"-Argument 171, 258
Dalí, Salvador 125, 136
Damour, Thibault 169
Darwin, Charles 80
Davies, Paul 257, 265
de-Sitter-Raumzeit 207f.
Deuterium 41f., 157
Deutsch, David 256
Dichte des Universums 56
Dichteschwankungen (*s. auch* Inhomogenitäten, kosmische) 91, 106, 127, 255
  Berechnung von ~ 74ff.
  Parameter *Q* der ~ 172, 259
Dicke, Robert 46f., 159, 258
Dimensionen, zusätzliche 191
Dimopoulos, Savas 261
Dirac, Paul 180f., 185, 244, 258, 265
Distanzberechnung 176
DNA 153
Doppelspalt-Experiment 131f.
Dunkle Energie 104
Dunkle Materie 50, 104
Dvali, Gia 261
Dynamik des Pendels 33

E

$E = mc^2$ 10f., 14
Echtes Vakuum 57, 58, 65, 91, 99
  Energiedichte des ~ (*s. auch* Kosmologische Konstante) 145ff., 178f., 239
  Quantenfluktuationen des ~ 180
École Normale Supérieure 191
Edison, Thomas A. 89
Efstathiou, George 174, 259
Ehrenfest, Paul 18, 66
Einstein, Albert (*s. auch* Relativitätstheorie) 13, 59, 81, 188, 251, 254, 263
  Ablehnung der Theorien von ~ durch Stalinregime 34
  Friedmanns Lösungsmodelle zu -s Gleichungen 23f., 207, 220
  Kosmologische Konstante -s 20f., 24, 104, 148, 235
  ~ zur Abhängigkeit zeitlicher Ereignisabläufe vom Beobachter 112, 113, 210
Eisen 43, 157
Elektrische Kraft 187
Elektromagnetismus 44, 57, 153, 154, 156, 157, 186, 257, 260
  ~ in einer Endgültigen Theorie der Natur 183
  ~ in Supernovae 156
  Quantenfluktuationen des ~ 145ff., 257
Elektronen 41ff., 44, 50, 58, 103, 148, 155, 184, 252f., 257
  Annihilation von ~ zu Photonen 236
  ~ in der String-Theorie 188
  magnetisches Moment von ~ 180f.
  Masse von ~ 153, 173
  virtuelle ~ 222

Elektroschwache Wechselwirkung 57, 61, 73, 80, 83, 153f., 156, 183, 190
Elementarteilchen (*s. auch* Teilchenphysik) 57f.
  Kollision von ~ 37
  Masse von ~ 153
Elemente
  chemische Eigenschaften der ~ 184
  Periodensystem der ~ 184ff.
  Ursprung der ~ 39, 157
Elliptische Galaxien 243
Ellis, George 137, 256, 263
Endgültige Theorie der Natur (*s. auch* String-Theorie) 161, 253
  Gravitation und ~ 187ff.
  Mathematik der ~ 245f.
  Suche nach einer ~ 183ff.
Endknall („Big Crunch") 24, 30, 207, 235ff., 247
Energieerhaltung; -ssatz 10f., 38, 218
Englert, François 81, 264
Entropie 27, 29, 205, 206, 252
Erde
  Entwicklung bewussten Lebens auf der ~ 157
  Magnetfeld der ~ 146
  menschliche Bevölkerung auf der ~ 247
  unendlich viele Abbilder der ~ 135ff., 142
Erhaltungssätze 38, 134, 149
Eschatologie, kosmische 235
Euklidische Geometrie 26, 103, 245
Euklidische Zeit 230f.
Euler'sche Formel 244
Everett, Hugh, III 138
Everett-Deutung der Quantenmechanik 138f., 226
Evolution; Darwins -stheorie 80
Ewige Inflation 95ff., 108, 119, 141, 207, 242, 254, 256
  Computersimulation der ~ 99
  Insel-Universen und ~ 137, 246f., 262
  notwendiger Beginn der ~ 207, 211
  ~ oder Ende des Universums 237
  Paralleluniversen und ~ 140
  Quantenprozesse während der ~ 164f., 172
  String-Theorie und ~ 196, 232f.
  ~ und Zukunft bewussten Lebens 111ff.
  Zeit und ~ 116ff.

F
Falsches Vakuum 57ff., 99, 145, 204, 207, 211, 215, 254, 255
  abstoßende Gravitation eines ~ 56, 59, 81, 216
  abstoßende Kraft eines ~ 90
  ~ bei chaotischer Inflation 101
  Energiedichte eines ~ 83, 108, 207, 216, 218, 257
  ~ in Paralleluniversen 225
  Insel-Universen in ~ 119
  Quantentunneln und ~ 224
  Strings und ~ 76
  Zerfall eines ~ 67ff., 93, 115, 118
Fermi, Enrico 148, 185
Fermionen 148, 163, 257, 260
Ferris, Timothy 262
Feststoffe; Eigenschaften von ~ 138
Feuerball, kosmischer 33, 36ff., 204
  Abbilder des ~ 106
  ~ am Ende des Universums 236
  durch zerfallendes Falsches Vakuum gezündeter ~ 97
  ~ in Zyklischem Universum 206
Flachheitsproblem 56, 61, 62, 75, 103, 105
Fluktuationsspanne 93
Flussschläuche 193
Fomin, Piotr (Pëtr) 263
Fraktale 100
Friedmann, Alexander (Fridman, Aleksandr) 23f., 30, 33, 39, 79, 116, 207, 215ff., 220, 251
  Gamow und ~ 33
  Voraussage des Endknalls in Modellen von ~ 235
  ~ zu Geometrie und Dichte des Universums 24, 56, 105, 238
Friedmanns Lösungsmodelle zu Einsteins Gleichungen 30
Fünf-Nukleonen-Lücke 41, 42

G

Galaxien 243, 251, 259
  Dunkle Materie und ~ 104
  Eigenschaften von ~ 153
  Entstehung von ~ 2, 8, 48ff., 74, 127, 166, 173f., 179, 206, 238
  ferne ~ 3, 31, 48
  -haufen 238, 239
  Heliumgehalt von ~ 41
  identische ~ 135
  ~ in Insel-Universen 118
  ~ in kontrahierendem Universum 236
  Radiowellenstrahlung von ~ 252
  Supernovae vom Typ 1a in ~ 175
  Verteilung von ~ 29, 91, 127
Galaxien im offenen Universum 26
Galilei, Galileo 15, 18
Gammastrahlen 44
Gamow, George 16, 33ff., 39, 41, 42, 45, 46, 69, 79, 252
Gamow, Lyuba (Ljuba) 35
Garriga, Jaume 123ff., 134, 136, 256, 260, 265
Gase; Expansion von ~ 36f.
Gell-Mann, Murray 133, 185, 186
Gencode 46
Geometrie 23ff., 56, 105, 108, 115, 243
  Euklidische ~ 103, 245
  Raumzeit- 222
George Washington University 35
Georgi, Howard 261
Geschichtsverläufe 130ff.
Geschlossenes Universum, Modell des ~ 21
Glashow, Sheldon 186, 261
Gleichgewicht, thermisches 27, 205
Gleiser, Marcelo 262
Gliner, Erast (Ėrast) 81
Glockenkurven 168f., 180
Gluonen 186, 190
Gold 40
Gold, Thomas 31f.
Googol 61
Googolplex 134, 135
Gore, Al 136
Gott, Richard 171, 258, 262, 263
Gott
  ~ als Mathematiker 242ff.
  Existenz ~ 212
  ~ und Szenario des kosmischen Eis 203f.
  ~ vor der Schöpfung 225
Göttingen, Universität 33f.
Graceful-Exit-Problem (Problem des eleganten Ausgangs, Inhomogenitätenproblem) 65ff., 72ff., 81ff.
Graßmann, Hermann 149
Graßmann-Zahlen 149
Gravitation 15ff., 30, 62f., 87, 130, 153, 183, 187, 210, 253, 257
  abstoßende ~ *s. dort*
  ~ Dunkler Materie 49
  ~ in der String-Theorie 190
  Instabilität der ~ 48
  Newtons Theorie der ~ 245
  Quanten- 187f., 221
  Stärke der ~ 157f.
  ~ und Geschwindigkeit der Expansion des Kosmos 176
  Vergrößerung der Dichteschwankungen durch ~ 127
Gravitationskonstante 173
Gravitationswellen 108, 115, 255
Graviton 187f., 190
Green, Michael 191
Greene, Brian 261
Griechenland, antikes 243
Griffiths, Robert 133
Grishchuk (Griščuk), Leonid 263
Grobkörnige Beschreibung 129f., 133
Gross, David 198, 258
Große Depression (1929) 88
Großes Vereinheitlichtes Vakuum 58, 61, 73, 83
Große Vereinheitlichte Theorien (GUT) 260f.
Grundlegende Theorie der Natur *s.* Endgültige Theorie
Guinness-Buch der Rekorde 167
Gunzig, Edgard 81, 264
Guth, Alan 7ff., 61ff., 87, 96, 97f., 196, 209f., 224, 251, 254, 255, 263, 264

Berechnung von Dichteschwankungen durch ~ 74ff.
Erfolg der Inflationstheorie von ~ 79f., 103
Erkennung des Graceful-Exit-Problems durch ~ 67f.
~ zur abstoßenden Gravitation 9f., 56, 59

H
Halbwertszeit 96f.
Hartle, James 133, 228ff., 264
Harvard University 7, 61, 67, 87, 186, 231, 254, 261
Hawking, Stephen 30, 73ff., 227ff., 237, 262, 265
Heisenberg, Werner 128
Heisenberg'sche Unschärferelation 128, 222
Helium 40ff., 97, 157, 252
Helmholtz, Hermann von 28, 252
Herman, Robert 41, 45, 46
„High-Redshift Supernova"-Forschungsteam 176, 254
Hinduismus 203, 205
Hintergrundstrahlung, Kosmische (*s. auch* Mikrowellen, kosmische) 2, 8, 45ff., 53, 54, 79, 105ff., 236
Freisetzung der ~ (Letzte Streuung) 49, 151
Hogan, Craig 153, 257
Horizont, kosmischer *s.* Kosmischer Horizont
Horizontproblem 55, 61, 62, 65, 75
Horoskope 241
Hoyle, Fred 31f., 42
Hubble, Edwin 8, 26
Hunter College (City University of New York) 221

I
Identische Zivilisationen 142
Imaginäre Zahlen 220, 244
Inflation 53ff., 81ff., 145, 162, 204, 215f., 227, 246, 255
abstoßende Gravitation und ~ 10, 56, 59
Beweise für die ~ aus Beobachtungen 103ff., 140
chaotische ~ 101ff., 262
Dichteschwankungen durch ~ 74, 91, 106, 127
Erfolg der -stheorie 79f.
Ewige ~ *s. dort*
Graceful-Exit-Problem und ~ 81
~ in der Wirtschaft 254
Keine-Grenzen-Vorschlag und ~ 231, 232
Quantenfluktuationen während der ~ 130, 255
Quantentunneln und ~ 216, 225, 231, 232
~ und Graceful-Exit-Problem 65ff., 72ff.
Inflaton 163
Inhomogenitäten, kosmische (*s. auch* Dichteschwankungen) 48
Insel-Universen 96f., 246, 262, 266
~ in de-Sitter-Raumzeit 207
Ewige Inflation und ~ 204
Grenzen von ~ 111ff.
Zeit in ~ 117ff.
Instabilität, gravitative 48
Institut des Hautes Études Scientifiques 169
Internationaler Kongress für Kernphysik (Rom 1930) 34

J
Jainismus 203
Jinasana 203, 213

K
Kac, Victor 243
Kelvin-Skala 36
Kepler, Johannes 29, 243
Kernphysik 34
Kernreaktionen 41ff., 138, 157
Kiew, Institut für Theoretische Physik 263
Kirshner, Robert 254
Knobe, Joshua 256
Kohlenstoff 40, 42, 157
Kommunistische Partei Frankreichs 35
Kompaktifizierung 192

Komplexe Zahlen 245
Konferenz über Allgemeine Relativität und Gravitation (Padova 1983) 227
Kopenhagener Deutung 138, 139, 226
Kopernikus, Nikolaus 141
Kosmischer Horizont 130
Kosmisches Ei 203f., 264
Kosmologische Konstante 26, 103ff., 148ff., 155, 172ff., 194, 197, 238, 239, 257, 260
  Anthropische Selektion und ~ 162ff.
  beschleunigte Expansion und ~ 177f.
  Einstein und die ~ 20f., 24, 104, 148, 235
  Prinzip der Mittelmäßigkeit und ~ 173ff., 179, 196
Kragh, Helge 252
Krauss, Lawrence 260
Krümmung der Raumzeit 25
Krutkov, Yuri (Jurij) 252

L
Ladungserhaltungssatz 38
Landau, Lev 76, 169, 254
Langevin, Paul 35
Lebedev-Institut Moskau 78
Leben; Entwicklung von ~ 127, 157, 247
  Anthropische Selektion und ~ 159, 165
  ~ in geschlossenem Universum 224
  Naturkonstanten und ~ 172
Leerer Raum; Schwerkraft des ~ 21
Lemaître, Georges 26, 263
Leslie, John 171, 257, 258
Li, Li-Xin 263
Licht
  ~ aus fernen Galaxien 48
  Quantencharakter des ~ 128
  Rotverschiebung des ~ 104, 176
  sichtbares 44, 45
  ~ von fernen Galaxien 61
Lichtgeschwindigkeit 14, 44, 53, 113ff., 210
Lichtjahr 48
Lichtspektrum 42, 44f.
Linde, Andrei (Andrej) 70ff., 75, 81, 100ff., 112, 162, 164, 197, 232, 240, 254, 255
Lithium 42, 157
Livio, Mario 260, 265
Loeb, Abraham 265
Logarithmen, „natürliche“ 244
Lokale (Galaxien-)Gruppe 239
Long Island University 208
Ludwig-Maximilians-Universität München 72, 78, 177, 254

M
Martel, Hugo 175
Marxismus-Leninismus 34
Massachusetts Institute of Technology (MIT) 63, 97, 245
Mathematik; Natur und ~ 242ff.
Mayer, Jean 90
McCarthy, Kathryn 225
McMullin, Ernan 264
Mendeleev, Dmitrij 184, 187
Mermin, David 256
Mikrowellen
  kosmische ~ 43ff., 105ff.
  Polarisierung von ~ 108
Milchstraße (Galaxis) 91, 239
  Abbilder der ~ 135
Milne, Edward 212, 263
Minkowski, Hermann 16
Mittelmäßigkeit, Prinzip der 170f., 178, 179, 181, 197, 199, 246
Mohammed, Gul 167
Mond 107, 157
Moskauer Staatliche Universität 263
Mukhanov (Muchanov), Slava + L.-M.-Univ. M. 72, 78, 177, 254
Multiversum-Hypothese (*s. auch* Paralleluniversen, Viele-Welten-Interpretation) 159f., 171, 181, 246f., 265
Myonen 39, 185

N
Nagamine, Kentaro 265
Nambu, Yoichiro 190
Nanosekunde 146

Nature 171, 222
Naturkonstanten (*s. auch* Kosmologische Konstante) 153ff., 181, 198, 257
  Anthropische Selektion und ~ 158ff., 169, 183
  Ewige Inflation und ~ 171
Ne'eman, Yuval 185
Nernst, Walther 213
Neutrinos 58
  Elektroschwache Wechselwirkungen von ~ 156
  -masse 172
Neutronen 37, 41f., 57, 58, 103, 156, 185, 253
  -masse 153, 155
Neutronensterne 236, 252
New Scientist 136
Newton, Isaac 18, 88, 128, 173, 187, 245
New York University 261
Niels-Bohr-Institutet 190
Nielsen, Holger 190
Nobelpreis 40, 46, 47, 75, 136, 162, 186, 198, 213
Nuffield-Workshop (Cambridge 1982) 73ff., 254
Nukleonen 37, 39, 41ff., 50
  -zerfall 236, 238

O

O-Regionen 127ff., 140, 247
  Geschichtsverläufe von ~ 130ff.
  mögliche Zustände von ~ 129f.
Olum, Ken 256
Omega, Parameter 237f.
Omnes, Roland 133
Oxford University 174

P

Paarvernichtung (Annihilation) 38
Page, Don 265
Pagels, Heinz 264
Päpstliche Akademie der Wissenschaften 212
Papst Pius XII. 212, 263
Paradoxon des dunklen Nachthimmels 29
Paralleluniversen (*s. auch* Multiversum-Hypothese, Viele-Welten-Interpretation) 138ff., 226, 241
  mathematische Struktur von ~ 245f.
Penrose, Roger 30, 262
Penzias, Arno 45ff.
Periodensystem 184ff.
Perlmutter, Saul 177, 254
Perry, Malcolm 221
Petrograder Universität 23
Photonen 37, 44, 129, 132, 148, 186, 257
  Wechselwirkung von ~ 156
Physical Review 98, 136
Physical Review Letters 211
Physics Letters 100
Pi, So-Young 74
Planck, Max 47, 107
Planck-Länge 147, 188, 190, 192, 222, 223, 226
Planck-Satellit 107
Planeten
  -bewegung 17, 243
  Entstehung von ~ 157, 159
Plato 13
Polarisierung 108
Polchinski, Joseph 175, 196, 197, 198
Popper, Karl 161
Positronen 38, 39, 148, 185
  Annihilation von ~ zu Photonen 236
  virtuelle ~ 222
Princeton University 46f., 50, 171, 175, 206, 221, 263
Problem des Zufalls 150ff.
Protonen 37, 41f., 57, 58, 103, 155, 156, 185, 253, 258
  -masse 153, 155
Ptolemäus 241
Pythagoras 243f.
  Satz des ~ 255

Q

Quantenfluktuation 74, 78f., 91ff., 102f., 147, 164
  Universum als ~ 221ff.
Quanteninterferenz 133f.
Quantenmechanik, Theorie der ~ 33

Quantenmechanische Wahrscheinlichkeitswerte 138, 226ff.
Quantenphysik 145
Quantentheorie 38, 44, 74, 79, 107, 183ff., 244, 251
  Geschichtsverläufe in der ~ 130ff.
  Gravitation in der ~ 187ff.
  Paralleluniversen in der ~ 138ff.
  Unschärfe in der ~ 128
  Vakuum in der ~ 145
  Wahrscheinlichkeiten in der ~ 138, 226ff.
Quantentunneln 34, 69f., 216ff., 224, 231, 248f., 255
Quarks 37, 38, 58, 148, 186, 257
  ~ in der String-Theorie 188
  Massenwerte der ~ 156
Quaternion 245
Queen Mary College 191
QUIET-Observatorium 108
Quintessenz-Modell 179, 260

R
Rabi, Isidor 139
Radioaktivität 34
Radioastronomie 45
Radiowellen 32, 44
Raumzeit 108, 113ff., 117ff., 159, 220, 228, 255, 262
  de-Sitter- 207f.
  Krümmung der ~ 17, 25, 187, 254
  ~ ohne Grenze in der Vergangenheit 228ff.
  Quantenfluktuationen in der ~ 187, 190, 222
  -Singularitäten 24
Rees, Martin 43, 159, 160, 253, 257, 259, 265
Relativitätstheorie 34, 112
  Allgemeine ~ 15, 23, 30, 33, 81, 108, 188, 207, 263
  Spezielle ~ 13
Riesengalaxien 243, 259
Riess, Adam 177
Rockefeller University 264
Römisch-katholische Kirche 212, 263
Röntgenstrahlen 44
Rosenfeld, Leon 33
Rotverschiebung 104, 176, 260
Rubakov, Valery (Valerij) 231
Russische Revolution 23
Rutherford, Ernest 184
Ryle, Martin 252

S
„Supernova Cosmology Project" 254
Sakharov, Andrei (Sacharov, Andrej) 136, 256
Salam, Abdus 186
Sato, Katsuhiko 81
Sauerstoff 157
Schallwellen 57f.
Schaum, Raumzeit- 147, 187, 190, 222
Scherk, Joël 191
Schmidt, Brian 177, 254
Schöpfungsgeschichten 203f.
Schwarz, John 190
Schwarze Löcher 83, 108, 130, 134, 236, 252
  Verdampfung von ~ 237, 238
Schwerkraft s. Gravitation
Shapiro, Paul 175
Siding-Springs-Observatorium 254
Simpsons, The (TV-Zeichentrickserie) 232
Singularitäten 24, 97, 217, 220
  Anfangs- 26, 30, 55, 75
Sitter, Willem de 207, 251
Skalarfelder 67ff., 78ff., 115, 145f., 162, 172, 194, 197, 227, 255, 256
  Energielandschaft von ~ 141, 262
  ~ im Zustand des Chaos 101f.
  Quintessenz und ~ 179
  ~ und Ende des Universums 240
  zielloses Umherwandern des ~ 91ff., 97, 102f., 164
Solvay-Kongress für Kernphysik (Brüssel 1933) 35
Sommerfeld, Arnold 18
Sonne 42, 141, 157
  Bewegung der Planeten um die ~ 17, 243
  Kernreaktionen in der ~ 40
  Lebensdauer der ~ 258
Sonnensystem 141
  Entstehung des ~ 40

Space Telescope Science Institute 177
Spannung 59
Spezielle Relativitätstheorie *s.* Relativitätstheorie
Spinoza, Baruch 13
Spiralgalaxien 48, 179, 243
Stalinismus 34
Standardkerzen 176
Standardmodell 186, 261
Stanford University 7, 197, 261
Starke Wechselwirkung 57, 80, 153, 154, 156, 183, 185, 186, 190
Starobinsky, Alexei (Starobinskij, Aleksej) 75, 81, 231, 254, 255
Steady-State-Kosmologie 31, 42, 205
Steinhardt, Paul 72, 75ff., 179, 198, 206f., 256, 262
Sterne 47, 156f., 252, 258, 259
  Alter der ~ 178, 260
  Dunkle Materie und ~ 104
  Entstehung der Elemente in ~ 40ff.
  Entstehung von ~ 112, 159
  Masse von ~ 157
  -ntod 111, 112, 160, 236
Strahlung 41ff., 236
  elektromagnetische ~ 44, 145ff.
  kosmische ~ 44ff., 105ff.
String-Theorie 188ff., 219, 233, 244, 253, 261, 265
  -Landschaft (*s. auch* Superstring-Theorie) 191ff., 232f., 240
Strings, kosmische 73, 76, 261
Supernova 43
Supernova Cosmology Project 176, 254
Supernovae 43, 104, 156, 159, 166, 175f., 259
Superstring-Theorie 73, 130, 175
Supersymmetrische Modelle 73, 257
Supraleitfähigkeit 138
Susskind, Leonard 130, 190, 197, 198, 199, 262

T

Taschen-Universen *s.* Insel-Universen
't Hooft, Gerard 130
Tegmark, Max 245f., 259, 266
Teilchen; virtuelle ~ 222
Teilchenphysik (*s. auch* Elementarteilchen) 38f., 57f., 138, 164, 166, 241, 257
  Berechnung des magnetischen Moments in der ~ 180
  Eichsymmetrie in der ~ 149
  Kosmische Strings in der ~ 76
  Kosmologische Konstante und ~ 105, 148
  Skalarfelder in der ~ 67
  Standardmodell der ~ 154, 186
  Starke und Elektroschwache Wechselwirkungen in der ~ 80
  String-Theorie und ~ 193
  Suche nach einer Endgültigen Theorie für die ~ 183ff.
  variable Konstanten in der ~ 172
Temperatur; Skalarfeld der ~ 67
Texas, University of 175
The British Journal for the Philosophy of Science 256
Theorie von Allem (Theory of Everything, TOE) *s.* Endgültige Theorie der Natur
Thermische Fluktuationen 28
Thermisches Gleichgewicht 27
Thermodynamik, Zweiter Hauptsatz der ~ 27, 205
Tipler, Frank 257
Top-Quark 38
Trägheitsbewegung 16f.
Tryon, Edward 221, 263
Tufts University 87ff., 225
  Institute of Cosmology der ~ 90, 97, 211, 221
Tunneleffekt, quantentheoretischer *s.* Quantentunneln
Turner, Michael 75, 260
Turok, Neil 206f., 262

U

Universum
  ~ als Quantenfluktuation 227
  ~ ohne Grenze in der Vergangenheit 228ff.

Alter des ~ 159, 178, 260
Anfang des ~ (*s. auch* Urknall) 29f., 203ff.
Ansicht des ~ in riesigen Größenordnungen 94
beobachtbares; Ende des ~ 235ff.
chaotisches ~ 27
Dichte des ~ 103
expandierendes ~ (*s. auch* Inflation) 8, 11, 21, 24, 26, 31, 33, 36, 43, 59ff., 66, 104, 177, 216
Feinabstimmung des ~ 153ff., 160, 162, 242, 257
Fluktuationen im ~ 221ff.
Geometrie des ~ 23ff., 56, 103, 105, 108, 115
geschlossenes ~ 21, 24, 223
gleichbleibender Zustand des ~ 31
ptolemäisches Modell des ~ 241
sphärisches ~ 103
spontane Entstehung von -sen 196ff., 218, 233
Steady-State-Theorie des ~ 42
völlige Willkürlichkeit des ~ 137
zyklisches ~ 205f., 211
siehe auch Insel-Universen, Paralleluniversen
Unordnung 27f.
Unschärfe, quantenmechanische 128, 222
Upanishaden 203
Uran 40
Urknall 1, 8f., 16, 50, 61, 79, 134, 141, 204f., 247, 264
abstoßende Gravitation und ~ 9f.
Beweis für den ~ 8
Entstehung der Elemente im ~ 41ff., 157
heißer ~ 37ff.
inflationär expandierendes Universum und ~ 54f., 97, 111ff., 127
Kosmische Hintergrundstrahlung und ~ 45ff.
Nachglühen des ~ 106
Reaktion in der Theologie auf ~ 212f.
~ und Friedmanns Lösungsmodelle zu Einsteins Gleichungen 24, 26, 30
Wesen des ~ 9, 55f.

V

Vakuum 57ff., 255, 264
Entstehung von Materie aus dem ~ 31
Fluktuationen im ~ 257
Gravitation des ~ 21, 251
~ in der String-Theorie 194ff.
~ in Zyklischem Universum 206
siehe auch Echtes Vakuum, Falsches Vakuum
Vakuumzerfall 65, 67ff.
Vanchurin, Vitaly (Vančurin, Vitalij) 100
Vaucouleurs, Gerard de 260
Viele-Welten-Interpretation (*s. auch* Multiversum-Hypothese, Paralleluniversen) 138

W

W-Bosonen 38, 186, 190
Wadlow, Robert Pershing 167
Wärmetod, Problem des 36, 205, 206, 211
Wasserstoff 40ff., 156, 157, 166, 252
schwerer ~ *s.* Deuterium
Weinberg, Steven 46, 162, 173, 174, 186, 253, 261
Weiße Zwerge 175, 236, 260
Weizsäcker, Carl Friedrich von 263
Weltformel *s.* Endgültige Theorie der Natur
Weltlinien 16
Wigner, Eugene 243
Wilkinson, David / Princeton University 50
Wilkinson Microwave Anisotropy Probe (WMAP) 50, 107
Wilson, Robert 45ff.
Winitzki, Serge 100
Wirtschaftliche Inflation 61f.
Witten, Edward 198

WMAP *s.* Wilkinson Microwave Anisotropy Probe
Wurmlöcher 83, 232

Y

Yeshiva University 190
Young, Thomas 132

Z

Z-Bosonen 186, 190
Zeit (*s. auch* Raumzeit) 116ff., 218f., 224
 Euklidische ~ 220, 230f.
Zel'dovich, Yakov (Zel'dovič, Jakov) 231, 263
Zivilisationen 160
Zufall, Problem des 178f.
Zukunft bewussten Lebens 111ff.
Zürcher Polytechnikum 13
Zweig, George 186
Zwerggalaxien 243, 259
Zyklisches Universum 205f., 211

Druck: Krips bv, Meppel
Verarbeitung: Stürtz, Würzburg